国家重点研发计划专项项目（2016YFC0701400）
湖南省重点出版物专项资金资助项目
湖南大学出版社图书出版基金资助项目

混凝土结构防连续倒塌设计理论与方法

张望喜　编著

湖南大学出版社·长沙

内容简介

本书是在国家重点研发计划专项项目“装配式混凝土工业化建筑技术基础理论（2016YFC0701400）”的基础上完成的，围绕传统现浇混凝土（RC）结构和装配式混凝土（PC）结构的防连续倒塌问题，系统整理了建筑结构防连续倒塌现状、连续倒塌试验技术和数值模拟技术、结构整体稳固性评价与分析方法，从框架结构，到框架剪力墙结构，再到剪力墙结构，最后到墙板结构；从试验，到理论，再到算例，给出了混凝土结构防连续倒塌的设计理论和设计方法以及性能改善和提升的工程构造措施。

图书在版编目（CIP）数据

混凝土结构防连续倒塌设计理论与方法/张望喜编著．—长沙：湖南大学出版社，2020.11

ISBN 978-7-5667-1793-1

Ⅰ.①混… Ⅱ.①张… Ⅲ.①混凝土结构—坍塌—防治—结构设计 Ⅳ.①TU370.4

中国版本图书馆 CIP 数据核字（2019）第 216728 号

混凝土结构防连续倒塌设计理论与方法

HUNNINGTU JIEGOU FANG LIANXU DAOTA SHEJI LILUN YU FANGFA

编　　著：张望喜
责任编辑：张建平　金红艳
印　　装：广东虎彩云印刷有限公司
开　　本：787 mm×1092 mm　1/16　**印张：**11.5　**字数：**300 千
版　　次：2020 年 11 月第 1 版　**印次：**2020 年 11 月第 1 次印刷
书　　号：ISBN 978-7-5667-1793-1
定　　价：48.00 元

出 版 人：李文邦
出版发行：湖南大学出版社
社　　址：湖南·长沙·岳麓山　　**邮　　编：**410082
电　　话：0731-88822559(营销部)，88821315(编辑室)，88821006(出版部)
传　　真：0731-88822264(总编室)
网　　址：http://www.hnupress.com
电子邮箱：549334729@qq.com

序 言

在建筑工程和桥梁工程中，结构连续倒塌事故时有发生，造成了大量的人员伤亡和巨大的经济损失。自20世纪60年代末以来，结构的连续倒塌问题及其研究就引起了工程界的关注，尤其是在2001年美国“9·11”事件发生以后，工程界更加重视对结构连续倒塌问题的研究。近年来，装配式混凝土结构得到快速发展，由于这类结构自身施工工艺和连接的特点，其连续倒塌问题更需注意，相应的结构分析理论、试验方法、数值模拟技术和设计方法也具有新的挑战。因此，研究装配式混凝土结构防连续倒塌性能并提高其抗连续倒塌能力，是工程界迫切需要解决的重要问题。

本书针对传统现浇混凝土结构和装配式混凝土结构，系统总结了防连续倒塌现状、试验技术和数值模拟技术、结构整体稳固性评价和分析方法，并对框架结构、框架剪力墙结构、剪力墙结构等多种类型结构的防连续倒塌性能进行了研究。作者在防连续倒塌性能试验研究的基础上，对常用混凝土结构体系的防连续倒塌性能进行了数值模拟和参数拓展分析，取得了丰硕的创新性研究成果。作者所给出的混凝土结构防连续倒塌试验与数值模拟方法、结构整体稳固性评价指标和方法、防连续倒塌性能提升技术与工程构造措施等均对研究人员和工程技术人员具有重要的参考价值。

本书是国家重点研发计划专项项目“装配式混凝土结构防连续倒塌设计理论(2016YFC0701405)”部分研究成果的总结，作者团队来自湖南大学、上海交通大学、南京航空航天大学和北京工业大学等院校的教学与科研一线，具有较高的学术水平和工程实践能力。最难能可贵的是，作者能够在研究工作完成后，及时梳理并出版研究成果，为教学、科研和工程应用提供最新参考。全书内容丰富、全面系统，具有较强的理论性和实用性，对装配式混凝土结构的研发和工程应用具有推动作用。

中国工程院院士 周绪红

2020年2月16日于岳麓山

前　言

一般而言，连续倒塌是指结构因偶然荷载造成结构局部破坏失效，继而引起失效破坏构件相连的构件连续破坏，最终导致相对于初始局部破坏更大范围的倒塌破坏。连续倒塌涉及结构和构件的大变形力学行为，突破了小变形或传统变形的范畴。从20世纪60年代开始，连续倒塌事故时有发生，每次重大的连续倒塌事故均催生出一批规范或指南。在这个推陈出新的时期，工程界人士关于防连续倒塌，即控制渐次倒塌的最切合的方法几乎没有统一的意见，他们不断完善设计方法和指导手册，并不断从台风及地震等自然灾害中吸取经验教训。

装配式混凝土结构(prefabricated concrete structure，简称PC结构)是由预制混凝土构件通过可靠的连接方式装配而成的，包括装配整体式混凝土结构、全装配混凝土结构等。预制装配式混凝土结构承载力、使用寿命与传统现浇混凝土结构(reinforced concrete structure，简称RC结构)相当，且具有施工周期短、节能环保等优点，更加适合于中国国情，在中国具有较好的发展潜力。与传统现浇混凝土结构相比，装配式混凝土结构中节点或连接的引入，使结构性能产生了一些不可忽视的改变。

围绕RC结构和PC结构的防连续倒塌问题，本书系统整理了建筑结构防连续倒塌现状、防连续倒塌试验技术和数值模拟技术、结构整体稳固性评价与分析方法，从框架结构，到框架剪力墙结构，再到剪力墙结构，最后到墙板结构；从试验，到理论，再到算例，给出了混凝土结构防连续倒塌的设计理论和设计方法，以及性能改善和提升的工程构造措施。

本书中的部分内容超出本科教学大纲的要求，可供研究生教学和科研及工程实践参考。

本书由张望喜(湖南大学)、李易(北京工业大学)、黄远(湖南大学)、何庆锋(湖南大学)、周云(湖南大学)、潘建武(南京航空航天大学)和杨健(上海交通大学)共同撰写，由张望喜负责统稿编著。其中第1章介绍了建筑结构防连续倒塌设计研究现状，由张望喜负责完成；第2章说明了钢筋混凝土框架防连续倒塌试验技术及数值模拟方法，由李易负责完成；第3章分析了RC和PC结构整体稳固性，由黄远负责完成；第4章分析了RC和PC框架结构防连续倒塌，由何庆锋负责完成；第5章分析了RC和PC框架剪力墙结构防连续倒塌，由周云负责完成；第6章分析了RC和PC剪力墙结构防连续倒塌，由潘建武负责完成；第7章分析了RC和PC墙板结构防连续倒塌，由杨健负责完成。日常管理与付梓协调工作由胡小惠、王嘉完成，插图完善工作由研究生吴昊、李勃、邓俊杰、杨雪峰、王嘉、胡帅、胡彬彬、王冠杰、解圆聪、周彪等完成。

本书的工作是在国家重点研发计划专项项目“装配式混凝土工业化建筑技术基础理论(2016YFC0701400)”的资助下完成的，特此致谢。

非常感谢国家重点研发专项项目“装配式混凝土结构防连续倒塌设计理论(2016YFC0701405)”课题组成员的努力与付出，尤其感谢湖南大学本领域“中国高被引学者”易伟建教授，因为课题规划、执行、总结和验收等各个环节，无处不体现易教授的贡献。

同时感谢东南大学土木工程学院的领导和同事，尤其是国家重点研发计划专项项目负责人吴刚教授和项目管理专员王春林教授。在项目执行和本书撰写过程中，他们给了大力的支持和无私的帮助，他们是作者完成本书的坚强后盾。

在本书的编写过程中，作者参考了近年来国内出版的相关教材和专著，引用了学术论文中与防连续倒塌试验及研究相关的内容，特此表示感谢。

由于编者的水平与实践经验有限，书中若有不当和遗漏之处，敬请读者批评指正。

编　者

2020年2月15日于长沙岳麓山

目　次

第 1 章　建筑结构防连续倒塌设计研究现状

1.1 引　言

装配式建筑是指在工厂中预制生产所需的结构维护构件、建筑部件、设备体系等，运输到施工现场后进行拼接安装而成的建筑。装配式建筑是建筑工业化的需要，可以实现以标准化设计、工厂化生产、装配化施工、一体化装饰和信息化管理等为主要特征的工业化生产方式建造。在质量控制、节能环保、施工工期及管理等方面都具有较大的优势。按照所采用的结构材料划分，装配式建筑可划分为木结构、钢结构和装配式混凝土结构[1]。装配式混凝土结构(prefabricated concrete structure，简称 PC 结构)是由预制混凝土构件通过可靠的连接方式装配而成的混凝土结构，包括装配整体式混凝土结构、全装配混凝土结构等[2]。

预制装配式混凝土结构承载力、使用寿命与传统现浇钢筋混凝土结构相当，且具有施工周期短、节能环保等优点，更加适合于中国国情，在中国具有较好的发展潜力[1]。图 1-1 为典型装配整体式混凝土框架预制件分布示意图。

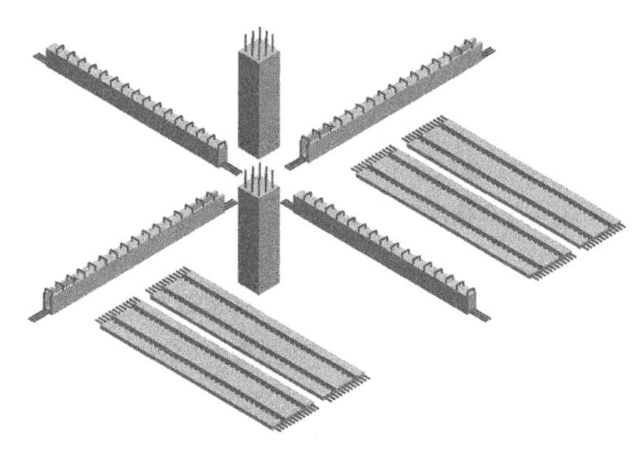

图 1-1　典型装配整体式混凝土框架

与现浇混凝土结构相比，装配式混凝土结构中节点或连接的引入，使结构性能产生了一些不可忽视的改变。

1968 年英国伦敦 Ronan Point 公寓连续倒塌事件发生后，人们开始关注结构的完整性和防止结构发生连续倒塌的问题。一般而言，连续倒塌是指结构因偶然荷载造成局部结构破坏失效，继而引起失效破坏构件相连的构件连续破坏，最终导致相对于初始局部破坏更大范围的倒塌破坏。《建筑结构抗倒塌设计规范》(CECS 392—2014)将连续倒塌描述为由初始的局部破坏，从构件到构件扩展，最终导致一部分结构倒塌或整体结构倒塌。国内外关于连续倒塌方面的研究主要集中在以下方面：

①研究并论证制定防连续倒塌规范条文的可行性与意义，指出防连续倒塌的研究方向；

②研究结构遭遇初始破坏后的倒塌机理，如火灾、碰击等；

③研究防止结构连续倒塌的工程构造措施和方法；

④对子结构或结构物倒塌过程进行试验验证和数值模拟等[3-10]。

本书结合国家重点研发计划重点专项课题“装配式混凝土结构防连续倒塌设计理论”(2016YFC0701405)，就装配式混凝土框架结构防连续倒塌的几个值得注意的问题展开探讨，以抛砖引玉。

1.2 混凝土框架结构防连续倒塌基本性能

从20世纪60年代开始，连续倒塌事故时有发生，每次重大的连续倒塌事故均催生出一批规范或指南，详见图1-2。在这个日新月异的时代，工程界人士关于防连续倒塌，即控制渐次倒塌的最切合的方法几乎没有统一的意见，他们不断完善设计方法和指导手册，并不断从台风及地震等灾害中吸取经验教训[11]。连续倒塌涉及结构和构件的大变形力学行为，突破了小变形或传统变形的范畴，需要认识结构一些新的性能和特征。

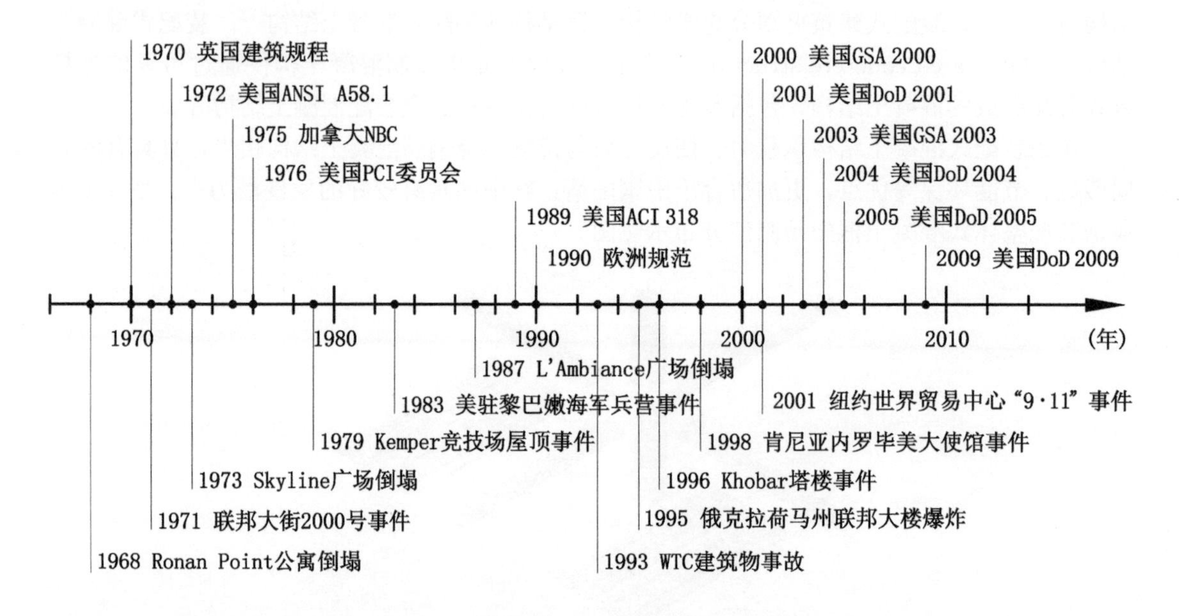

图1-2 “连续倒塌”事故和国外规范时程图

1.2.1 连续倒塌中的受力机制

依据《建筑抗连续倒塌设计》(DoD 2005)，《联邦政府办公楼以及大型现代建筑连续倒塌分析和设计指南》(GSA 2003)，《建筑结构抗倒塌设计规范》(CECS 392—2014)，原始框架结构中初始破坏柱，即拟被移除柱包括角柱、各边中柱及中柱(或内部柱)，具体如图1-3所示。采用平面框架分析剩余结构时，与被移除角柱相连的梁的承载力靠梁机制维系，如图1-4(a)所示；当被移除柱为边柱或中柱时，与被移除柱相连的梁的承载力靠拱机制、梁机制、悬链线机制来维系，如图1-4(b)(c)(d)所示[12-13]。

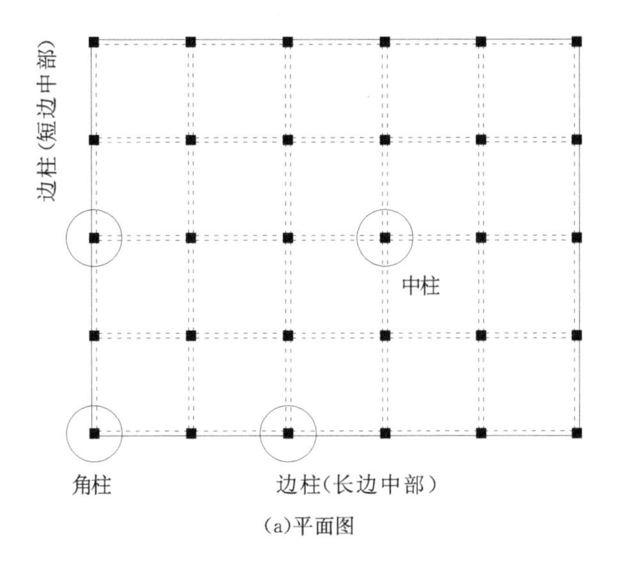

(a)平面图

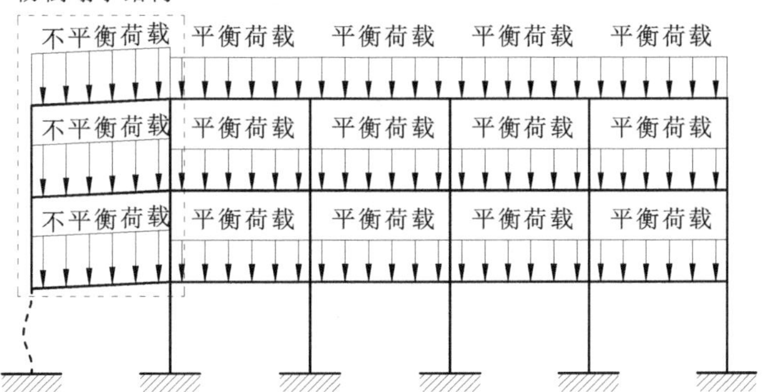

(b)角柱移除平面框架

防倒塌子结构

平衡荷载 不平衡荷载 不平衡荷载 平衡荷载 平衡荷载

平衡荷载 不平衡荷载 不平衡荷载 平衡荷载 平衡荷载

平衡荷载 不平衡荷载 不平衡荷载 平衡荷载 平衡荷载

(c)边柱或中柱移除平面框架

图 1-3　拟被移除柱位置示意图

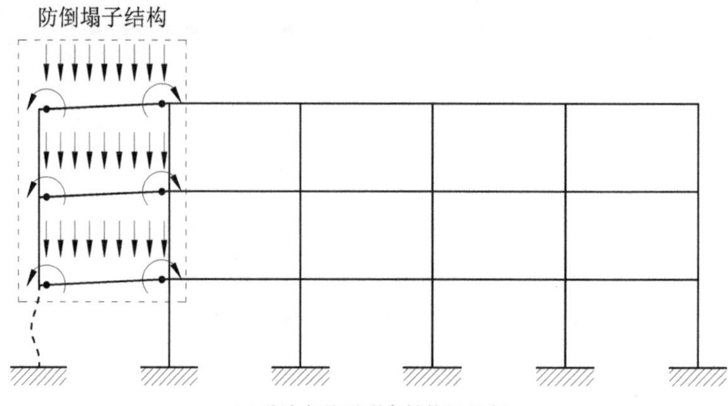

(a)移除角柱后剩余结构梁机制

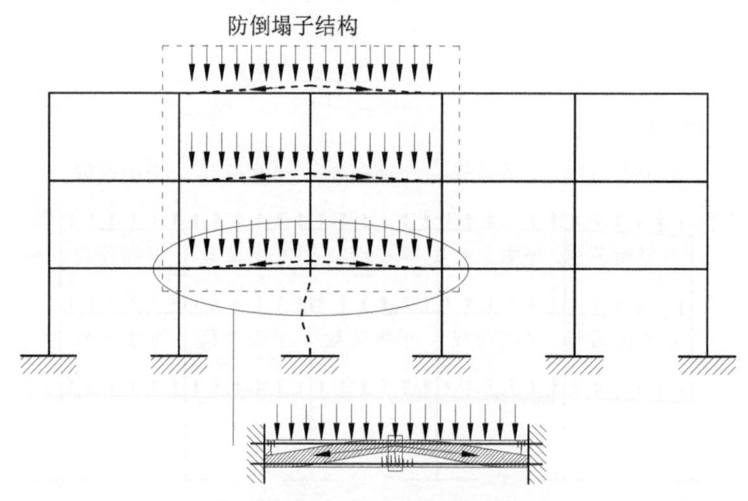

(b)移除边柱或中柱后剩余结构拱机制

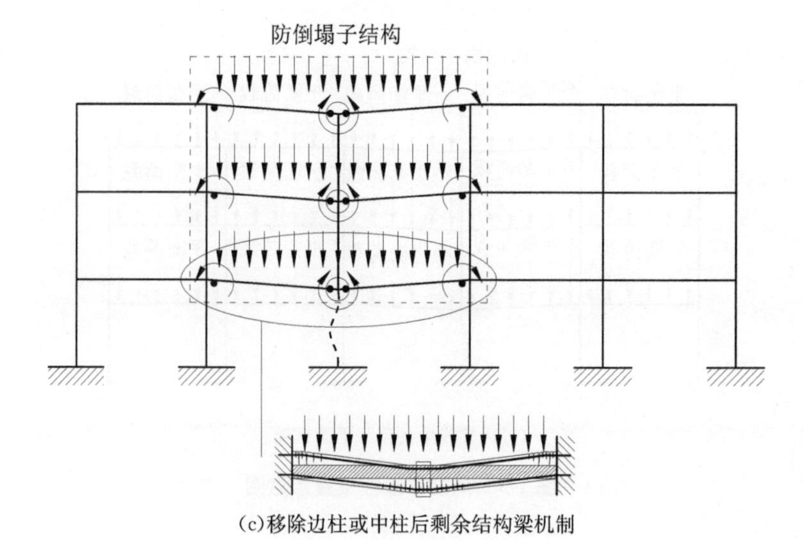

(c)移除边柱或中柱后剩余结构梁机制

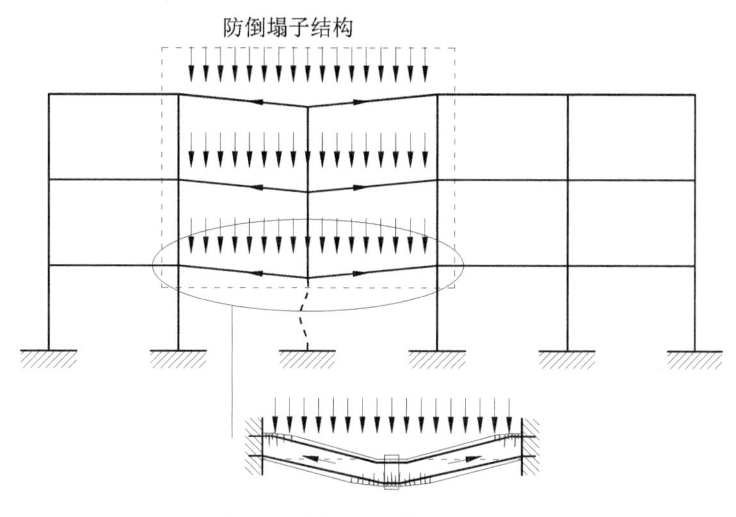

(d)移除边柱或中柱后剩余结构悬链线机制

图 1-4 剩余结构承载机制

1.2.2 受力机制的复合与转换

被移除柱失效后，剩余结构防连续倒塌子结构存在拱机制、梁机制和悬链线机制。通常认为先是拱机制，然后是梁机制，最后是悬链线机制。事实上各受力机制存在复合与转换问题，细分下来，大体包括拱-梁机制(压弯作用)、梁机制(弯矩作用)、梁-悬链线机制(拉弯作用)和悬链线机制(受拉作用)，详见图 1-5[12],[13]。

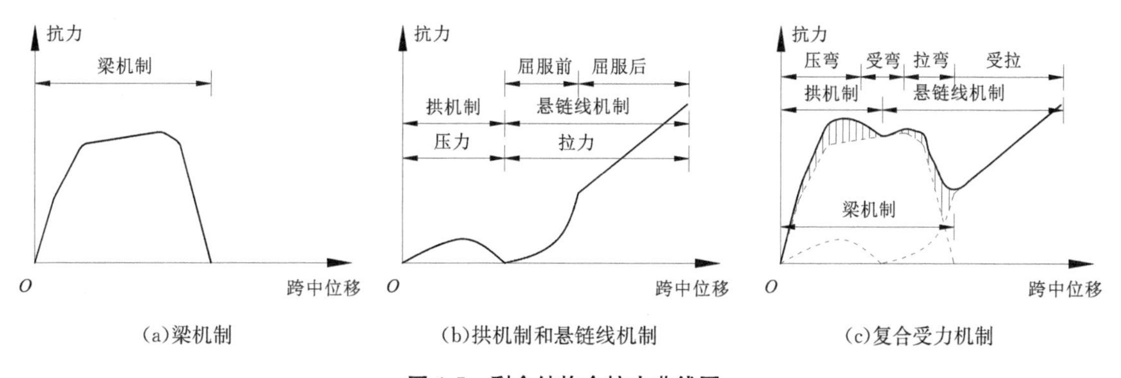

(a)梁机制　(b)拱机制和悬链线机制　(c)复合受力机制

图 1-5 剩余结构全抗力曲线图

可以看出，框架剩余结构主要通过复合受力机制进行工作和转换，实际全抗力曲线受梁截面尺寸、跨度、配筋、混凝土强度、构造以及框架柱对防连续倒塌子结构的侧向约束刚度等因素的影响；剩余结构三种基本机制和复合情况各有不同，使全抗力曲线表现出不同的形状。如当梁高较低或框架柱的侧向刚度较小时，拱机制不明显，实际全抗力曲线主要表现为梁机制和悬链线机制的叠加。

与普通受弯结构相比，轴力的出现使截面和构件的受力产生根本性改变，使原来普通的梁转换为偏拉构件(拉弯作用)或偏压构件(压弯作用)，构件的受力性能可能产生转换。轴力有两方面的作用：一方面是直接通过拱的悬链线机制提供抗力，即竖向力分量(用以承受竖向不平衡荷载)；另一方面是轴力对梁正截面承载力产生影响，即影响梁机制的性能。

1.2.3 空间受力和楼板的影响

钢筋混凝土框架结构防连续倒塌试验中所用的子结构分为平面空框架、空间空框架、平面带板框架和空间带板框架，如图 1-6 所示。楼板对防连续倒塌的贡献表现在两个方面：

①框架中，板参与梁机制的受力，与梁一起，形成 T 形截面，共同承担楼面荷载，有效提高梁机制的峰值承载力；

②楼板在悬链线机制下自身能提供防连续倒塌承载力，有效提高悬链线机制的峰值承载力[14]。

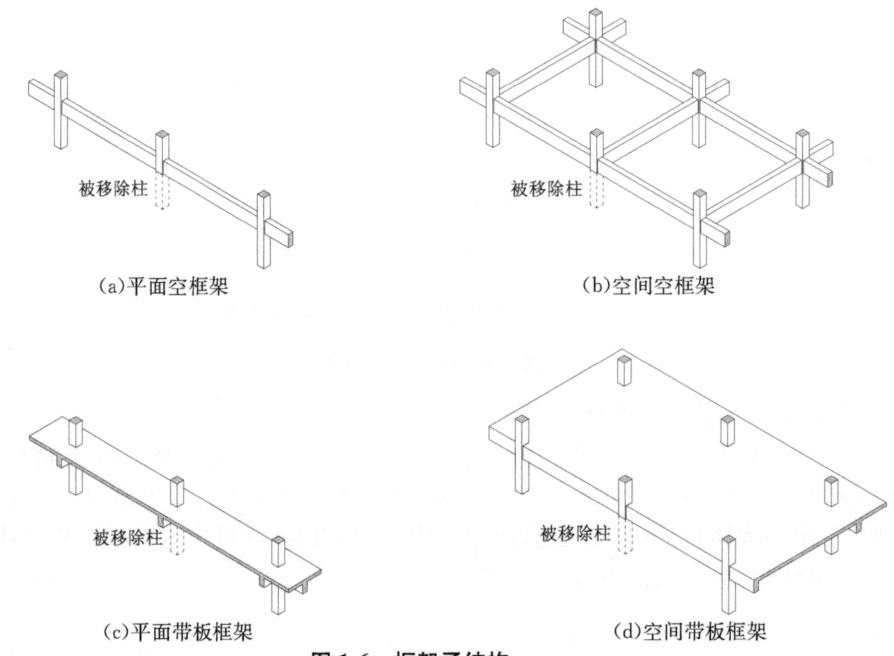

图 1-6　框架子结构

在空间条件下，纵横向框架和楼板形成空间受力作用，板还可以形成塑性铰线参与梁机制和悬链线机制的受力，框架整体防连续倒塌性能比平面框架表现得更优秀[14-15]。在空间情况下，剩余结构中与被移除柱相连的框架梁处于空间受力状态，除平面框架中的弯矩、轴力、剪力以外，还会有扭矩的存在[16]，即连续倒塌时，空间框架结构中梁处于大变形复杂受力状态。

1.2.4　防连续倒塌和抗地震倒塌的差异

同样都是结构倒塌，但连续倒塌和地震倒塌之间存在差异。连续倒塌是初始破坏发生后造成不成比例的破坏，需考虑的荷载有恒荷载、活荷载、风荷载、雪荷载、偶然荷载等，初始缺陷或初始破坏发生的力学特征和位置均具有随机性；而地震倒塌，只需考虑重力荷载代表值(即恒荷载和部分活荷载)以及地震作用(主要是水平地震作用，特殊情况下考虑竖向地震作用)。两者对应的荷载、分析方法和目标均存在一定的差异，这种差异使我们认识到：结构防连续倒塌性能和抗地震倒塌性能两个目标不完全一致。防连续倒塌性能优良的房屋抗震性能不一定满足要求；反之，抗地震性能优良的房屋防连续倒塌性能不一定满足要求。更有甚者，为了提高结构的防连续倒塌性能进行的局部调整可能导致结构的抗震性能降低，如钢筋混凝土框架结构的防连续倒塌设计可能会导致不利破坏模式“强梁弱柱”的产生。这使得工程师在进行结构防连续倒塌设计和抗地震设计时需两者兼顾。虽然防连续倒塌的能力随着设防等级的提高而提高，但是防连续倒塌设计不能够完全替代抗地震设计[17]。

1.3 现有的设计方法及规范

1.3.1 设计方法

目前，结构防连续倒塌的设计方法主要包括概念设计法、拉结强度法、拆除构件法和关键构件法。

(1)概念设计法。

国内外规范防连续倒塌的概念设计，主要从结构体系的备用路径、整体性、延性、连接构造和关键构件的判别等方面进行结构方案和结构布置设计，避免存在易导致结构连续倒塌的薄弱环节。具体内容包括，但不限于以下方面：

①增加结构的冗余度，使结构体系具有足够的备用荷载传递路径；

②设置整体性加强构件或设置结构缝，以阻隔连续倒塌的扩展；

③加强结构构件的连接构造，保证结构的整体性；

④加强结构延性构造措施，保证剩余结构的延性；

⑤可能遭受爆炸作用的结构构件，应具备一定的反向荷载承载能力；

⑥连接的承载力不应小于被连接构件的承载力，连接应具有允许构件大变形的能力。

(2)拉结强度法。

拉结强度设计通过已有构件和连接进行拉结，提供结构的整体牢固性以及荷载的多传递路径。根据英国《混凝土结构设计规范》(BS 8110)中的设计条文，可以总结出拉结强度法的设计思想：

①结构在初始破坏发生后各楼层产生的不平衡荷载由其本层框架梁承担，当每层框架梁能够有效防止本层不平衡荷载引起的倒塌时，整体结构的连续倒塌就被有效地防止；

②每个楼层内，结构发生倒塌的极限状态为悬链线破坏机制，当楼层的构件拉结能力能够满足该临界状态的抗力需求时，即能保障本层不倒塌。

在目前的规范当中，很多都提及拉结强度法，但细节上存在差异。我国规范《建筑结构抗倒塌设计规范》(CECS 392—2014)按照拉结的位置和作用分为周边水平构件拉结、内部水平构件拉结、内部水平构件对同边竖向构件拉结和竖向构件的竖向拉结，详见图 1-7。

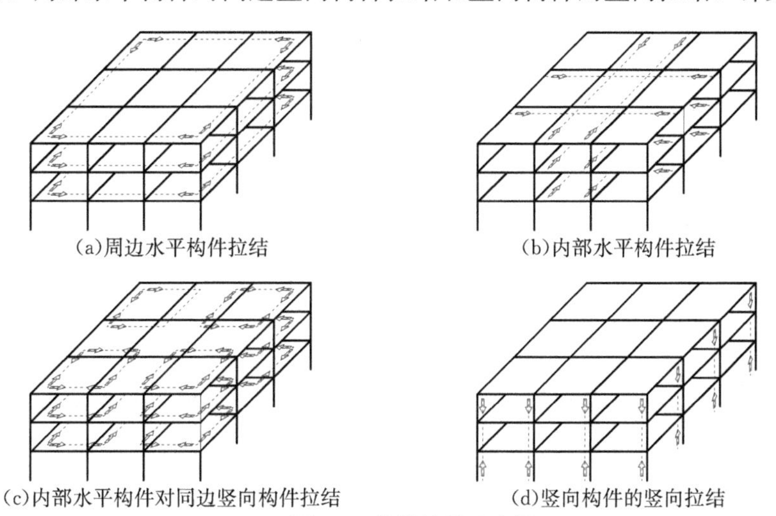

图 1-7 构件拉结示意图

(3)拆除构件法。

拆除构件法也称替代荷载路径法，是模拟结构遭遇初始破坏并进行防连续倒塌能力分析的常用方法，具有直观形象的特点。应用拆除构件法可以验证结构是否具有跨越某关键构件的能力，以预测结构发生连续倒塌的可能性。采用该方法时，可以选择四种分析方法：线性静力分析方法、线性动力分析方法、非线性静力分析方法和非线性动力分析方法。四种分析方法有各自的优劣性及适用的条件。线性静力分析方法是最简单和最基本的分析方法，主要特点是在对结构加载分析前，先从结构移除柱，对结构静态地施加乘以动力系数的静荷载后选用线性方法进行分析计算。

(4)关键构件法。

关键构件法也称局部加强法，对某一构件破坏后容易引发结构的连续倒塌，需单独对该承重构件进行设计与加强。对于无法满足拆除构件法(连续倒塌验收标准)要求的结构构件，设计成关键构件，使其具有足够的强度能在一定程度上抵御意外荷载作用，减轻局部破坏发生的程度，从而降低连续倒塌发生的可能。设计中，该方法通常与拆除构件法结合，既能有效改善结构抵御连续倒塌的能力，也能减少建造成本。

(5)各设计法的比较。

概念设计法是对结构防连续倒塌进行定性设计的方法，依赖工程构造措施，实行起来相对简单，可以取得良好效果，且不会过多地增加建筑造价，相对于其他设计方法而言，设计效果更依赖于设计人员的水平和经验。拉结强度法是一种被量化的间接设计法，只需对构件与构件的连接进行受力分析，设置专门的拉结钢筋。在拉结强度、荷载组合、层数、接续跨度、材料参数等方面，不同规范的做法不一样，拉结强度法的设计参数经验性成分较多。相对其他方法而言，它更加适合工程应用。拆除构件法能对结构的防连续倒塌进行定量分析，计算分析的工作量较大，分析方法也较复杂，涉及非线性、动力和大变形等环节，设计过程相对烦琐，但精度较高，还可以模拟倒塌过程。其设计过程依赖于意外荷载，适用于任何意外事件下的结构破坏，因此多用于重要性较高的建筑。关键构件法注重偶然荷载对局部构件的破坏，多用于有具体针对荷载作用(大小、方向，甚至性质)的防连续倒塌设计。

1.3.2 国外规范

在重大连续倒塌事故之后，国外规范出现时间进程见图 1-2，规范数量较大。下面就国外主要规范在界定倒塌范围、荷载组合和验收标准等方面进行讨论。

(1)界定倒塌范围。

房屋建筑防连续倒塌设计的目的在于局部破坏不至于导致与偶然作用或偶然荷载不相匹配的大范围破坏或倒塌，使结构发生连续性倒塌的危险程度减小到一个可接受的水平。目前规范中的分析大多基于备用荷载路径法，结构在单根承重构件移除后引起的倒塌破坏范围应控制在一定范围，超出这个范围就认为发生了连续性倒塌。各国规范对界定这个倒塌破坏范围存在一定的差异，见表 1-1[18-20]。

(2)荷载组合。

各规范提出的防连续倒塌设计和验算均属于直接计算方法，包括备用荷载路径法和局部抵抗特殊偶然荷载法。备用荷载路径法的荷载组合以及局部抵抗特殊偶然荷载法中作用于关键构件的压力值，即需要考虑的荷载类型及组合，各国规范之间也存在一定差异，见表 1-2[19-21]。

表 1-1　国外各规范界定连续倒塌破坏的倒塌范围比较[18-20]

规范	水平传递	竖向传递
BS 5950-1：2000	小于楼板或屋面面积的 15%或小于 100 m^2	初期破坏程度叠加，相邻破坏程度可高可低
Canada-NBCC 1977	桁架、梁、楼带或楼板的初期破坏叠加在同一侧或不同侧，一个开间或两个开间的板会变成一个悬挑结构（如果板一端的支撑移去）	初期破坏程度叠加，相邻破坏程度可高可低
NYC 1998，NYC 2003	小于楼板或屋面面积的 20%或小于 100 m^2	大于或等于 3 层
DoD 2005（UFC 4-023-03）	外部：楼板上方的破坏不小于 70 m^2 或楼板总面积的 15%； 内部：破坏不小于 140 m^2或楼板总面积的 30%，破坏不能沿附属结构向失效单元、楼板或移除单元传递	破坏单元正下方的楼板不能破坏
GSA 2003	与移除单元相关联的结构性板	在移除外部柱上方 167 m^2 的楼板或在移除内部柱上方 334 m^2 的楼板

表 1-2　国外各规范连续性倒塌分析荷载组合比较[19-21]

规范	构件被移除后的荷载组合	偶然荷载
BS 5950-1：2000	$(1\pm0.5)D+L/3+W_n/3$	34 kPa
Eurocode 2003	—	20 kPa
Canada-NBCC 1977	$D+L/3+W_n/3$	—
ASCE 7-98，02，05	$(0.9$ 或 $1.2)D+(0.5L$ 或 $0.2S)+0.2W_n$（当构件移除时）； $1.2D+A_k+(0.5L$ 或 $0.2S)$（局部偶然作用）； $(0.9$ 或 $1.2)D+A_k+0.2W_n$（局部偶然作用）	A_k
DoD 2013（UFC 4-010-01）	$D+0.5L$	—
DoD 2005（UFC 4-023-03）	$D+0.5L$； $(0.9$ 或 $1.2)D+(0.5L$ 或 $0.2S)+0.2W_n$； $2.0[(0.9$ 或 $1.2)D+(0.5L$ 或 $0.2S)]+0.2W_n$	—
NYC 1998，NYC 2003	$2D+0.25L+0.2W_n$	—
GSA 2003	$2.0(D+0.25L)$； $D+0.25L$	—

表中，D，L，W_n，S 分别为恒荷载、活荷载、风荷载和雪荷载，A_k为偶然荷载。

(3)验收标准。

依照各规范给出的荷载组合，采用拆除构件法进行线性或非线性、静力或动力分析所得的结果，如何验收或评定，涉及连续倒塌分析验收标准，各规范不完全相同。美国总务管理局 GSA 2003 提供了采用拆除构件法对结构进行防连续倒塌能力分析和概念性设计构造措施，包括弹性分析和非线性分析，采用需求能力比 *DCR*(demand capacity ratio)作为线性分析的验收准则。规则结构要求 *DCR* 不大于 2.0，不规则结构要求 *DCR* 不大于 1.5。美国国防部 DoD 2005(UFC 4-023-03)将建筑分为极低、低、中、高四个安全等级，提供了线性静力、非线性静力和非线性动力三种分析方法的具体步骤，给出的验收标准包括抗弯、轴力和弯矩组合作用、抗剪、节点和变形等方面。

1.3.3 国内规范

相对于国外，我国关于防连续倒塌方面的规范体系的建立稍晚一些，并在逐步完善当中。《建筑结构可靠度设计统一标准》(GB 50068—2001)要求在设计规定的偶然事件发生时及发生后，结构在规定的设计年限内仍能保持必需的整体稳定性；对于偶然状况，允许主要结构因出现设计规定的偶然事件而局部破坏，使其剩余部分具有在一段时间内不发生连续倒塌的可靠度。

《混凝土结构设计规范》(GB 50010—2010)给出了防连续倒塌的设计原则，包括概念设计和重要结构的防连续倒塌设计方法(局部加强法、拉结强度法和拆除构件法)，并建议当进行偶然作用下结构防连续倒塌验算时，宜考虑动力系数和几何参数变化，混凝土强度取标准值，普通钢筋强度取极限强度标准值，预应力钢筋强度取极限强度标准值并考虑锚具的影响，必要时考虑材料强化和脆性，并取相应强度特征值。

《高层建筑混凝土结构技术规程》(JGJ 3—2010)给出了防连续倒塌设计的基本要求，安全等级为一级的高层建筑结构应满足防连续倒塌概念设计要求，并给出了概念设计的一些规定；有特殊要求时，可采用拆除构件法进行防连续倒塌设计，并引入了效应折减系数，用于检验剩余结构构件的承载力；明确给出了结构防连续倒塌设计时，荷载效应设计值 S_d 的计算公式，如下：

$$S_d = \eta_d (S_{Gk} + \sum \psi_{Qi} S_{Qi,k}) + \psi_W S_{Wk} \tag{1-1}$$

式中，S_{Gk}，$S_{Qi,k}$和 S_{Wk}分别为永久荷载标准值、第 i 个竖向可变荷载标准和风荷载标准值产生的效应；ψ_{Qi}和 ψ_W分别为可变荷载准永久值系数和风荷载组合值系数；η_d为竖向荷载动力放大系数。

JGJ 3—2010 同时明确规定，在计算构件截面承载力时，混凝土强度可取标准值；钢材强度在验算正截面承载力时，可取标准值的 1.25 倍，受剪承载力验算时可取标准值。

当拆除某构件不能满足结构防连续倒塌设计要求时，在该构件表面附加80 kN/m^2 侧向偶然作用设计值，此时其承载力应满足下列公式要求：

$$R_d \geqslant S_d = S_{Gk} + 0.6 S_{Qk} + S_{Ad} \tag{1-2}$$

式中，R_d为构件承载力设计值；S_d为作用组合的效应设计值；S_{Gk}，S_{Qk}和 S_{Ad}分别为永久荷载标准值、活荷载标准值和侧向偶然作用设计的效应。

《预制预应力混凝土装配整体式框架结构技术规程》(JGJ 224—2010)要求结构具有良好的整体性，对预制预应力混凝土装配整体式框架结构、框架-剪力墙结构使用阶段计算时可取与现浇结构相同的计算模型。

《装配式混凝土结构技术规程》(JGJ 1—2014)在 GB 50010—2010 的基本要求上，还规定应采取有效措施加强结构的整体性，应根据连接节点和接缝的构造方式和性能确定结构的整体计算模型。

《装配式混凝土建筑技术标准》(GB/T 51231—2016)要求装配式混凝土结构进行弹性分析时，节点和接缝的模拟应符合下列规定：

①当预制构件之间采用后浇带连接且接缝构造及承载力满足本标准中的相应要求时，可按现浇混凝土结构进行模拟；

②对于本标准中未包括的连接节点及接缝形式，应按照实际情况模拟。进行抗震弹塑性分析时，宜根据节点和接缝在受力全过程中的特性进行节点和接缝模拟。

《建筑结构抗倒塌设计规范》(CECS 392—2014)系统地给出了防爆炸、防撞击引起连续倒塌可采取的措施；要求发生偶然事件时，经防连续倒塌设计的建筑结构局部破坏或个别构件失效不应导致部分结构倒塌或整个结构倒塌。建筑结构防连续倒塌设计可采用概念设计法、拉结强度法、拆除构件法和局部加强法。计算模型应根据结构实际情况确定，应符合实际工作状况。

CECS 392—2014 给出了建筑结构防连续倒塌概念设计详细规定，要求拆除构件后的剩余结构可采用三种方法进行防连续倒塌计算：线性静力方法、非线性静力方法和非线性动力方法。

①采用线性静力方法进行建筑结构防连续倒塌计算时，结构计算模型及结构计算应符合下列规定：采用三维计算模型；采用线弹性材料；计入荷载-位移($P-\Delta$)效应；在拆除构件的剩余结构上一次静力施加楼面重力荷载以及水平荷载，进行结构的力学计算。

②采用非线性静力方法进行建筑结构防连续倒塌计算时，结构计算模型及结构计算应符合下列规定：采用三维计算模型；建立考虑材料非线性的构件力-变形关系骨架曲线；计入 $P-\Delta$ 效应；在拆除构件的剩余结构上分步施加楼面重力荷载以及水平荷载，进行结构的力学计算，荷载由 0 至最终值的加载步不应少于 10 步。

③采用非线性动力方法进行建筑结构防连续倒塌计算时，结构计算模型及结构计算应符合下列规定：采用三维计算模型；建立考虑材料非线性的构件力-变形关系骨架曲线；计入 $P-\Delta$ 效应；采用剩余结构的 Rayleigh 阻尼；时程分析的积分步长不宜大于 0.005 s。

CECS 392—2014 建议剩余结构荷载组合的效应设计值按下式确定：

$$S_d = S_V + S_L \tag{1-3}$$

式中，S_d，S_V和 S_L分别为剩余结构荷载组合、重力荷载组合和水平荷载的效应设计值。

采用线性静力方法及非线性静力方法进行防连续倒塌计算时，剩余结构重力荷载组合的效应按下式计算：

$$S_V = S_{V1} + S_{V2} + S_{V3} \tag{1-4}$$

$$S_{V1} = A_d(S_{Gk} + \psi_Q S_{Qk} \text{ 或 } \gamma_S S_{Sk}) \tag{1-5}$$

$$S_{V2} = S_{Gk} + \psi_Q S_{Qk} \tag{1-6}$$

$$S_{V3} = S_{Gk} + \psi_Q S_{Qk} \text{ 或 } \gamma_S S_{Sk} \tag{1-7}$$

式中，S_{V1}，S_{V2} 分别为与被拆除柱的柱列相连的跨在被拆除柱所在层以上、以下层的楼面重力荷载组合的效应设计值；S_{V3} 为与被拆除柱的柱列不相连各跨楼面重力荷载组合的效应设计值；S_{Gk}，S_{Qk} 的意义同前述；S_{Sk} 为雪荷载标准效应；ψ_Q 为楼面活荷载准永久值系数；γ_S 为雪荷载分项系数；A_d 为动力放大系数，采用线性静力方法计算时取 2.0，非线性静力计算时，框架、剪力墙、框架-剪力墙分别取 1.22，2.0，1.75。

采用非线性动力方法进行防连续倒塌计算时，剩余结构重力荷载组合的效应按下式计算：

$$S_V = S_{VS} + S_{VD} \tag{1-8}$$

$$S_{VS} = \gamma_G S_{Gk} + \gamma_Q S_{Qk} \text{ 或 } \gamma_S S_{Sk} \tag{1-9}$$

式中，S_{VS}为未拆除构件的原结构重力荷载的效应设计值；S_{VD}为拆除构件时剩余结构动力荷载向量的效应设计值；γ_G，γ_Q 分别为恒荷载和活荷载的分项系数。

采用线性静力方法、非线性静力方法或非线性动力方法进行防连续倒塌计算时，水平荷载的效应按下式计算：

$$S_L = \psi_L S_{Lk} \tag{1-10}$$

式中，S_L，S_{Lk}分别为水平荷载的效应设计值、标准值；ψ_L为水平荷载组合值系数，取 0.2。

CECS 392—2014 同时给出了防连续倒塌设计的验收标准，当采用线性静力方法计算时，剩余结构构件的承载力应满足式(1-11)；采用非线性静力分析或非线性动力分析方法计算时，剩余结构的水平构件的塑性转角应满足式(1-12)。

$$S_d \leqslant R_d \tag{1-11}$$

$$\theta_{p,e} \leqslant [\theta_{p,e}] \tag{1-12}$$

式中，R_d为剩余结构构件的承载力设计值；$\theta_{p,e}$为剩余结构水平构件组合的塑性转角设计值；$[\theta_{p,e}]$为剩余结构水平构件塑性转角限值，对抗震设计的钢筋混凝土梁取 0.04。防连续倒塌设计的建筑结构构件截面承载力计算时，材料强度可按下列规定取值：混凝土轴压强度和轴拉强度可取其标准值；正截面承载力计算时钢筋强度可取其屈服强度标准值的 1.25 倍，受剪、受扭承载力计算时钢筋强度可取其屈服强度标准值；在用建筑结构防连续倒塌计算时，材料强度可采用实测材料强度的标准值。

可见，国内外各规范之间，关于防连续倒塌设计的界定、效应组合、抗力计算和验收标准等方面均存在细节上的一些差异。

1.4 与现浇混凝土结构的区别

1.4.1 初始缺陷的可能来源

同现浇混凝土结构一样，作为装配式混凝土结构连续倒塌触发机制或触发因素的初始缺陷的可能来源值得探索，其可以为概念设计提供一定的参考。从图 1-2 给出的连续倒塌事故可以看出，导致连续倒塌发生的初始缺陷可能来源于设计、施工和使用等环节。具体可归纳为：

①设计缺陷，或者说设计错误。由于设计的原因导致个别构件或截面的抗力不能满足需求，为结构带来“先天性”初始缺陷。

②施工缺陷。由于施工的人为原因或技术原因，实际结构的性能未达到设计目标。如装配式混凝土结构中灌浆套筒连接钢筋的灌浆质量、装配部分钢筋严重偏位并采取不正确的处理方式等。实际工程施工过程中需在这些环节加强监管和检验。

③火灾。与其他情况相比，建筑物内发生火灾是概率比较高的事件。高温下和高温后的结构防连续倒塌性能均值得关注。结合消防等级和防火分区进行防连续倒塌设计更有意义。

④爆炸，包括煤气爆炸和炸药爆炸。就我国而言，煤气爆炸发生的可能性更高。通常情况下，煤气爆炸会伴随火灾一起发生，但两者的持续时间和影响过程是完全不同的。

⑤自然灾害。防连续倒塌设计中，除要考虑恒荷载和活荷载外，还要考虑风荷载、雪荷载及偶然荷载。自然灾害中，风灾和雪灾发生的可能性是存在的。

⑥人为破坏或不当使用。房屋在使用过程中，构件被人有意或无意破坏，如低层墙柱遭受汽车碰击、恐怖袭击、装修时破坏结构等。房屋使用过程中，改变使用和增加使用荷载等。

⑦结构性能的自然退化。在自然条件下，材料性能会随时间老化或退化，如有机材料老化、钢筋锈蚀等。结构的性能随时间降低，这种降低达到一定的程度有可能成为连续倒塌的初始缺陷。

为实现工业化和装配工艺的需要，与现浇混凝土结构相比较，装配式混凝土框架结构的各连接节点是新增环节，连接节点的施工质量(如灌浆套筒连接钢筋的浆料性能及灌注质量)和可靠性可能带来新的导致连续倒塌的初始缺陷。

1.4.2 节点或连接形式的差异

装配式混凝土结构的节点或连接形式有很多，总体分为两种，即湿式连接和干式连接。湿式连接适用于装配整体式框架结构，类似于传统现浇钢筋混凝土结构，梁柱连接形式认为是刚性连接。干式连接一般属于半刚性连接，适用于全装配式混凝土框架结构。图 1-8 为部分节点连接示意图。

不同地区不同企业节点或连接形式均不尽相同，这种形式差异性和节点或连接性能的差异性是装配式混凝土结构区别于传统现浇混凝土结构的一个重要特征。装配式节点形式发展的另一个方向是半刚性节点，并逐渐与钢结构组合，形成一类钢-混凝土组合节点。

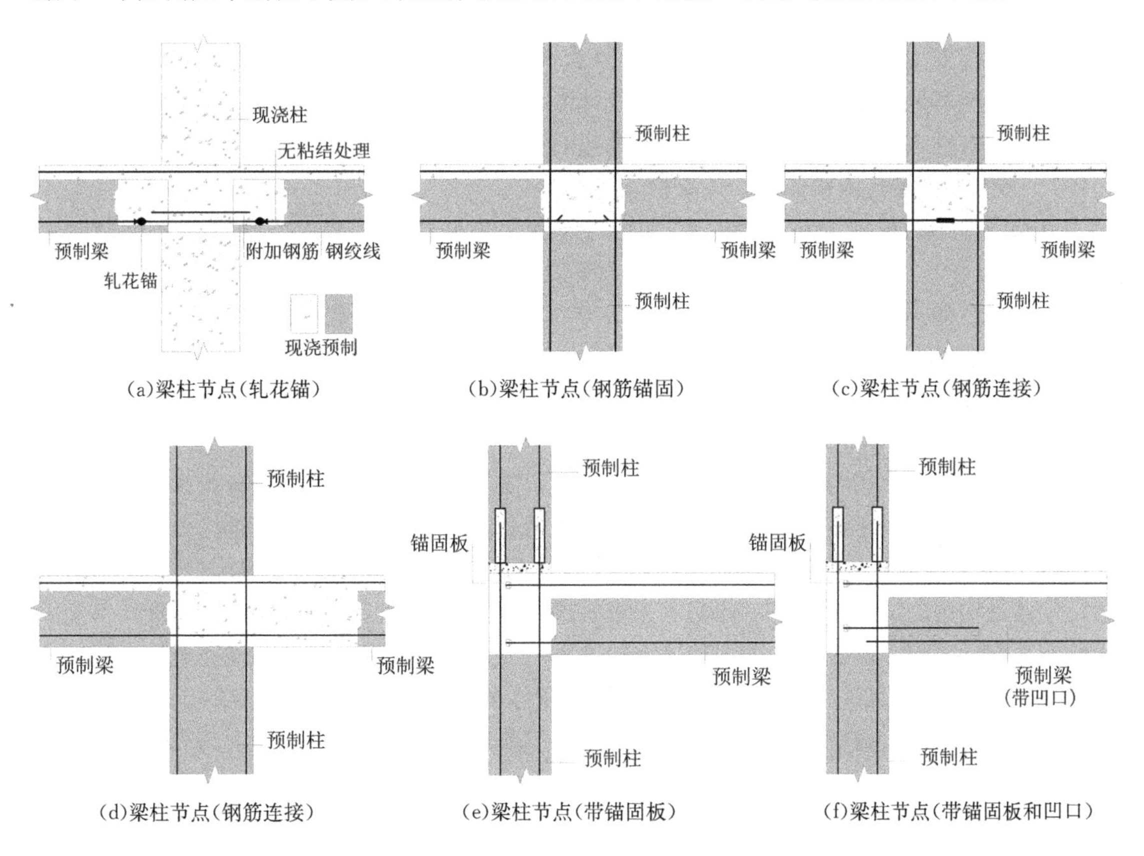

(a)梁柱节点(轧花锚)　(b)梁柱节点(钢筋锚固)　(c)梁柱节点(钢筋连接)

(d)梁柱节点(钢筋连接)　(e)梁柱节点(带锚固板)　(f)梁柱节点(带锚固板和凹口)

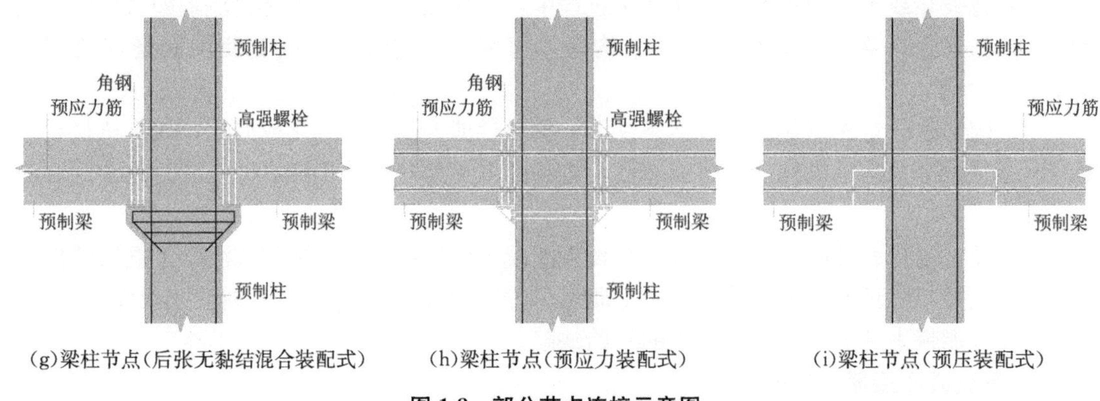

(g)梁柱节点(后张无黏结混合装配式)　(h)梁柱节点(预应力装配式)　(i)梁柱节点(预压装配式)

图 1-8　部分节点连接示意图

与现浇结构相比，装配式混凝土结构设计除了要求满足传统正截面承载力和斜截面承载力的要求外，还专门提出了接缝的承载力要求。如 GB/T 51231—2016 和 JGJ 1—2014 均要求：装配整体式混凝土结构中，接缝正截面承载力应符合现行国家标准《混凝土结构设计规范》(GB 50010—2010)的规定，接缝的受剪承载力应符合下列规定：

$$\gamma_0 V_{\mathrm{jd}} \leqslant V_{\mathrm{u}} \quad (持久设计状况) \tag{1-13}$$

$$V_{\mathrm{jdE}} \leqslant V_{\mathrm{uE}}/\gamma_{\mathrm{RE}} \quad (地震设计状况) \tag{1-14}$$

式中，γ_0为结构重要性系数；γ_{RE}为接缝受剪承载力抗调整系数，取 0.85；V_{jd}和V_{jdE}分别为持久设计状况和地震设计状况下接缝剪力设计值；V_{u}和V_{uE}分别是持久设计状况和地震设计状况下梁端、柱端、剪力墙底部接缝受剪承载力设计值。

1.4.3　节点或连接与结构体系的关联性

节点或连接的性能与结构体系的性能之间存在关联性。对节点或连接满足现行规范 GB/T 51231— 2016 要求的结构，可用“等同现浇”的思想，按传统现浇框架结构的方法进行分析和设计，即采用传统节点刚接的框架结构计算模型。但对于规范以外的节点接缝形式，尤其是半刚性节点，应按照实际情况进行模拟。连接承载力和其他性能与接缝构造存在直接关系，半刚性节点的出现使传统框架结构计算模型产生了质的变化，这就意味着一个框架结构可以用刚性节点、半刚性节点或两者并存。

现在的问题是在进行实际结构设计和分析时，需从整个结构体系分析各构件、节点或连接的需求，再根据需求设计承载能力，目标是让承载能力大于需求，保证结构安全。每个节点均处于整体结构体系当中，任何一个节点性能的改变(如连接刚度增加或降低)均会影响整个结构体系中内力的重新分布，这就意味着要求设计建造出来的节点性能非常精准，节点实际性能不能过高更不能过低，否则整体结构体系的工作状况跟设计预期可能完全不一致。在刚性节点-半刚性节点并存的混合节点的框架结构体系中还会有半刚性节点的设置比例与布设优化等派生问题。这些派生问题同样涉及节点或连接与结构体系在性能上的关联性，即双向影响性。

1.4.4　“等同现浇”的内涵

在装配式混凝土结构分析中，我国现行规范和文献中均强调“等同现浇”的思想，JGJ 1—2014提到“在各种设计状况下，装配整体式结构可采用与现浇混凝土结构相同的方法进行结构分析。当同一层内既有预制又有现浇抗侧力构件时，地震设计状况下宜对现浇抗侧力构件在地震作用下的弯矩和剪力进行适当放大”；JGJ 224—2010 提出“预制预应力混凝土装配整体式框架结构、框架-剪力墙结构使用阶段计算时可取与现浇结构相同的计算模型”；GB/T 51231—2016 要求“当预制构件之间采用后浇带连接且接缝构造及承载力满足本标准中的相应要求时，可按现浇混凝土结构进行模拟”。有了“等同现浇”的基础，装配式混凝土结构可按传统的现浇混凝土结构相同的固定模式进行分析和设计。

在装配式混凝土结构防连续倒塌设计和计算时，“等同现浇”需要考虑承载能力和变形两个方面，更深的内涵还包括实际结构基本受力机制、受力机制复合与转换、耗能能力、延性指标，同时还涉及荷载组合和验收标准。图 1-9 为全过程曲线“关键点”示意图。

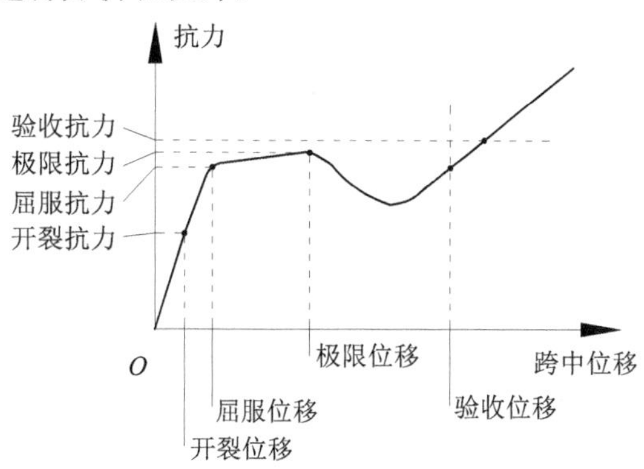

图 1-9　全过程曲线“关键点”示意图

可以看出，在装配式混凝土框架结构防连续倒塌分析中，要实现与全过程“等同现浇”是非常具有挑战性的，为了满足持久设计状况、短暂设计状况、正常使用状况和地震设计状况下性能的需要和装配工艺的需要，设计者尽量会保证节点或连接在小变形条件下的性能“等效”，而放弃跟大变形相关的连续倒塌和地震倒塌下的性能“等效”。

1.4.5　设计方法的适用性

装配式混凝土框架结构呈现出不同的体系：装配整体式框架结构，现浇柱-叠合梁框架结构，全装配式框架结构等。从节点约束情况上，分为刚性体系、半刚性体系和刚性-半刚性混合体系。

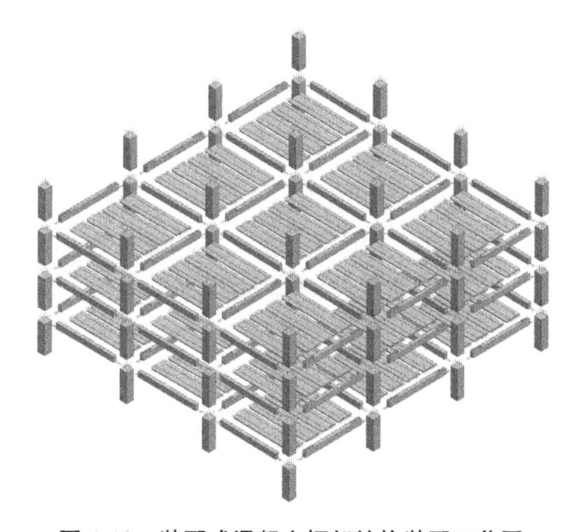

图 1-10　装配式混凝土框架结构装配工艺图

概念设计法对任何体系都是适用的，对刚性体系而言，节点或连接的性能优于构件性能的指导思想对装配式混凝土结构的意义更加突出。由于装配工艺的影响，拉结强度法对应的拉结钢筋希望贯通整个拉结路径范围。对装配式混凝土框架结构(见图 1-10)而言，全路径贯通和装配工艺间存在难以调和的矛盾。计算分析上可以进行，但在工程建造上难以实现。拆除构件法在装配式混凝土框架结构中仍然适用，只是在抗力和变形计算中需要充分考虑节点或连接性能的差异和影响因素。

1.5　研究思路和重点

作为“装配式混凝土工业化建筑技术基础理论”项目的一部分，“装配式混凝土结构防连续倒塌设计理论”课题，主要研究目标是聚焦防连续倒塌背景下共性基础问题，揭示节点连接极端受力变形特性，研究承载机制转化机理、整体稳固性，建立装配式混凝土结构防连续倒塌设计理论。涉及的研究内容：开展装配式混凝土结构防连续倒塌试验，探索连接节点受力转换机制，完成破坏过程的数值模拟与分析，研究结构防连续倒塌机制与整体稳固性。主要技术路线：从连接节点、子构件到结构体系，综合采用理论分析、多尺度试验、精细化数值模拟等方法，针对极端荷载作用下装配式混凝土结构整体稳固性，开展深入系统研究，揭示机理、建立理论、形成方法和技术。

1.5.1 整体稳固性分析与量化指标

在土木工程领域，整体结构稳固性亦称鲁棒性(robustness)，即在发生偶然事件时对结构造成了局部损伤的条件下，结构体系具有不发生整体失效后果与局部损伤原因不成比例破坏的一种能力。同义词有：整体性、冗余性等；反义词有：易损性、损伤容限等。定量评价装配式混凝土结构在偶然事件发生时的整体稳固性和定量比较不同结构体系之间的防连续倒塌能力的差异，是工程界必须面临的问题。对于确定结构性能的分析，有基于承载力、位移、能量、结构反应灵敏度、可靠度和风险等的各种对结构整体性的量化指标[21-22]，如跟承载力相关的储备强度比、剩余或损伤强度比、剩余影响系数、强度冗余系数、相对强度系数。结合装配式的特点，比较、选择和改进适用于装配式混凝土框架结构的整体稳固性量化指标，对完善装配式混凝土结构防连续倒塌设计理论和工程应用十分有必要。

1.5.2 装配式混凝土框架结构节点和子结构试验

通过子结构试验，可以考虑不同节点或连接情况下，移除柱后装配式混凝土框架剩余结构的受力机制及其转换特征，研究节点或连接大变形力学行为，为有限元模拟和结构体系分析提供参考。试验体系可以考虑装配整体式框架、现浇柱-叠合梁框架、全装配式框架；同时应对比楼板和空间受力特性的影响、静力加载和动态加载的差别，最终为优化和改善适合于我国装配式混凝土框架结构体系的节点或连接以及高性价比的工程构造提供依据。

1.5.3 装配式混凝土框架结构数值模拟与参数分析

基于节点和子结构连续倒塌试验结果，采用多尺度分析方法，建立节点精细化有限元模型和基于组合元件的宏单元模型，研究节点或连接、构件和体系在连续倒塌极端受力变形条件下的力学模型和关键参数，注重节点或连接的剪切、转动或滑移等特殊行为；通过调整失效柱或墙的移除时间、多层建筑的楼层数、楼板叠合方式及空间结构等因素来研究装配式结构连续倒塌过程中的动力效应、空间受力特性及叠合楼板所发挥的作用；通过数值分析，研究装配式结构的防连续倒塌性能评价方法，并与现浇钢筋混凝土结构进行比较；采用离散单元法进行装配式结构倒塌仿真分析，研究连续倒塌过程及影响范围，揭示装配式混凝土结构初始破坏区域承载机制的转化机理和内力重分布规律。

1.5.4 装配式混凝土框架结构防连续倒塌设计方法

基于装配式结构的节点或连接的数值模拟与简化计算方法及连续倒塌状态下的可靠度研究，建立装配式结构防连续倒塌评估模型和分析方法。采用敏感性分析方法对装配式框架结构的关键构件及冗余度等参数进行研究，比照整体现浇混凝土结构防连续倒塌设计方法，根据不同类型的结构体系、连接节点和作用因素，提出计算模型和设计方法。

第 2 章 钢筋混凝土框架防连续倒塌数值模拟方法

2.1 引 言

连续倒塌是整体结构系统的大变形力学行为，基于试验和精细数值模型可以对构件和子结构的局部大变形受力机理进行分析，并在此基础上建立准确高效的数值模拟方法，进而开展整体结构系统的连续倒塌分析。对钢筋混凝土框架结构的连续倒塌，可以采用基于实体和杆单元的微观模型和基于纤维梁单元的宏观模型分别实现上述两个层次的分析。基于实体和杆单元的微观模型，可以较好地反映结构作用和破坏的微观机理，如构件端部的复杂应力应变状态(如局部损伤、屈曲和失效等)、碰撞倒塌问题中的接触受力和火灾倒塌中热力耦合分析的非均匀热传导和受力等。但这种方法对计算资源和建模工作量提出了较高的要求，难以满足科学研究和工程实践中大规模参数化计算分析的需要。基于梁单元的宏观模型因其计算量小等优势适用于整体结构体系的受力分析，但需要进行特殊改进，才能描述结构破坏的微观机理。本章介绍了钢筋混凝土框架结构防连续倒塌分析的两类数值建模方法，分别使用两种模型对结构试验进行模拟，并进行试验结果的对比验证。

2.2 精细化有限元模型

精细模型按照实际结构的尺寸和构造进行建模，其中混凝土采用实体单元，能够模拟混凝土三维受力的力学行为，包括自动考虑箍筋约束对混凝土强度和延性的影响；钢筋采用杆单元，能够较好地反映钢筋一维受力的力学行为。通过定义合适的材料模型来考虑混凝土的软化、压碎和开裂以及钢筋的屈服、强化和断裂等非线性行为。本节采用商业有限元软件 LS-DYNA 对钢筋混凝土框架子结构倒塌试验进行了模拟分析，介绍了精细化模型建立的过程和计算结果。

2.2.1 子结构试验介绍

(1)结构几何尺寸及试验方案。

试验子结构是按 1∶3 的比例对原型结构中的内框架进行缩尺得到的，两种构件尺寸见表 2-1 与图 2-1，试验测试装置见图 2-2。在静力试验中，试件连接在混凝土支座上，混凝土支座固定于反力架底部钢梁。加载方式为在中柱柱头(失效柱)设置液压千斤顶，通过其向结构施加荷载；加载采用位移控制，使试件发生不断增大的变形直至达到倒塌极限(中柱位移达到跨度的五分之一)。

表 2-1　模型尺寸　　单位：mm

	框架梁	框架柱	保护层厚度	跨度
原型结构	500×200	600×600	20	6000
缩尺结构	170×85	200×200	6	2000

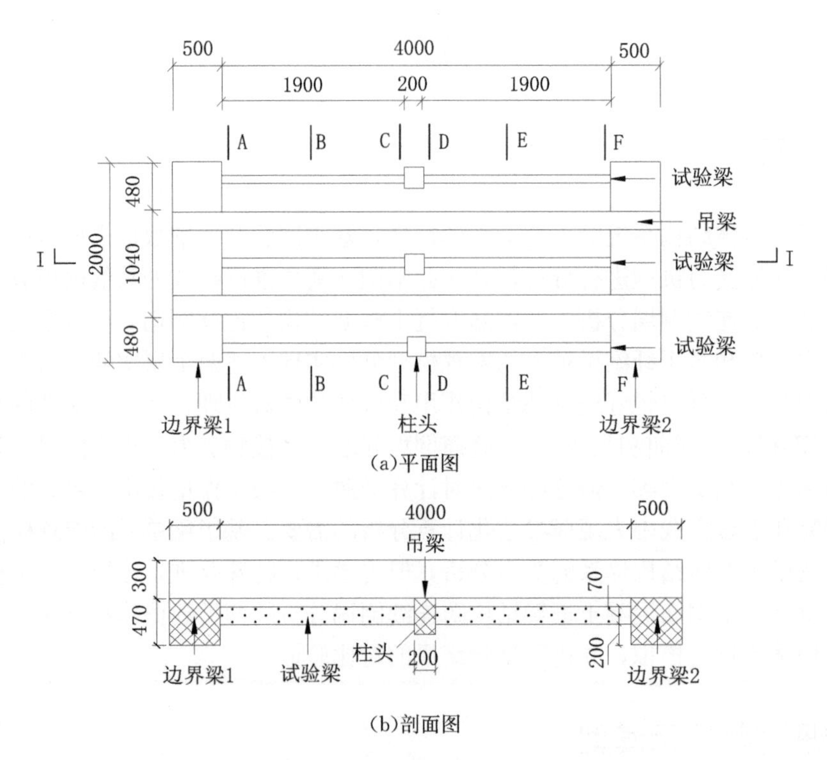

图 2-1　试件尺寸(单位：mm)

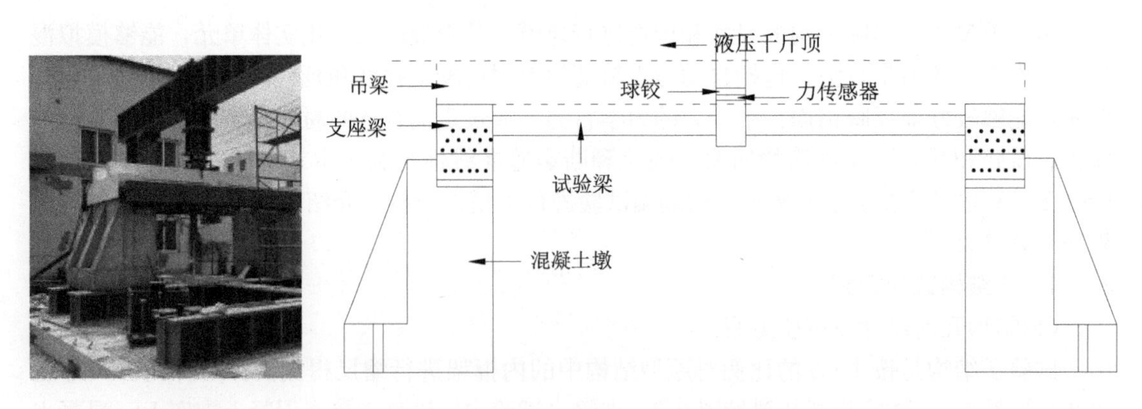

(a)现场照片　　(b)加载装置示意图

图 2-2　试验测试装置布置图

(2)试件材料力学性能。

试件采用 C30 级混凝土，通过试验当天对标准立方体试块(与试件同时浇筑)进行材性试验得到抗压强度为 35 MPa，按照规范 JGJ 1—2014 所给公式 $f_{c,m}=0.76f_{cu,m}$计算，混凝土的轴心抗压强度为 27 MPa。试件箍筋直径为 4 mm，两种纵筋直径分别为 6 mm 和 8 mm，均为HRB 335级钢筋，配筋图见图 2-3。

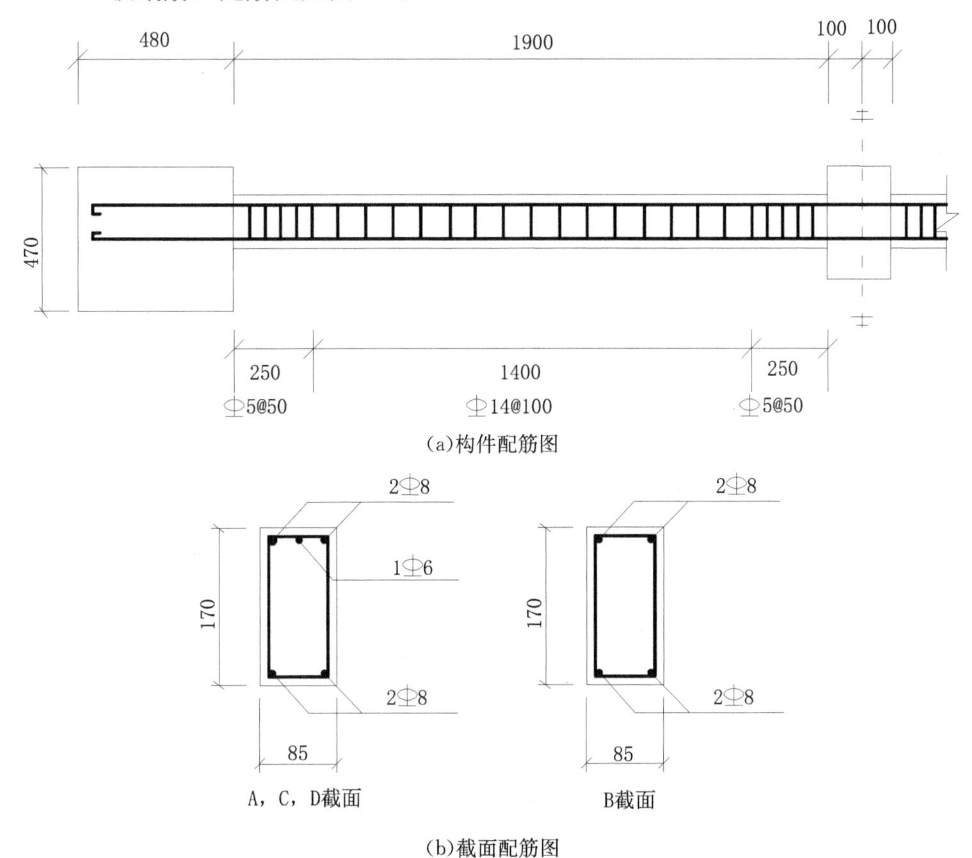

(a)构件配筋图

(b)截面配筋图

图 2-3　构件和截面配筋图(单位：mm)

2.2.2　精细化有限元模型的建立

为了能够准确模拟试验，应用了商业有限元软件 LS-DYNA 进行模型分析，前期采用 ANSYS 前处理器进行建模工作，后期采用 LS-PREPOST 进行建模工作。

(1)几何和单元模型。

在模型构建初期，为了能够快速进行建模来分析网格尺寸对模拟结果的影响，整体模型完全采用相同尺寸的网格。共采用三种模型网格尺寸，分别为 5 mm，10 mm，20 mm。通过对比发现加密网格对模型的计算结果几乎没有影响，最终选用 20 mm 的网格尺寸缩短计算时间。为了准确得到子结构试件关键部位的破坏机理，对节点核心区和梁端网格进行细分，两种网格尺寸分别为 8.5 mm×8.5 mm×10 mm 和 8.5 mm×8.5 mm×20 mm。模型中钢筋采用截面有 20 mm×20 mm 高斯积分点的 Hughes-Liu 梁单元，单元长度和混凝土单元尺寸匹配，全部为 20 mm。由于忽略钢筋的受剪作用，所以梁单元的剪切因子为 0。混凝土建模采用缩减积分的实体单元，通过关键字 * CONSTRAINED _ LAGRANGE _ IN _ SOLID 将钢筋与混凝土之间的关系设置为完美黏结。有限元模型并未建立混凝土支座，而是通过对梁端节点施加完全约束来代替，梁与穿柱钢筋完全按照实际位置建立，有限元模型如图 2-4 所示。由于在试验中，构件的柱头仅起到传力作用未产生破坏，因此将柱头位置设为弹性并提高刚度，并进一步取消柱头内钢筋减小模型计算量。改变柱头刚度获得的承载力曲线如图 2-5 所示，对比发现上述简化对模型几乎没有影响。

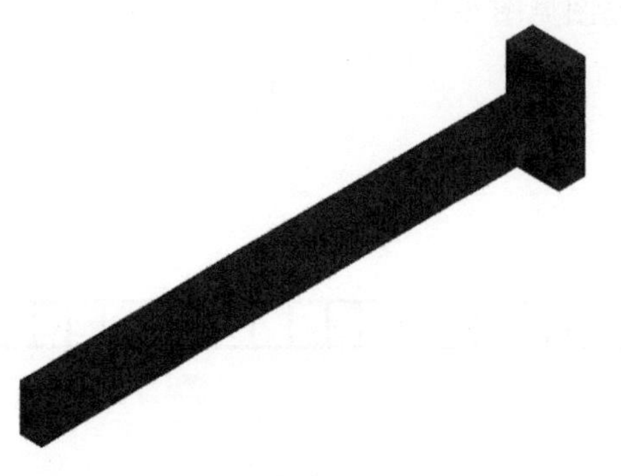

(a)实体模型

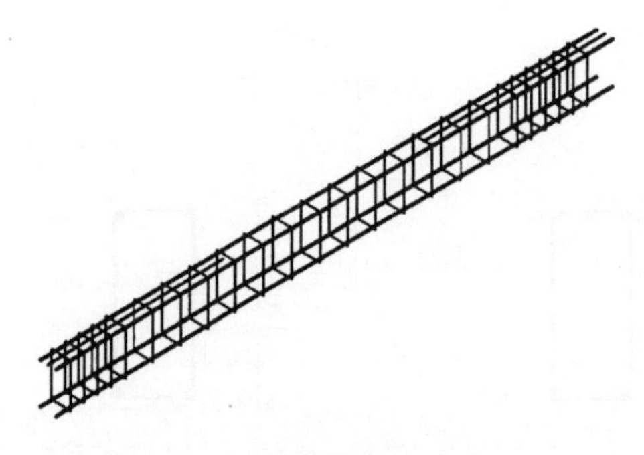

(b)钢筋模型

图 2-4　有限元模型

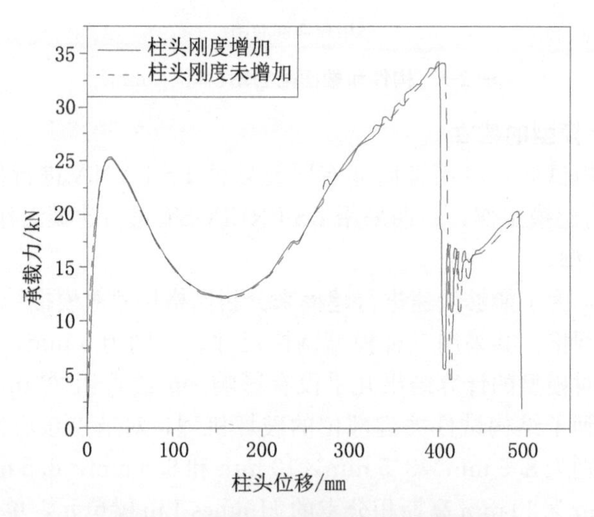

图 2-5　不同柱头刚度承载力曲线对比

(2)材料模型及加载方式。

钢筋材料模型选用 * PLASTIC _ KINEMATIC 材料关键字，通过定义钢筋的弹性模量、屈服强度、切线模量和失效应变来确定钢筋的本构模型。所有应用的数据均来自钢筋的拉伸试验，并进行了钢筋模型的本构与拉伸试验的结果对比，对比曲线图如图 2-6 所示，分析发现拟合效果较好。

混凝土材料模型选用 * CSCM _ CONCRETE 材料关键字，该模型为盖帽模型。简单材料参数卡片只需用户输入材料的无侧限抗压强度即可，模型能够自动计算出所需参数。该模式适用于轴心抗压强度为 20 MPa 到 58 MPa，且骨料粒度为 8 mm 到 32 mm 之间的混凝土材料。其中，骨料粒度只影响破坏方程的软化段[23]。混凝土本构模型如图 2-7 所示。由于实体单元采用缩减积分计算，所以通过应用沙漏模式来修正模型的能量计算，采用第四种沙漏模式，系数为 0.05。

为模拟在柱头位置施加位移控制，在中柱上方建立了刚体板，通过对刚体板施加位移来控制加载过程。中柱柱头与刚体板之间接触应用关键字 * AUTOMATIC _ SINGLE _ SURFACE 来定义。根据前文所述，网格尺寸在一定范围内对模拟结果几乎没有影响，为了节省计算时间，通常采用 20 mm 网格的模型验证加载时间对模型承载力曲线的影响。模型初始采用 1 s 加载，得到结构位移承载力曲线，并进行了能量分析，如图 2-8 所示。通过分析可以发现，结构动能相对于结构内部总能量来说，只有在初始加载很短的时间内比较显著，随着加载进行，两者比值在极短的时间内接近于 0，所以可以忽略加载时产生的动能对模型的影响。

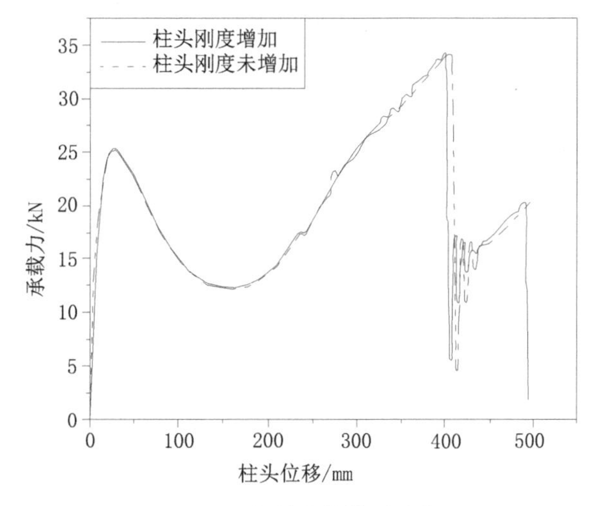

图 2-6　钢筋本构模型对比

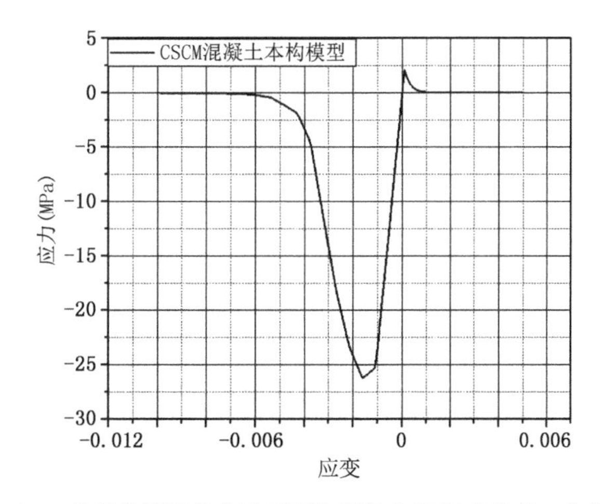

图 2-7　CSCM 简单模型混凝土无侧限抗压强度(正值为拉伸，负值为压缩)

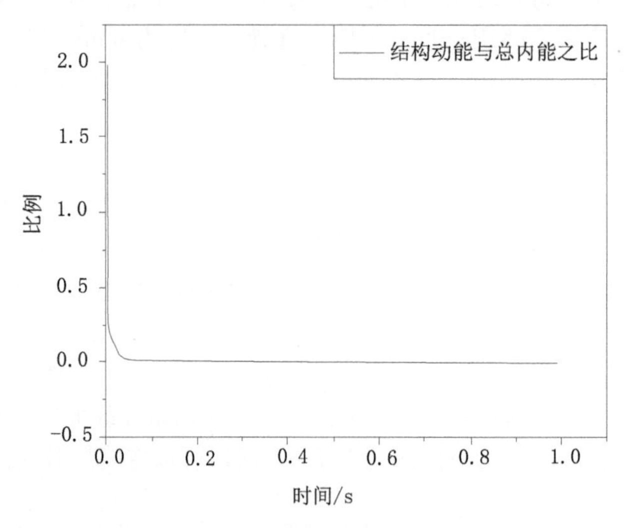

图 2-8　20 mm 网格结构动能与总内能之比

(3)模拟结果与试验结果对比。

图 2-9 给出了与静力试验相同工况下的中柱头承载力位移曲线和试验结果对比，从压拱机制峰值对应位移和悬链线机制峰值对应位移可以看出，模拟结果与试验结果吻合得较好。其中，模拟结果中压拱机制峰值为 26 kN，试验中压拱机制峰值为 28 kN，两者相差约 7.1%，从而认为模拟所得承载力曲线是准确的。通过模型模拟的破坏方式与试验试件的破坏方式对比发现，破坏位置及钢筋断裂位置都位于节点核心区附近，非常吻合，如图 2-10 本构。通过承载力曲线验证及破坏模式对比，可以有效验证该数值模型的正确性。

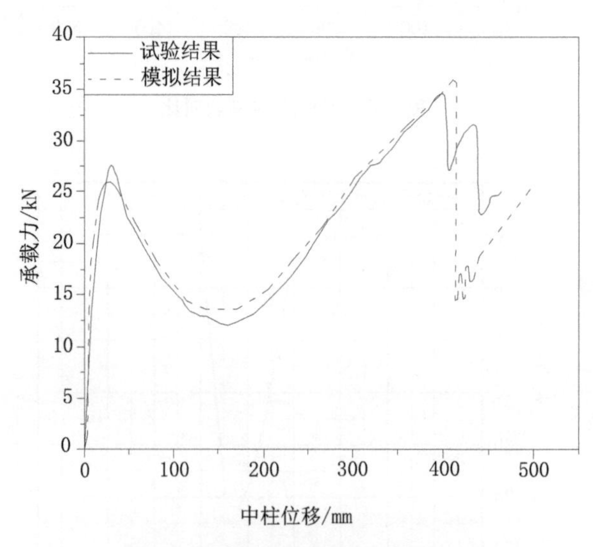

图 2-9　模拟与试验承载力曲线对比

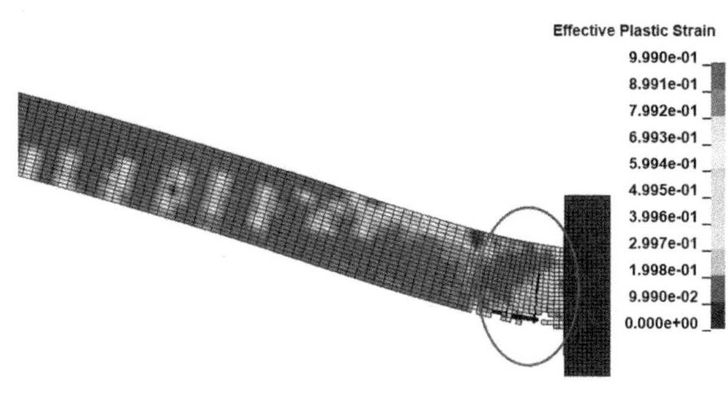

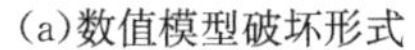
(a)数值模型破坏形式

(b)试验破坏形式

图 2-10　破坏形式对比

2.3　简化有限元模型

整体结构分析的计算量较大，建立数值模型应兼顾精度和效率，以满足科学研究和工程设计开展大规模参数分析的需求。本节介绍了以纤维梁模型为代表的钢筋混凝土框架结构防连续倒塌分析的简化有限元模型。采用单层或两层平面框架子结构试验作为研究对象，使用 MARC 有限元软件建立数值模型，对比分析结果与试验结果，验证了模型的准确性。

2.3.1　纤维模型介绍

(1)纤维模型原理。

纤维梁模型是在传统梁单元的积分点处，杆件截面划分成若干纤维，每个纤维均为单轴受力，并用材料单轴应力-应变关系来描述该纤维材料的受力特性，纤维间的变形协调则采用平截面假定。对于长细比较大的杆系结构，纤维模型具有以下优点：

①纤维模型将构件截面划分为若干混凝土纤维和钢筋纤维，通过用户自定义每根纤维的截面位置、面积和材料的单轴本构关系，可适用于各种截面形状；

②纤维模型可以准确考虑轴力和(单向和双向)弯矩的相互关系；

③由于纤维模型将截面分割，因而同一截面的不同纤维可以有不同的单轴本构关系，这样就可以采用更加符合构件受力状态的单轴本构关系，如可模拟构件截面不同部分受到侧向约束作用(如箍筋、钢管或外包碳纤维布)时的受力性能。

(2)混凝土本构模型。

为合理反映受压混凝土的约束效应、循环往复荷载下的滞回行为(包括刚度和强度退化)以及受拉混凝土的“受拉刚化效应”，混凝土本构的受压单调加载包络线选取 Legeron&Paultre 模型[24]，可同时考虑构件中纵、横向配筋对混凝土约束效应的影响[见图 2-11(a)]。为反映反复荷载下混凝土的滞回行为，采用二次抛物线模拟混凝土卸载及再加载路径，并考虑反复受力过程中材料的刚度和强度退化。为模拟混凝土裂缝闭合带来的裂面效应，在混凝土受拉、受压过渡区，采用线性裂缝闭合函数模拟混凝土由开裂到受压时的刚度恢复过程。在受拉区，采用江见鲸模型[25]模拟混凝土受拉开裂及软化行为，以考虑“受拉刚化效应”[见图 2-11(b)]。

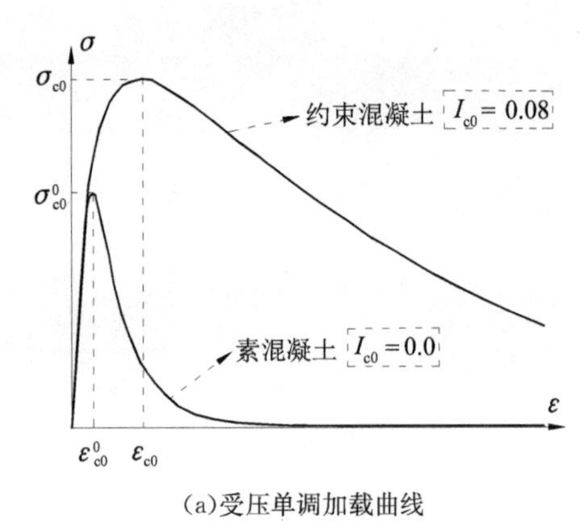

(a)受压单调加载曲线

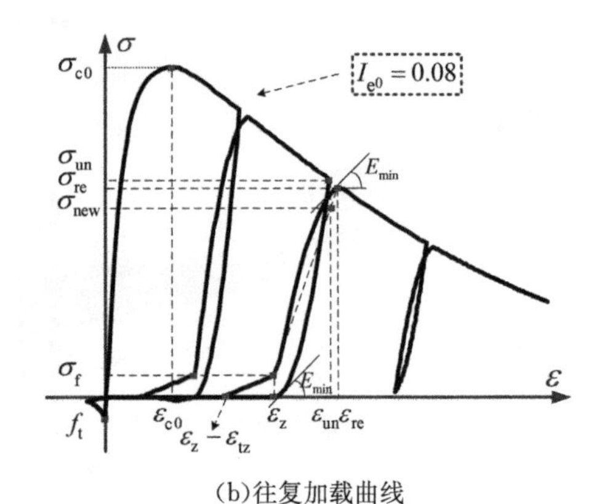

(b)往复加载曲线

图 2-11　混凝土应力-应变曲线

(3)钢筋本构模型。

钢筋本构基于 Legeron F 等模型，在加载路径考虑了钢筋的 Bauschinger 效应[26]。为反映钢筋单调加载时的屈服、硬化和软化现象，并使钢筋本构更加通用，我们在 Legeron F 等模型的基础上进一步做出修正，将钢筋本构模型扩展为可以分别模拟具有屈服平台的普通钢筋和拉压不等强的没有明显屈服平台的高强钢筋或钢绞线的通用模型(见图 2-12)。

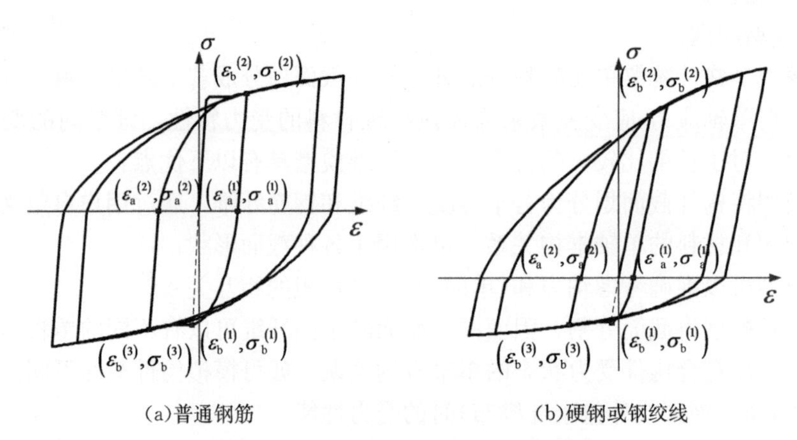

(a)普通钢筋　　(b)硬钢或钢绞线

图 2-12　钢筋反复拉压应力-应变曲线

(4)算例。

采用 THUFIBER 对 2 根往复荷载下混凝土压弯柱试件(S-1[27]、YW0[28])进行了数值模拟(见图 2-13，图 2-14)，通过比较可以看出，由于较好地反映了复杂受力状态下混凝土的实际受力变形特性以及钢筋的硬化特性和 Bauschinger 效应，本程序对试件在反复荷载下的承载力、往复荷载下滞回特性以及卸载后的残余变形均具有较高预测精度。

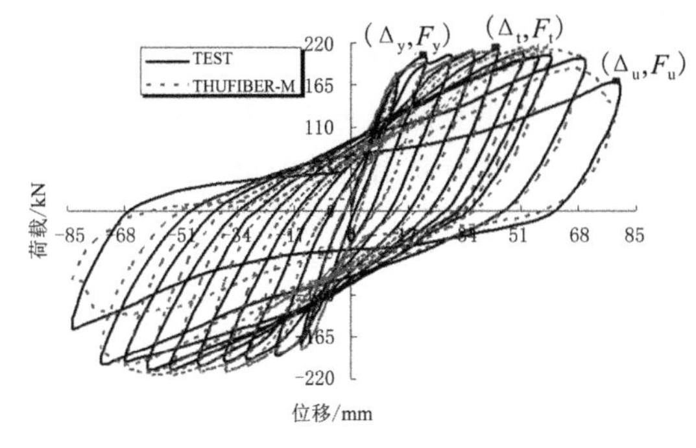

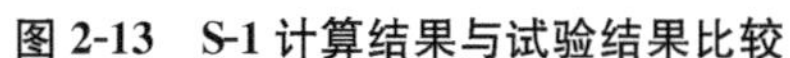

图 2-13　S-1 计算结果与试验结果比较

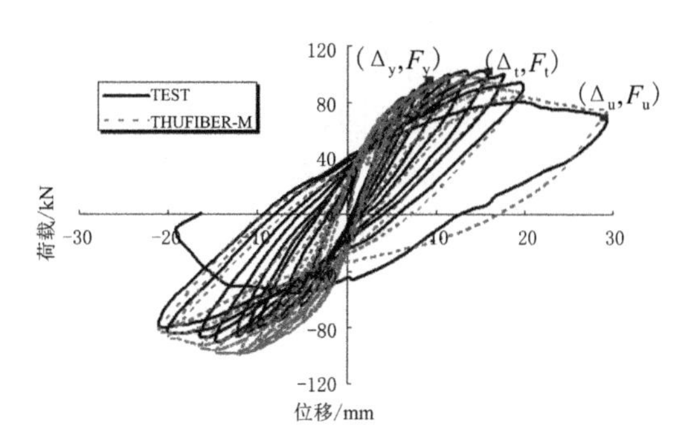

图 2-14　YW0 计算结果与试验结果比较

2.3.2　防连续倒塌试验介绍

(1)设计模型信息。

根据《混凝土结构设计规范》(GB 50010—2010)[29]，设计了一座双向均为 6 跨的 7 层钢筋混凝土框架结构，取其中一榀框架或两层平面框架作为试验研究对象，如图 2-15 所示。原型框架结构的设计信息如下：

结构信息：底层层高为 4200 mm，2～7 层层高为 3600 mm，横向和纵向同为 6 跨，跨长为 7500 mm，结构布置如图 2-15 所示。框架柱尺寸为 7500 mm×7500 mm，框架梁的尺寸为 300 mm×750 mm，楼板厚度为 150 mm。

材料信息：结构的梁、楼板和柱的混凝土强度等级为 C30，梁、楼板和柱的钢筋等级为 HRB335，结构中所有的箍筋为 HPB300。保护层厚度：柱和梁为 25 mm，板为 20 mm。

荷载信息：根据《建筑结构荷载规范》(GB 50009—2012)[30]所建议的荷载值，楼面恒荷载为 5.0 kN/m^2，活荷载为 2.0 kN/m^2；屋面恒荷载为 7.5 kN/m^2，活荷载为 0.5 kN/m^2。

地震情况信息：框架结构为丙类建筑，建筑场地土地类别为Ⅱ类，设计地震分组为 1 组，抗震设防烈度为 8 度(0.2g)，框架的抗震等级为一级[31]。

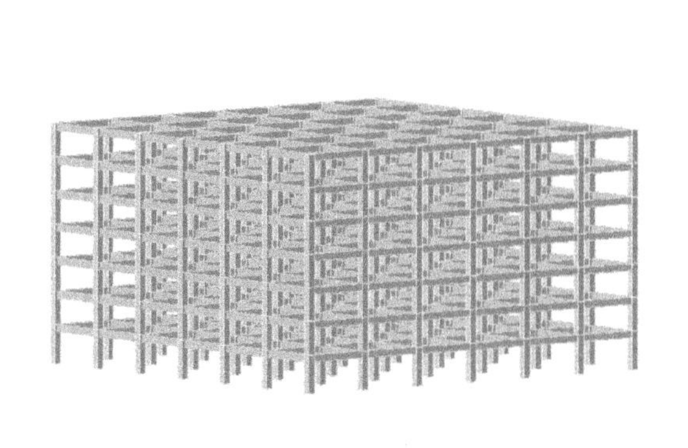

(a)原型结构三维示意图

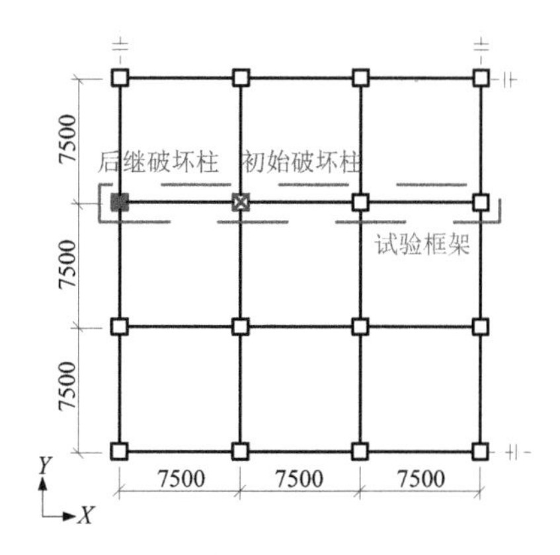

(b)原型结构平面示意图(单位：mm)

图 2-15　结构模型

(2)试件设计。

试验选取图 2-15(b)中虚线线框区域作为研究对象。试验中对该榀框架按照 1∶3 的比例进行缩尺，之所以取该缩尺比例一方面是由于试验场地和试验装置的限制，需要对原型试件进行一定的缩尺设计；另一方面参考我国现有的倒塌试验研究，按照该缩尺比例设计的试件能够较好地满足倒塌试验所需的超大变形需求。考虑到楼板和框架梁传递的水平拉力是造成框架柱破坏的主要原因，因此在试件中制作了有效翼缘宽度的楼板以考虑其传力贡献，有效翼缘宽度按照《混凝土结构设计规范》(GB 50010—2010)[29]规定取用。按照截面配筋率保持不变的原则对缩尺试件进行重新配筋，结构原型以及缩尺后试件的尺寸如表 2-2 所示。

表 2-2　原型结构与试验子结构尺寸　　单位：mm

	框架梁	框架柱	楼板厚	保护层厚度	跨度
原型结构	300×750	750×750	150	梁、柱 25，板 20	7500
试验子结构	100×250	250×250	50	梁、柱 8，板 7	2500

为了研究不同设计参数对结构防水平连续倒塌的影响，共制作了 5 个试件。所考虑的关键参数包括端部约束条件，梁跨度、柱轴压比和层高。其中，S1 为标准试件 1；S2 为标准试件 2，考虑变轴力的影响只改变了施加在边柱上的竖向荷载；S3 为两端固定约束的竖向连续倒塌对比试件；S4 和 S5 分别为考虑不同约束条件下的试件：S4 试件将距边柱的第三根柱作为初始破坏柱，在原有基础上相当于增加了一跨结构，S5 试件是在原有基础上增加了一层框架结构。与标准试件 S1 相比，S2～S5 均仅改变了一个参数变量。试验框架的地基梁和上层梁柱分两次浇筑完成，其中地基梁采用 C50 混凝土，梁柱采用 C30 混凝土。图 2-16 为试件 S1 的钢筋配筋详图。

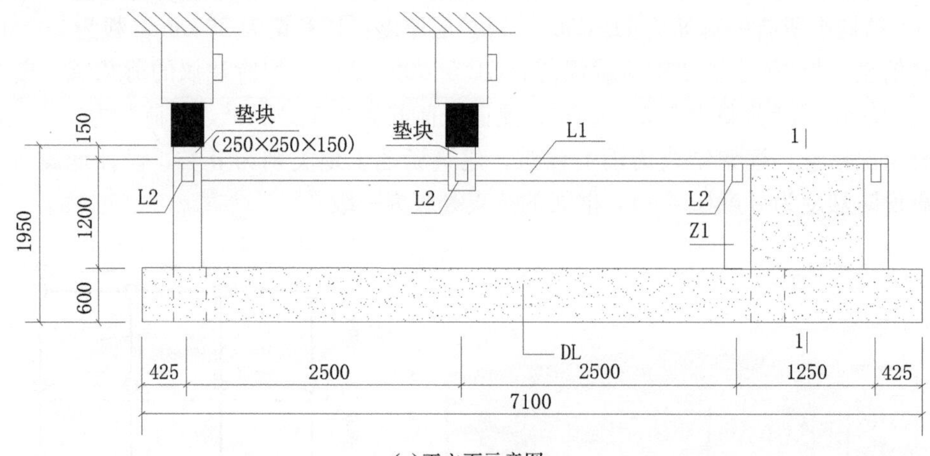

(a)正立面示意图

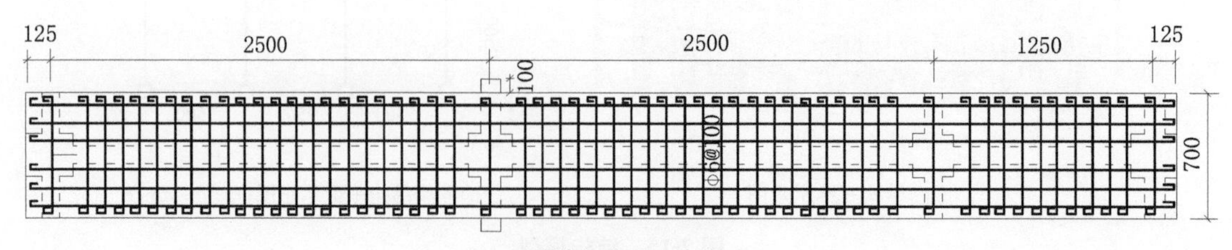

(b)翼缘板截面配筋详图

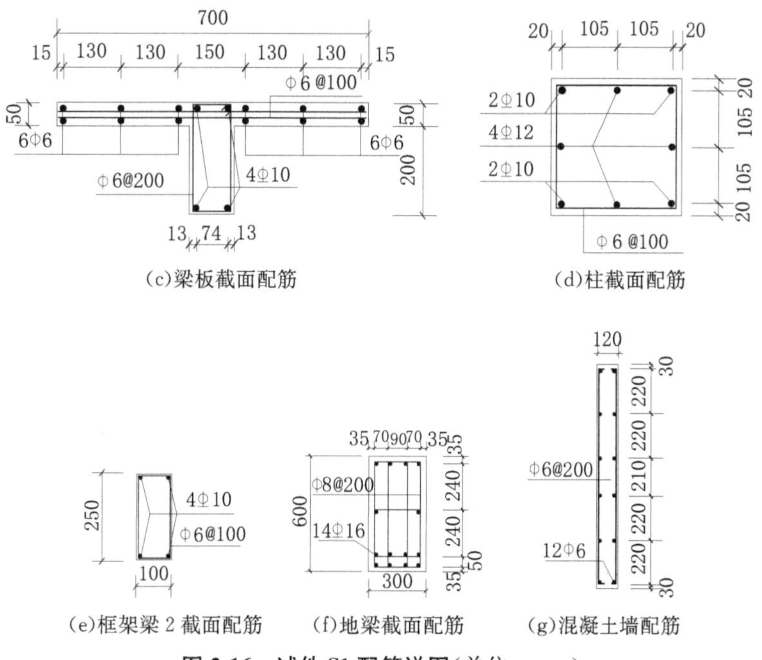

图 2-16　试件 S1 配筋详图(单位：mm)

试件 S2 与试件 S1 相比，只改变边柱所施加的竖向荷载，所以该配筋信息与试件 S1 相同；试件 S3 作为一个对比试件，只将约束条件变为两端固支，配筋信息与试件 S1 相同；而试件 S4 和 S5 也只是在 S1 的基础上分别增加了一跨和增高一层，除了地梁截面尺寸变高以外(为了防止在吊装过程中试验梁构件发生过大的挠度)，其余梁板柱配筋均没有发生变化，与 S1 完全相同。试件 S1～S5 的效果示意图依次如图 2-17 所示。

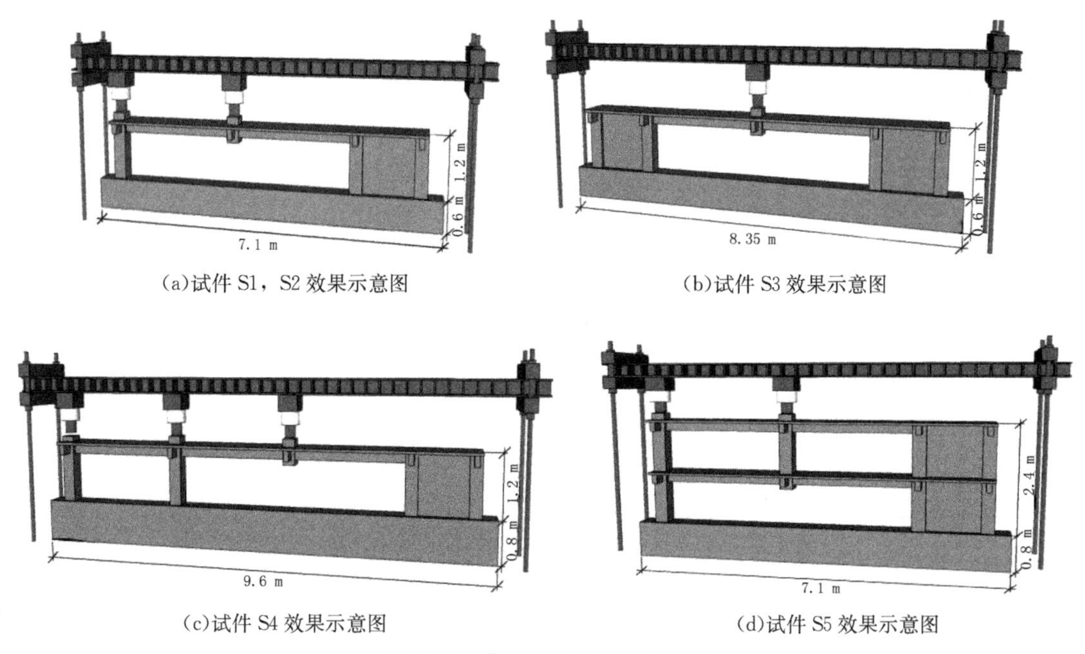

图 2-17　试验子结构效果示意图

2.3.3 试验模拟

(1)MARC纤维模型建模。

纤维模型按照结构的轴心定位，梁柱节点部分留出刚域，尺寸取梁柱节点尺寸。并假定节点部分刚度大，将其设置为弹性材料。每根柱除刚域外的部分平均分成4段纤维单元，梁平均分成6段纤维单元。完成的纤维模型如图2-18所示。

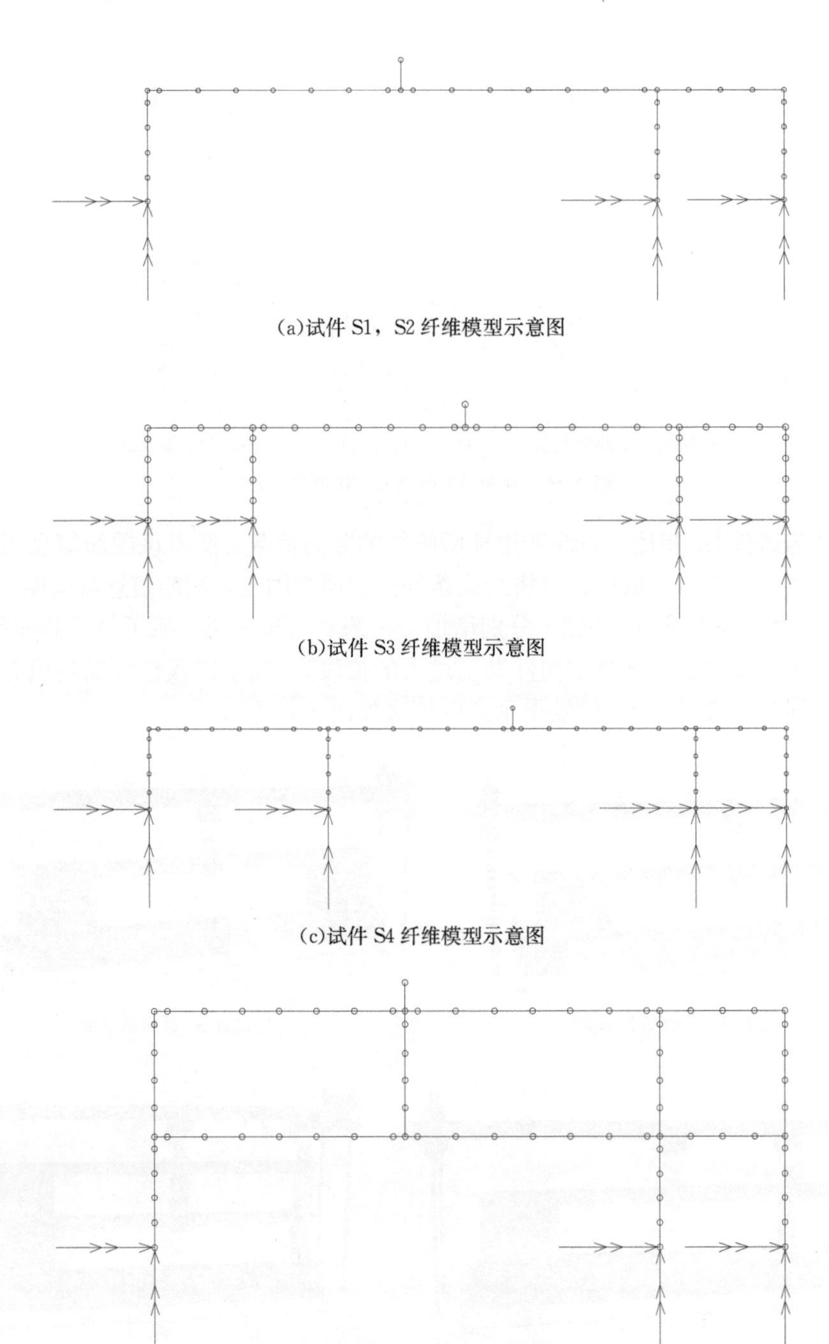

(a)试件S1，S2纤维模型示意图

(b)试件S3纤维模型示意图

(c)试件S4纤维模型示意图

(d)试件S5纤维模型示意图

图2-18 纤维模型示意图

纤维模型中不考虑墙，将板考虑成有效翼缘，梁板结构转换成 T 形梁后再进行数值模拟，有效翼缘宽度 b'_f 按独立梁取值。

(2)钢筋及混凝土的本构参数修改。

钢筋与混凝土的本构参数需要进一步修正，考虑不同因素的影响。

①埋入混凝土的纵向钢筋的应力-应变关系修正。

在很多数值模拟研究中都使用普通钢筋的应力-应变曲线当作钢筋的本构参数，以此来研究混凝土内的钢筋受力情况，然而嵌于混凝土内纵向钢筋的应力-应变本构关系与普通钢筋的本构是不同的。实际上，在混凝土开裂后，混凝土在裂缝处的应力降为零，此时混凝土裂缝处的纵向钢筋应力达到最大。另外，在混凝土裂缝相邻处，即混凝土未开裂完好的区域，混凝土和钢筋之间还存在另一种受力形式，即混凝土与钢筋共同受力，混凝土也会提供抗拉强度。在两种受力形式的共同作用下，当混凝土裂缝之间的钢筋达到屈服时，混凝土完好区域内的钢筋未达到屈服，此时整体钢筋的平均应变还没有达到普通钢筋的屈服应变标准，如果采用普通钢筋的本构关系，即认为整体钢筋的平均应变达到屈服强度时为屈服，就会高估钢筋的承载能力贡献。为了考虑该因素的影响，采用 Belarbi A 和 Hsu T 的双曲线模型修正钢筋抗拉的屈服应力和屈服应变[32]，图形如图 2-19，公式如下所示：

$$\sigma=\begin{cases}E_s\varepsilon \quad (\varepsilon\leqslant\varepsilon_{nr}),\\ f_{yr}[(0.91-2B)+(0.02+0.25B\cdot\varepsilon/\varepsilon_{yr})] \quad (\varepsilon>\varepsilon_{nr})\end{cases} \tag{2-1}$$

$$B=(f_t/f_{yr})^{1.5}/\rho \tag{2-2}$$

式中，σ，ε，E_s 分别为嵌入混凝土的纵向钢筋应力、应变、弹性模量；ε_{yr} 为普通钢筋的屈服应变；ε_{nr} 为修正后的屈服应变。

代入 $\varepsilon=\varepsilon_{nr}$，可得 $\varepsilon_{nr}=\varepsilon_{yr}(0.93-2B)/(1-0.25B)$，参数 B 中的 f_t，f_{yr}，ρ 分别表示混凝土的抗拉强度、钢筋的屈服强度和纵向钢筋的配筋率，其中配筋率取比值，即若配筋率为 0.6%，计算时取数值 0.006。

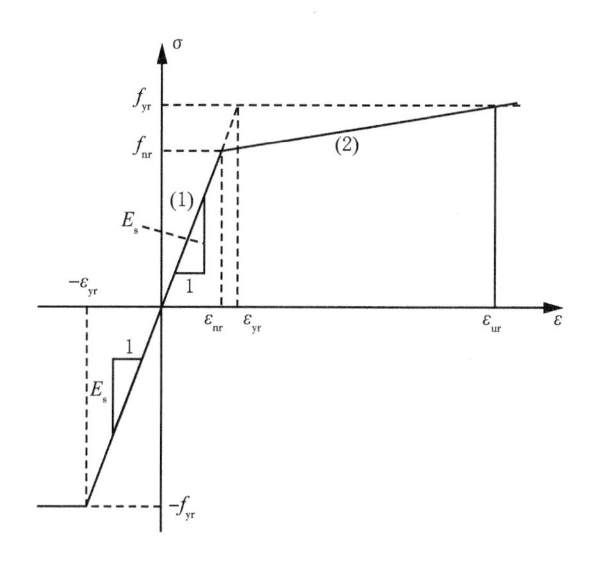

图 2-19　嵌入混凝土的钢筋应力-应变曲线

②钢筋混凝土的黏结滑移效应。

钢筋和混凝土之间的黏结滑移效应容易发生在梁柱节点处，由 Pan W H 等提出的考虑了钢筋锚固变形的修正版应力-应变曲线[33]，目前使用于很多数值模拟研究中。如图 2-20 所示，可以看出该模型考虑了梁柱节点处钢筋受拉时的锚固变形。另外，由于钢筋的锚固变形在钢筋受拉的弹性及塑性阶段均有影响，因此在修正曲线中减小了弹性模量，并延长了塑性阶段。

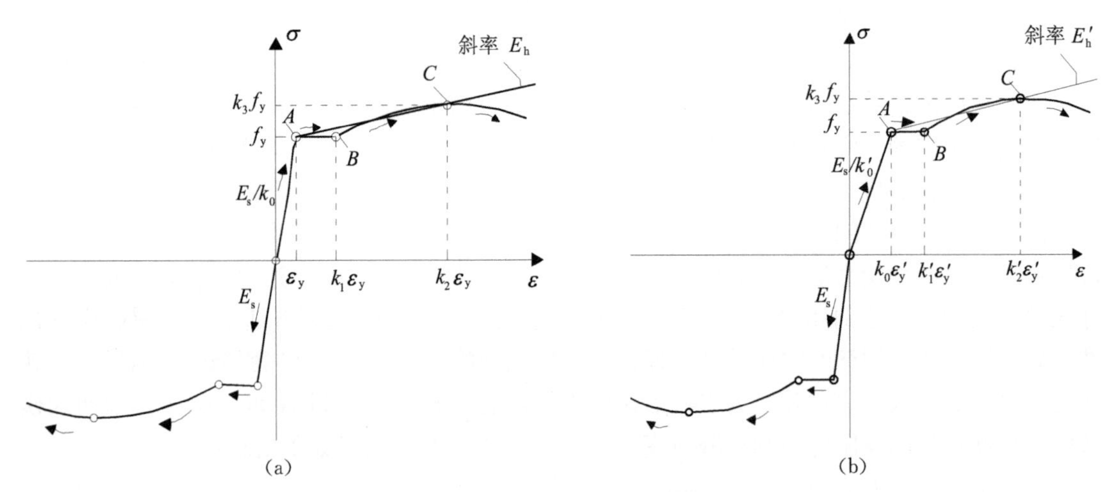

图 2-20 钢筋应力-应变曲线

图 2-20 中的系数计算公式如下所示：

$$k'_0=1+\alpha_y \tag{2-3}$$

$$k'_1=k_1+\alpha_y \tag{2-4}$$

$$k'_2=k_2+\alpha_y+\alpha_{sh} \tag{2-5}$$

$$\alpha_y=\frac{slip_y}{L_e\,\varepsilon_y}=\frac{f_y\,d_b}{8\,u_b\,L_e} \tag{2-6}$$

$$\alpha_{sh}=\frac{slip_{sh}}{L_e\,\varepsilon_y}=\frac{f_y\,d_b}{4\,u'_bL_e}(k_3-1)\left(\frac{2}{3}\,k_1+\frac{1}{3}\,k_2\right) \tag{2-7}$$

式中，k_1为钢筋的硬化起点应变与屈服应变的比值；k_2为钢筋的峰值应变与屈服应变的比值；k_3为钢筋的峰值强度与屈服强度的比值；k'_0，k'_1，k'_2 分别为确定修正后的应力-应变曲线的系数；a_y，a_{sh}分别为钢筋弹性阶段和强化阶段内的应变增大系数；$slip_y$，$slip_{sh}$分别为钢筋弹性阶段和强化阶段内的总滑移；f_y为屈服应力；ε_y为屈服应变；d_b 为钢筋直径；u_b 为粘着应力，钢筋弹性阶段 $u_b=1.0\sqrt{f'_c}$ ，非弹性阶段，$u'_b=0.5\sqrt{f'_c}$ ；f'_c为混凝土抗压强度；L_e 为梁或柱的纤维单元尺寸。

③混凝土箍筋约束影响。

Park R 等提出了一个考虑了箍筋约束造成混凝土强度增强的改良模型[34]，用放大系数 K 乘以 Kent and Park 模型[35]中的峰值应力 f'_c 和峰值应变 0.002，如图 2-21 所示，达到峰值应力后，应力-应变关系变为下降段的直线线性曲线，曲线可用公式(2-8)和(2-9)表示。本节当达到极限压应变 ε_{cu}时，应力比 f'_c减少 80%，即 $f_{cu}=0.2Kf'_c$，参数 K 用公式(2-11)计算。

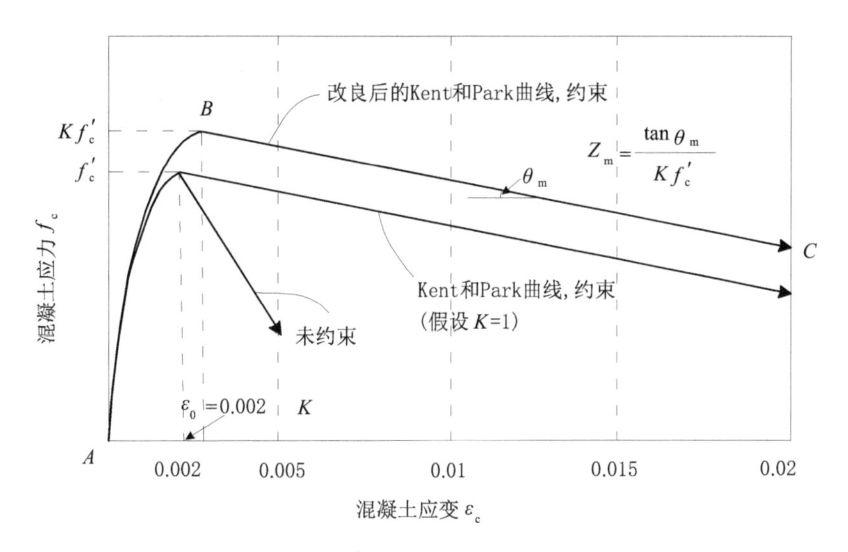

图 2-21　Park 等改良后的 Kent and Park 曲线

AB 段曲线：

$$f_c=Kf'_c\left[\frac{2\varepsilon}{\varepsilon_0}-\left(\frac{\varepsilon}{\varepsilon_0}\right)^2\right]\ (\varepsilon\leqslant\varepsilon_0) \tag{2-8}$$

BC 段曲线：

$$f_c=Kf'_c[1-Z_m(\varepsilon-\varepsilon_0)]\ (\varepsilon>\varepsilon_0) \tag{2-9}$$

其中：

$$Z_m=\frac{0.5}{\dfrac{3+0.29f'_c}{145f'_c-1\ 000}+\dfrac{3}{4}\rho_s\sqrt{\dfrac{b''}{s_h}}-0.002K} \tag{2-10}$$

$$K=1+\frac{\rho_s f_{yh}}{f'_c} \tag{2-11}$$

式中，ε_0为修正后的峰值应变；ρ_s为箍筋体积除以混凝土体积的比值，混凝土体积按照从箍筋外围到混凝土中心的体积范围计算；f_{yh}为横向钢筋(箍筋)的屈服强度；f'_c为混凝土峰值应力(单位：MPa)；b''为混凝土中心到箍筋外围的宽度；s_h为箍筋间距。

当Z_m确定后即可用公式(2-13)计算极限压应变ε_{cu}：

$$Z_m=\frac{\tan\theta_m}{Kf'_c}=\frac{0.8}{\varepsilon_{cu}-\varepsilon_0} \tag{2-12}$$

$$\varepsilon_{cu}=\frac{0.8}{Z_m}+\varepsilon_0 \tag{2-13}$$

总结如下：

a. 混凝土内纵向钢筋的应力-应变：降低钢筋的屈服强度和屈服应变，强化阶段的峰值强度和峰值应变不变，极限强度和极限应变不变。

b. 钢筋的黏结滑移：钢筋本构曲线整体向右平移，弹性模量降低，屈服强度、峰值强度及极限强度不变，屈服应变及峰值应变增大，极限应变不变。

c. 混凝土箍筋约束作用：混凝土弹性模量不变，峰值强度及峰值应变增大，极限强度取峰值强度的20%，根据公式算出极限应变。

2.3.4 试验与纤维模型数据对比

使用 MARC 纤维模型计算了试验构件的中柱竖向位移与中柱轴力的关系曲线图，其中 S4 试件的数据有损坏，无法画出曲线图，故列出了 S1，S2，S3，S5 四个构件的试验实测数据与纤维模型计算数据的对比曲线图，如图 2-22 所示。

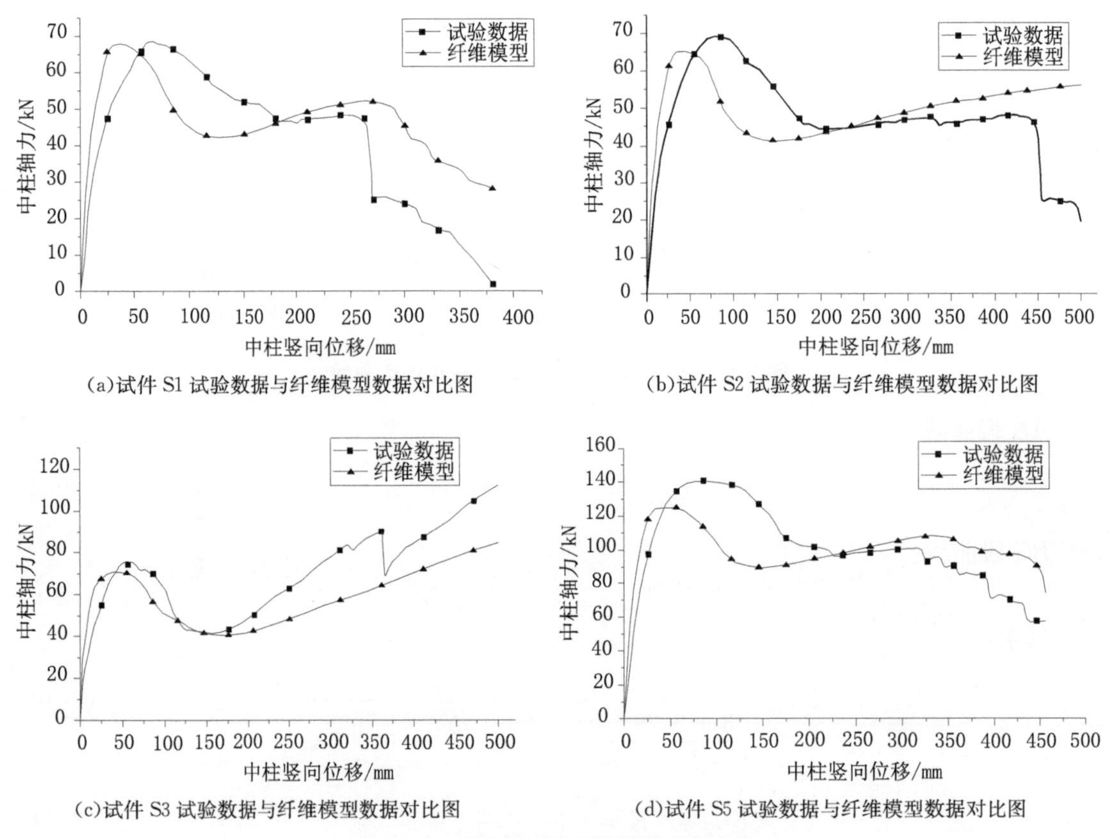

(a)试件 S1 试验数据与纤维模型数据对比图

(b)试件 S2 试验数据与纤维模型数据对比图

(c)试件 S3 试验数据与纤维模型数据对比图

(d)试件 S5 试验数据与纤维模型数据对比图

图 2-22　试验数据与纤维模型对比曲线

第3章　RC和PC结构整体稳固性评价与分析

3.1 概　述

结构防连续倒塌的能力可以用整体稳固性来衡量，它指的是结构抵抗意外灾害引起的与初始损伤不成比例的倒塌的能力。目前国内外的规范除了要求结构在设计时考虑正常使用极限状态(耐久性和适用性)和承载能力极限状态(安全性)以外，对结构的整体稳固性也越来越重视。

3.1.1 关于连续倒塌和整体稳固性的规范介绍

1968年Ronan Point公寓连续倒塌事件发生后，英国率先将避免连续倒塌的要求写入规范。1976年，进一步修改的英国建筑规范(Building Regulations)要求5层及5层以上的建筑在遭遇类似燃气爆炸的偶然荷载时，整个结构不得出现与初始破坏不成比例的破坏。Approved Document A (ODPM, 2013)提供了三个增强结构整体稳固性的方式：①增强构件间的拉结强度，保证结构在发生局部破坏以后的整体性；②增加结构防连续倒塌的承载力储备，提升结构跨越初始损伤的能力；③增强结构中关键构件的抗力，避免因关键构件的破坏引起整体结构的连续倒塌。英国混凝土规范(BS 8110)中提出了五种方法增强结构的整体稳固性：①检查结构整体性，避免出现明显薄弱环节；②保证结构具有一定抵抗水平力的能力，每个楼层能抵抗1.5%楼层自重的水平荷载；③拉结强度法；④拆除构件法和关键构件法；⑤当结构竖向构件易受到撞击时，推荐设置防护措施[36]。BS 8110按照图3-1所示流程实施几种设计方法来保证结构的防连续倒塌性能。

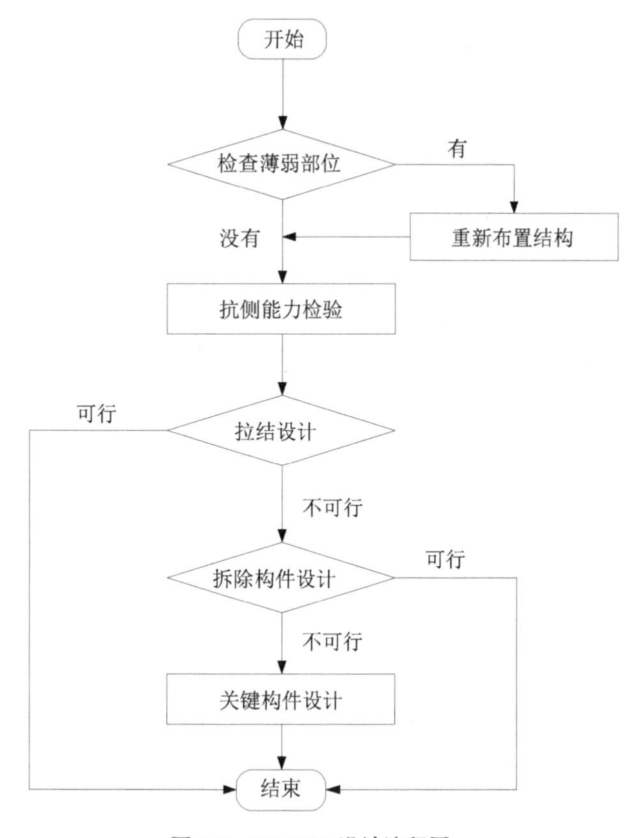

图3-1　BS 8110设计流程图

欧洲荷载规范Eurocode 1规定结

构应有足够的强度抵抗偶然荷载[37]，对连续倒塌的设计规定分为两类：一类是针对具体灾害的设计，目的是减轻意外灾害对结构的损害；另一类是独立于具体的灾害情况设计，目的是控制初始损伤对整体结构的影响。在针对具体灾害进行设计时，Eurocode 1 建议了三种方法：①减小意外事件发生的概率，如保证建筑结构与道路之间有足够的距离等；②降低意外事件对结构的破坏程度，如设置护栏等；③增加结构强度，提升结构抵抗破坏的能力。由于灾害荷载具有极大的不确定性，即使经过了针对灾害的设计，结构仍可能不足以抵抗灾害发生时的实际荷载。因此 Eurocode 1 采用独立于具体的灾害情况设计使结构的整体稳固性得以提升，与英国规范相似，设计方法包括了拆除构件法、拉结强度法和关键构件法。在结构设计时，三种设计方法若同时运用会使设计过程耗时耗力，Eurocode 1 通过对建筑物划分不同的安全等级，规定相应等级应采用的设计方法，使得防连续倒塌设计更加高效与合理。

美国混凝土协会发布的 ACI 318—11[38]通过概念设计提高结构整体稳固性，具体要求包括钢筋的位置、锚固、连接等。美国土木工程学会的 ASCE 7—10[39]要求结构应具有足够的延性、连续性和冗余性来保证结构的整体稳固性，它提供了两类设计方法：直接设计法和间接设计法。直接设计法包括了拆除构件法和局部抗力法；间接设计法则是通过合理布置结构、加强结构冗余程度、延性设计、考虑反向荷载、连续倒塌分区等措施提高整体稳固性。美国国防部发布的 DoD 2010[40]在内容上比其他规范更加丰富，除了混凝土结构和钢结构的防连续倒塌设计以外，还包括了木结构、石结构的设计。DoD 2010 采用的设计方法为拆除构件法和拉结强度法。美国总务管理局发布的 GSA 2013[41]深化了拆除构件法的分析方法和详细流程，拆除构件法通过拆除结构的一个竖向承力构件，分析剩余结构的响应来评估结构的防连续倒塌能力；分析包括了线性静力、非线性静力、线性动力、非线性动力四种方法。GSA 2013 规定线性分析只能应用于 10 层及以下的建筑，线性分析中采用需求能力比 DCR 判断结构是否满足防连续倒塌的要求，若不满足，则应对相应的节点或构件重新设计；对于 10 层以上及不规则的建筑，要求采用非线性分析，非线性分析中采用倒塌面积作为判断准则。另外，GSA 2013 还规定在静力分析中应对竖向荷载乘以动力放大系数来考虑动力的不利影响。

3.1.2 整体稳固性量化指标

当结构遭受偶然事件造成初始损伤后，良好的整体稳固性能够防止初始损伤发展成结构的连续倒塌。定量地评估结构在遭受偶然事件情形下的整体稳固性和定量地比较不同设计方案的整体稳固性差异，是工程界遇到的一个难题，也是工程师们一直以来的追求。整体稳固性量化指标不仅可以应用于防连续倒塌设计，也可以应用于结构优化、方案比选、结构评估等方面。

国内外学者对整体稳固性的量化评估进行了不同方面的尝试，目前整体稳固性量化指标主要是基于结构属性和结构性能两个方面进行制定的。基于结构性能方面的分析又进一步分为基于概率性指标和基于确定性指标，具体分类如图 3-2 所示。下文将对各类指标进行简要介绍。

图 3-2　整体稳固性量化指标分类

3.1.2.1　基于结构性能的整体稳固性指标

Ellingwood B R 通过控制发生连续倒塌的概率，使其小于所允许的概率以提高结构整体稳固性[42]。结构连续倒塌的概率可以表示为：

$$P[\text{collapse}]=P[\text{collapse}|\text{D}]P[\text{D}|\text{H}]\lambda_{\text{H}} \tag{3-1}$$

式中，H 为使结构发生初始损伤的偶然事件；D 为初始损伤；$P[\text{D}\mid\text{H}]$为在 H 发生的情况下，初始损伤 D 发生的概率；$P[\text{collapse}\mid\text{D}]$为在初始损伤 D 发生的情况下，发生连续倒塌的概率；λ_{H} 为偶然事件每年发生的平均概率。

由于偶然事件的发生概率小，引起的后果严重，具有很高的不确定性，并且结构模型、材料属性和构件尺寸都具有随机性，因此结构的整体稳固性指标在实质上是不确定的。为此，可靠度也就成为学者用于衡量结构整体稳固性的指标。Frangopol D M 等根据结构发生初始损伤前后的失效概率变化，提出了概率冗余度指标，如式（3-2）所示[43]。RI(redundancy index)的取值范围为[1，+∞)，RI 的值越小说明整体稳固性越高，其表达式为

$$RI=\frac{P_{\text{f,d}}-P_{\text{f,0}}}{P_{\text{f,0}}} \tag{3-2}$$

式中，$P_{\text{f,d}}$为损伤结构失效概率；$P_{\text{f,0}}$为完好结构失效概率。

当采用受损前后可靠度指标的变化衡量结构的整体稳固性时，对应的冗余度指标如式(3-3)所示。β_{R}的取值范围为[0，+∞)，β_{R}的值越大说明整体稳固性越高，其表达式为

$$\beta_{\text{R}}=\frac{\beta_0}{\beta_0-\beta_{\text{d}}} \tag{3-3}$$

式中，β_{d}为损伤结构可靠度指标；β_0为完好结构可靠度指标。

Baker J W 等和 Mihaela I O 等基于决策分析理论以事件树形式来区分结构发生破坏的直接风险与间接风险[44-45]，并且以直接风险和总风险的比值作为整体稳固性指标，其表达

式为

$$I_{\text{rob}}=\frac{R_{\text{Dir}}}{R_{\text{Dir}}-R_{\text{Ind}}} \tag{3-4}$$

式中，R_{Dir}为直接风险(与初始损伤直接关联的风险)；R_{Ind}为间接风险(结构受损以后新增的风险)。

Frangopol D M 等提出了基于结构受损前后承载力变化的几种结构冗余度指标[43]。由于冗余度和结构整体稳固性有着本质的联系，因此也可将冗余度指标作为整体稳固性的衡量标准。

第一种冗余度指标：储备强度比 RSR(reserve strength ratio)。RSR 为完好结构承载力与结构设计承载力的比值，其表达式为

$$RSR=\frac{L_{\text{intact}}}{L_{\text{design}}} \tag{3-5}$$

式中，L_{intact}为完好结构承载力；L_{design}为结构设计承载力(见图 3-3)。

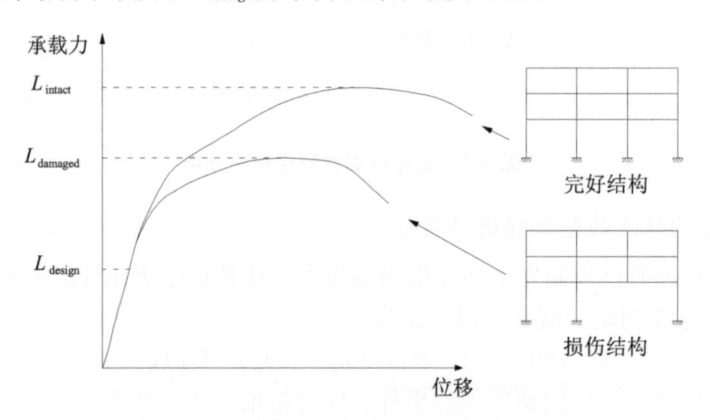

图 3-3　完好结构、损伤结构和结构设计承载力

第二种冗余度指标：剩余或损伤强度比 DSR(residual or damages strength ratio)。DSR 为损伤结构承载力与结构设计承载力的比值，其表达式为

$$DSR=\frac{L_{\text{damaged}}}{L_{\text{design}}} \tag{3-6}$$

式中，L_{damaged}为损伤结构承载力(见图 3-3)。

第三种冗余度指标：剩余影响系数 RIF(residual influence factor)。RIF 为损伤结构承载力与完好结构承载力的比值，其表达式为

$$RIF=\frac{L_{\text{damaged}}}{L_{\text{intact}}} \tag{3-7}$$

第四种冗余度指标：强度冗余系数 SRF(strength residual factor)。SRF 为完好结构承载力与完好结构承载力和损伤结构承载力之差的比值，其表达式为

$$SRF=\frac{L_{\text{intact}}}{L_{\text{intact}}-L_{\text{damaged}}} \tag{3-8}$$

美国学者 Corey F T 等同样基于结构承载力的变化提出了冗余度指标 RRI(relative robustness index)[46]。这个指标同时考虑了三种承载力的影响，其表达式为

$$RRI=\frac{L_{\text{damaged}}-L_{\text{design}}}{L_{\text{intact}}-L_{\text{design}}} \tag{3-9}$$

采用冗余度指标判断结构是否会发生连续倒塌，当冗余度指标 $DSR>1$，或 $RIF>1/RSR$，或 $SRF>RSR/(RSR-1)$，或 $RRI>0$ 时，结构在损伤以后仍然能承担结构设计荷载而不发生连续倒塌。

黄靓、李龙和高扬从承载力系数角度出发，用构件重要性系数 η_i 量化结构整体稳固性[47-48]，其表达式如式(3-10)所示。这个指标的范围主要为铰接的杆件体系，且承载力的计算只处于弹性阶段，因此其应用尚有一定局限性。

$$\eta_i=\frac{\lambda_0-\lambda_i}{\lambda_0} \tag{3-10}$$

式中，η_i 为构件重要性系数；λ_0 为完好结构承载力系数；λ_i 为损伤结构承载力系数。

Biondini F 等提出了基于结构受损前后位移比的整体稳固性指标[49]。其表达式如(3-11)所示：

$$\rho=\frac{\|\boldsymbol{s}_0\|}{\|\boldsymbol{s}_\mathrm{d}\|} \tag{3-11}$$

式中，$\boldsymbol{s}_0$为完好结构位移向量；$\boldsymbol{s}_\mathrm{d}$为损伤结构位移向量；$\|\cdot\|$ 为欧式范数。

张雷明、刘西拉等建立了以能量为基础的重要性系数，反映了构件对结构体系应变能变化的影响程度，从而作为整体稳固性的量化指标[50]。其表达式如式(3-12)所示。

$$\gamma^i=\frac{U^{(i)}}{U}=\frac{\boldsymbol{R}^\mathrm{T}(\boldsymbol{K}^{(i)})^{-1}\boldsymbol{R}}{\boldsymbol{R}^\mathrm{T}\boldsymbol{K}^{-1}\boldsymbol{R}} \tag{3-12}$$

式中，γ^i 为构件 i 重要性系数；U 为完好结构应变能；$U^{(i)}$ 为损伤结构(缺少构件 i)的应变能；$\boldsymbol{R}$ 为设置的外荷载(节点荷载)；$\boldsymbol{K}$ 为完好结构刚度矩阵；$\boldsymbol{K}^{(i)}$ 为损伤结构(缺少构件 i)的刚度矩阵。

Starossek U 和 Haberland M 考虑结构损伤和损伤演化提出了基于损伤程度的整体稳固性指标，如式(3-13)所示[51]。当 $R_\mathrm{d}>0$ 时，结构不发生连续倒塌；当 $R_\mathrm{d}=1$ 时，结构的整体稳固性最强。

$$R_\mathrm{d}=1-\frac{p}{p_\mathrm{lim}} \tag{3-13}$$

式中，p 为初始损伤引起的结构最大损伤；p_lim为可接受的结构总损伤。

Pandey P C 等基于结构灵敏度提出了广义结构冗余度指标[52]。其表达式如(3-14)(3-15)所示：

$$GR_j=\frac{1}{V}\sum_{i=1}^{n_\mathrm{e}}\left[\frac{V_i}{S_{ij}}\right] \tag{3-14}$$

$$GNR_j=\frac{GR_j}{\max(GR_1,\ GR_2,\ \cdots,\ GR_n)} \tag{3-15}$$

式中，GR_j为第 j 个损伤参数广义冗余度；GNR_j为标准化的广义冗余度；V_i为第 i 个构件体积；V 为结构总体积；S_{ij} 为第 i 个构件对于第 j 个损伤参数的灵敏度；n_e为结构构件总数。

3.1.2.2 基于结构属性的整体稳固性指标

叶列平等采用广义刚度提出了构件重要性系数作为评价结构整体稳固性的指标，如式(3-16)所示[53]。I 的取值范围为[0，1]，I 越大说明拆除的构件其重要性越大。

$$I=\frac{K_{\mathrm{stru},0}-K_{\mathrm{stru,f}}}{K_{\mathrm{stru},0}} \tag{3-16}$$

式中，$K_{stru,0}$为完好结构广义刚度；$K_{stru,f}$为受损结构广义刚度。

根据结构组成形式及构件间拓扑关系，Blockely D 和 Agawral J 等建立了结构易损性理论(Structural Vulnerability)[54]，Agawral J 等提出了基于结构刚度矩阵的“良构型”(Well-formedness)用于衡量整体稳固性[55-56]。良构度根据结构体系的属性寻找结构薄弱环节，也就是从整体稳固性的反面来研究结构防连续倒塌的能力，其表达式如下：

$$Q=\frac{1}{N}\sum_{i=1}^{N}q_i \tag{3-17}$$

式中，Q 为结构体系良构度；N 为结构体系中节点个数；q_i为 i 节点的良构度。

GSA 2003 采用 DCR 判断节点是否满足结构整体稳固性的要求[57]。对于规则的结构体系，DCR 值不应大于 2；对于不规则的结构体系，DCR 值不应大于 1.5。若不满足上述要求，则需对相应节点进行重新设计。DCR 的计算公式如下：

$$DCR=\frac{Q_{UD}}{Q_{CE}} \tag{3-18}$$

式中，Q_{UD}为节点抵防连续倒塌承担的荷载；Q_{CE}为节点极限承载力。

3.2 有限元模型建立

3.2.1 概述

建筑结构的连续倒塌是整体结构的行为，涉及的构件数量多、面积大，因此需要对整体结构进行分析，但对整体结构的试验研究不仅成本高、难度大，而且存在更多的影响因素。故目前对连续倒塌多采用非线性动力或非线性静力有限元方法进行研究。

结构的连续倒塌是一个经历小变形、材料失效、大变形的复杂力学过程，涵盖了材料、几何、边界条件的多重非线性。因此若要模拟连续倒塌的过程，对有限元软件的功能、材料非线性的准确模拟、弯矩-轴力相关作用的考虑均有较高要求。本节采用非线性有限元软件 SAP2000，选择折线型钢筋应力-应变关系、Mander 约束混凝土本构模型，梁柱单元采用框架单元并添加纤维铰对结构连续倒塌进行模拟。并且通过对二维梁柱子结构、三维梁柱子结构和二维框架的 Pushdown 试验进行数值模拟，验证有限元模型对大变形情况下框架结构倒塌分析的准确性。

3.2.2 装配整体式框架结构有限元建模

(1)分析平台。

本节选用 SAP2000 作为有限元分析的平台。SAP2000 是由美国 CSI 公司开发研制的建筑结构设计与分析大型有限元软件，采用基于对象的非线性有限元技术，可以模拟材料非线性、$P-\Delta$ 和大位移的几何非线性以及边界条件非线性，强大的分析功能包括了 Pushover 分析、时程分析、冲击分析、爆炸分析、屈曲分析等，因此可以较好地模拟复杂的建筑结构、桥梁、水工建筑物等工程。

(2)材料本构关系。

钢筋应力-应变关系采用两折线模型，弹性模量 E_s取 2.0×10^5 MPa，泊松比 ν 取 0.3，屈服强度 f_y为 400 N/mm^2，极限强度 f_u为 540 N/mm^2；混凝土应力-应变关系采用 Mander 模型，其表达式如式(3-19)所示，弹性模量 E_c取 3.25×10^4 MPa，泊松比 ν 取 0.2。钢筋及混凝土的材料应力-应变关系如图 3-4 所示。

$$\sigma = \frac{f_{cc} x r}{r - 1 + x^r} \tag{3-19}$$

其中，$x = \frac{\varepsilon_c}{\varepsilon_{cc}}$，$r = \frac{E_c}{E_c - E_{sec}}$。式中，$f_{cc}$为约束混凝土抗压强度；$\varepsilon_{cc}$为约束混凝土峰值应变；$E_{sec}$为约束混凝土峰值点处的割线模量，$E_{sec} = f_{cc}/\varepsilon_{cc}$。

约束混凝土的抗压强度和峰值应变计算方法如式(3-20)所示：

$$f_{cc} = f_{c0}\left[1 + 2.254\left(\sqrt{1 + 7.94\frac{p}{f_c}} - 1\right) - 2\frac{p}{f_c}\right] \tag{3-20a}$$

$$\varepsilon_{cc} = \varepsilon_{c0}\left[1 + 5\left(\frac{f_{cc}}{f_{c0}} - 1\right)\right] \tag{3-20b}$$

式中，f_{c0}为素混凝土抗压强度；ε_{c0}为素混凝土峰值应变；p 为约束侧向压力。

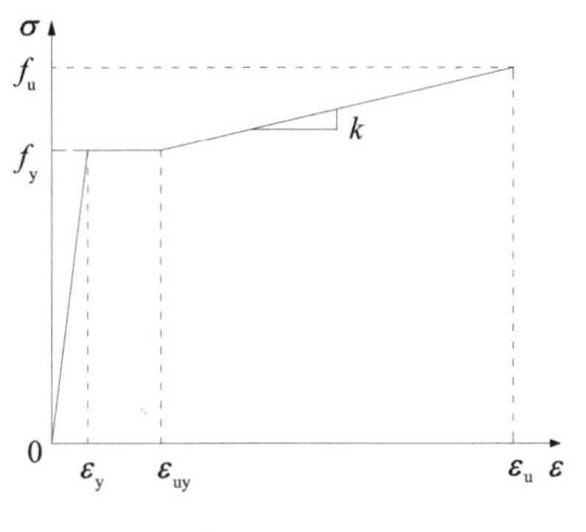

(a)钢筋应力-应变关系

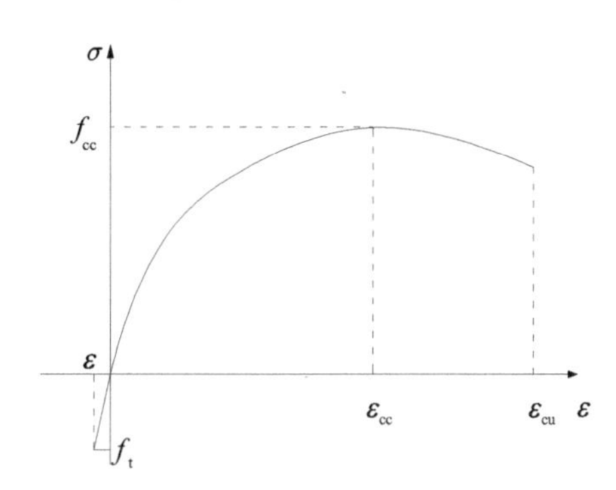

(b)混凝土应力-应变关系

图 3-4　材料应力-应变关系

装配整体式框架中采用叠合梁，预制梁与现浇柱连接处的界面黏结与现浇整体结构相比较差，通过将新老混凝土交接处的混凝土受拉强度设为零来模拟预制梁与现浇柱连接处的界面[图 3-5(a)中阴影部分区域]。图 3-5 表示了装配整体式框架中预制混凝土部分与现浇混凝土部分的位置关系以及梁柱节点处混凝土采用的应力-应变关系。

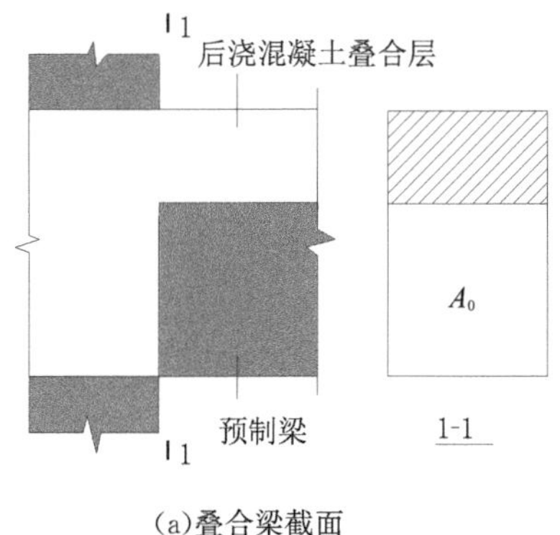

(a)叠合梁截面

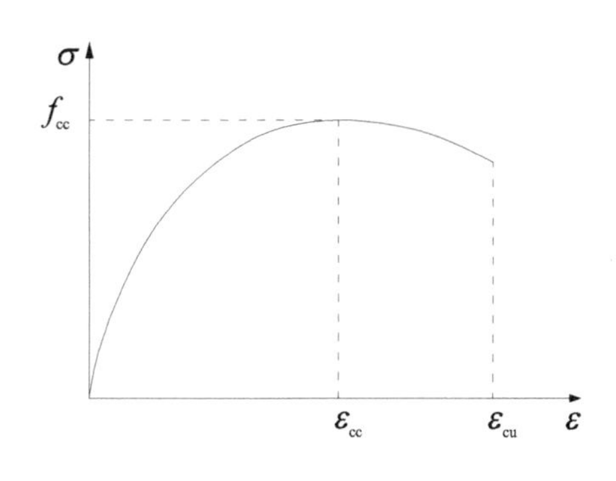

(b)A_0 范围内混凝土本构关系

图 3-5　叠合梁建模

(3)单元类型与塑性铰。

梁、柱的单元类型均选用框架单元，在 SAP2000 中通过添加塑性铰来体现材料的非线性属性。软件提供了三种塑性铰可以用于模拟单元的弯曲变形，分别是弯矩铰 MPH (moment plastic hinges)、轴力弯矩相关铰 FMH(axial force-moment interacting hinges)以及纤维铰 FPH(fiber plastic hinges)。弯矩铰只能考虑恒定轴力下受弯变形的弯矩-转角关系。轴力弯矩相关铰可以考虑截面上轴力和弯矩的相互作用，但不计入轴向变形。采用纤维铰时，截面被划分为多个纤维，每个纤维都赋予材料的单轴受力本构关系。在计算时，通过对纤维的应力和应变在截面上的积分得到截面的内力和变形。因此，纤维铰能够模拟单元弹性和非线性塑性阶段的弯曲和轴向变形，并且考虑轴力和弯矩的相互作用。对于梁单元，主要沿截面高度方向划分纤维；而对于柱单元，由于柱通常需要承担两个方向的弯矩，因此宽度和高度方向都需要划分为多个纤维。

本节采用纤维铰模拟材料非线性，为使计算结果尽可能准确，将框架单元分段，分段长度设置为塑性铰长度，上述建模方式如图 3-6 所示。塑性铰的长度取为 $0.5h$(h 为截面高度)。Mendis P 对比了当前的各种塑性铰长度计算公式，认为由柱子试验研究计算得出的计算公式能够更合理地预测受轴力的梁的行为[58]。连续倒塌分析过程中，梁在压拱机制下会受到较大的轴力，此时它的受力状态与柱子相似，因此取文献[58]建议的 $0.5h$ 作为塑性铰长度。

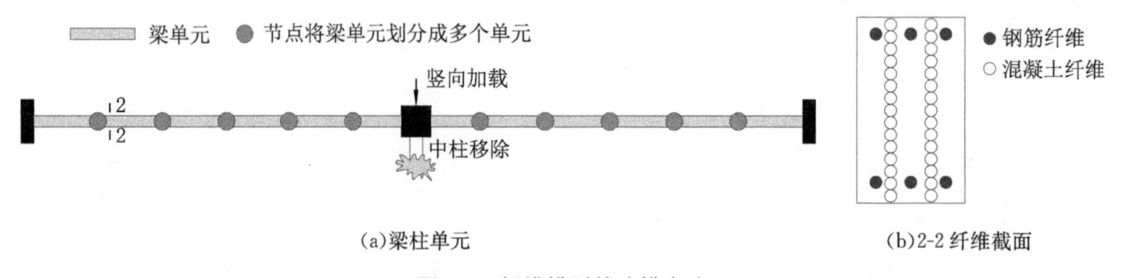

图 3-6　纤维模型的建模方法

(4)边界条件。

柱底部与地面的锚固采用固接模拟，即约束 X，Y，Z 方向的平动和转动。在进行试验数据模拟时，部分试验由于试验装置的原因采用多段线性塑性连接单元模拟其边界条件。

(5)加载模式与求解控制。

平面框架的荷载模式选择在失效柱上端施加位移荷载，并且以位移控制。需要注意的是，施加位移荷载的点必须以约束、弹簧或是指定给点对象的连接单元这三种方式之一与地面相连(如图 3-7 所示)，否则在运行分析时，软件将会忽略该位移荷载。

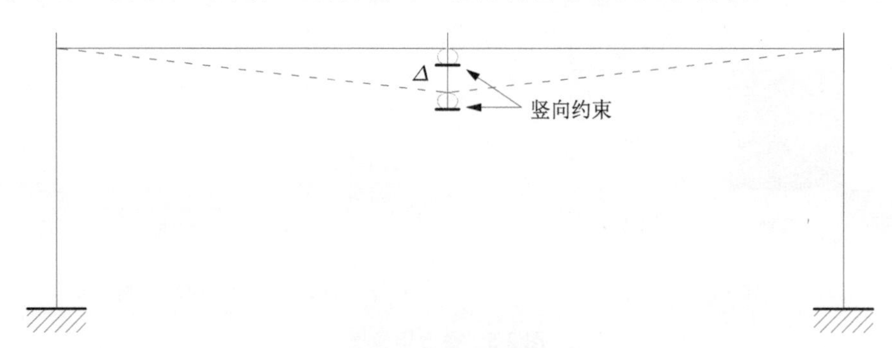

图 3-7　加载模式

为了最大限度地消除施加位移带来的动力效应，位移加载的速度应设置得比较缓慢，并且将结构的阻尼取为一个接近 1 的数值。为了更加准确地得到分析结果，将 SAP2000 中默认的 100 步计算步增加到 1000 步。结构的连续倒塌在后期将会发生很大的变形，因此在选择几何非线性参数时应勾选 $P-\Delta$ 和大位移。时间积分采用 Newmark 积分方法，收敛容差设为 0.5%。

3.2.3 倒塌分析模型验证

为了验证前述建模方式对框架结构在大变形情况下倒塌分析的准确性，分别对 5 个二维梁柱子结构、1 个二维框架和 1 个三维梁柱子结构试验进行模拟。

3.2.3.1 二维梁柱子结构模型验证

Yu J 等进行了两个 1∶2 缩尺的二维梁柱子结构 S1，S2 移除中柱后的 Pushdown 试验，子结构的原型模型取自于一幢 5 层的商业建筑[59]。由于子结构均为对称试件，图 3-8 仅表示了试验子结构 S1 和 S2 一跨的几何尺寸和截面配筋，另一跨的尺寸和配筋完全相同。

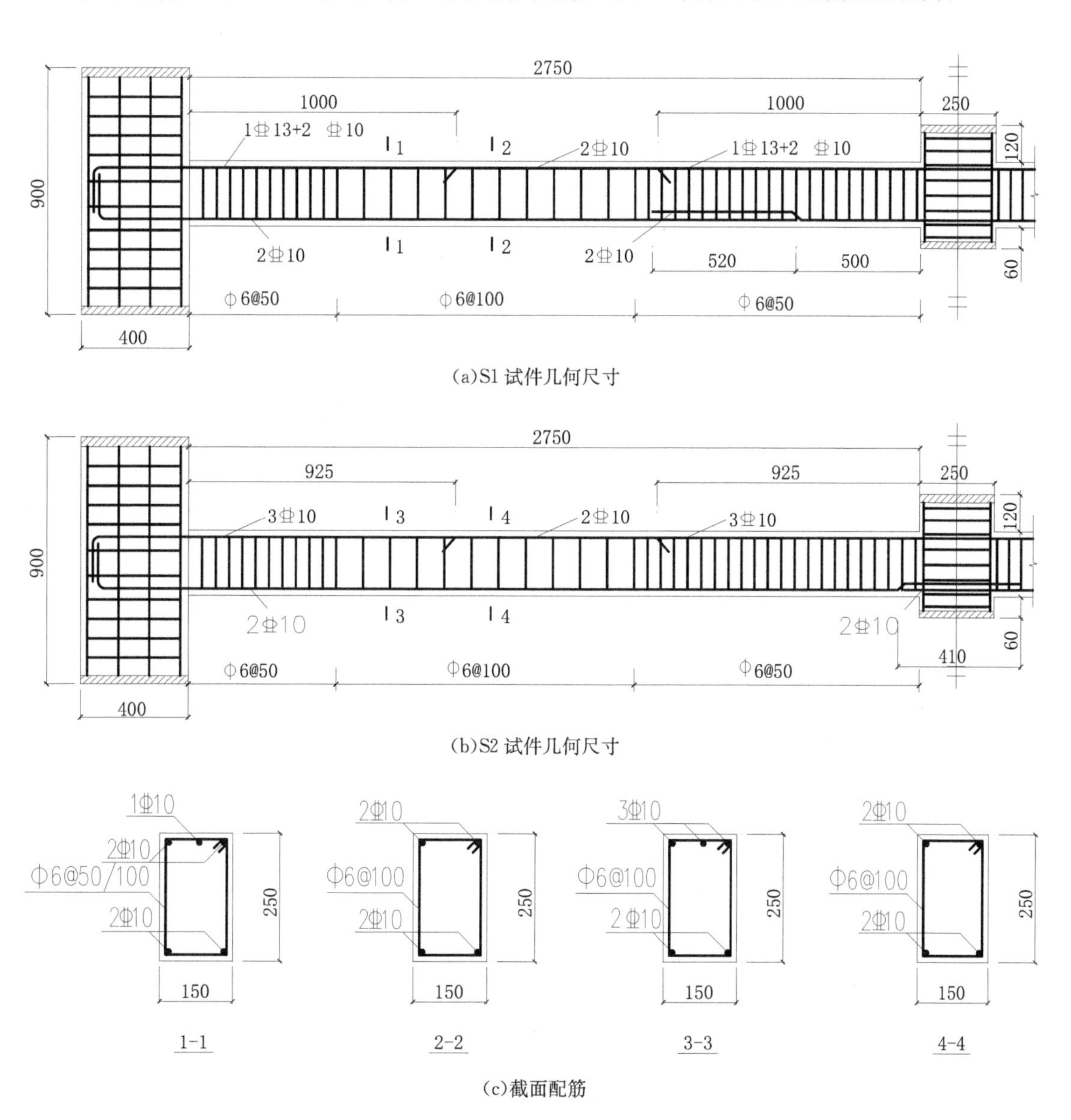

(a)S1 试件几何尺寸

(b)S2 试件几何尺寸

(c)截面配筋

图 3-8 S1 和 S2 试件几何尺寸及截面配筋(单位：mm)

采用 3.2.2 节介绍的建模方法，对两个子结构的 Pushdown 试验进行模拟，并将施加在中柱上方节点上的竖向荷载 P 及其位移 Δ 与试验结果进行对比，如图 3-9 所示。荷载-位移曲线存在承载力突然下降的情况，这是由于部分钢筋在此时被拉断引起的。对比试验结果和模拟结果可见，有限元模型可以较好地模拟二维梁柱子结构中的压拱效应和悬链线效应。

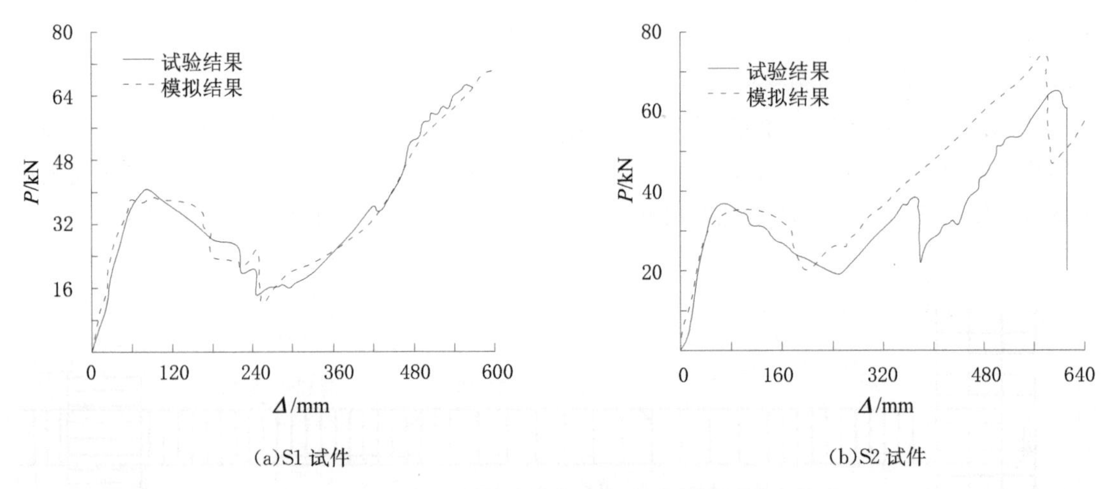

图 3-9 S1，S2 试件试验荷载-位移曲线与数值模拟结果

Qian K 等进行了 1∶4 缩尺的二维梁柱子结构 P1，P2 移除中柱后的 Pushdown 试验，原型结构根据 ACI 318—08 设计[60]。图 3-10 表示了试验子结构的几何尺寸和截面配筋。由于试验装置能够提供足够的约束并且不存在缝隙的影响，试件的边界采用固接模拟。有限元计算的荷载-位移曲线与试验荷载-位移曲线对比如图 3-11 所示。由图可见，二者的吻合程度较好。

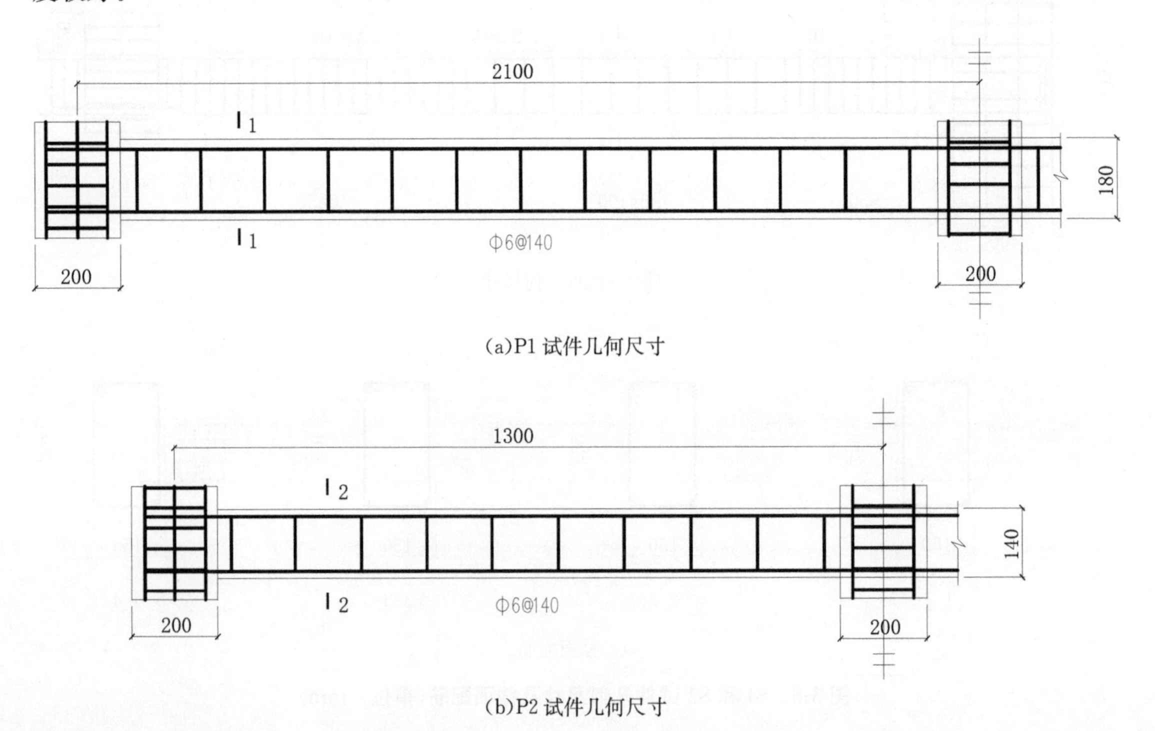

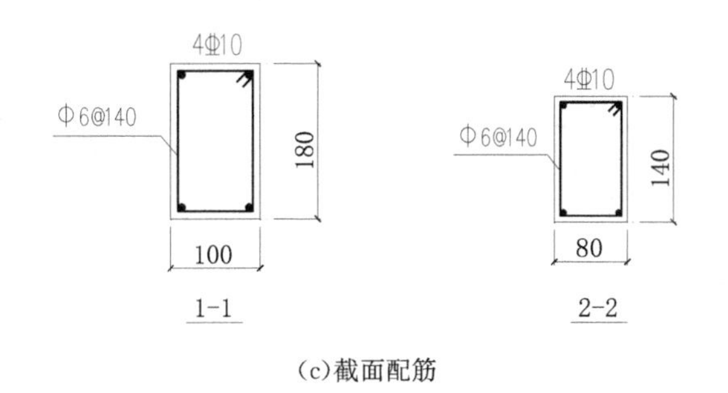

(c)截面配筋

图 3-10　P1 和 P2 试件几何尺寸及截面配筋(单位：mm)

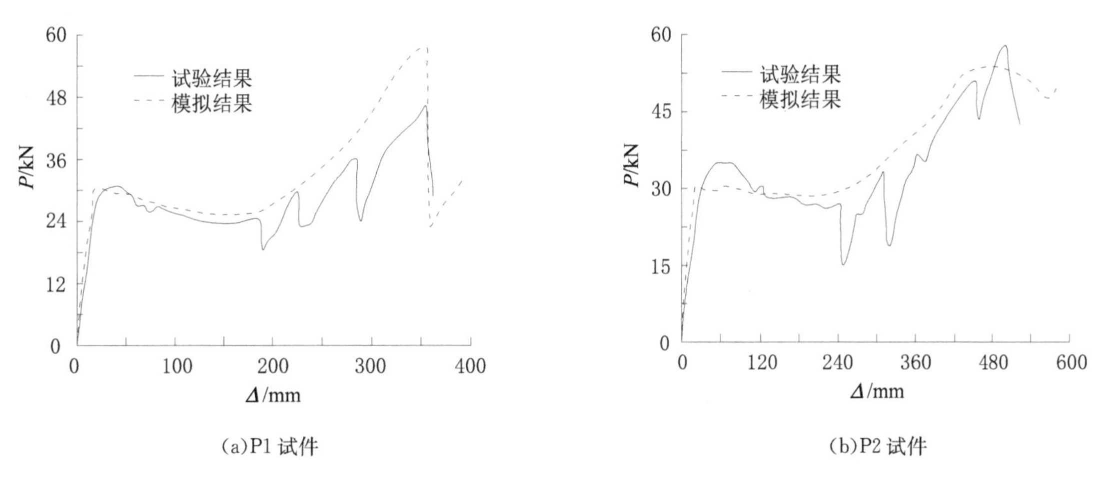

(a)P1 试件　　(b)P2 试件

图 3-11　P1，P2 试件试验荷载-位移曲线与数值模拟结果

初明进等进行了 1∶3 缩尺的 8 个钢筋混凝土单向梁板子结构，通过竖向加载试验研究这些试件在中柱破坏后的材料变形、损伤和防连续倒塌承载力[61]。原型结构是根据《混凝土结构设计规范》(GB 50010—2010)设计的 6 层框架结构，选取第一层的中间两跨作为研究的对象。选择无楼板的 B3 试件进行数值模拟，其构件尺寸和配筋如图 3-12 所示。试验装置提供了足够的刚度，试件的边界采用固接模拟，有限元计算的荷载-位移曲线与试验荷载-位移曲线对比如图 3-13 所示。由图可见，有限元能够较好地模拟子结构的弹塑性性能。

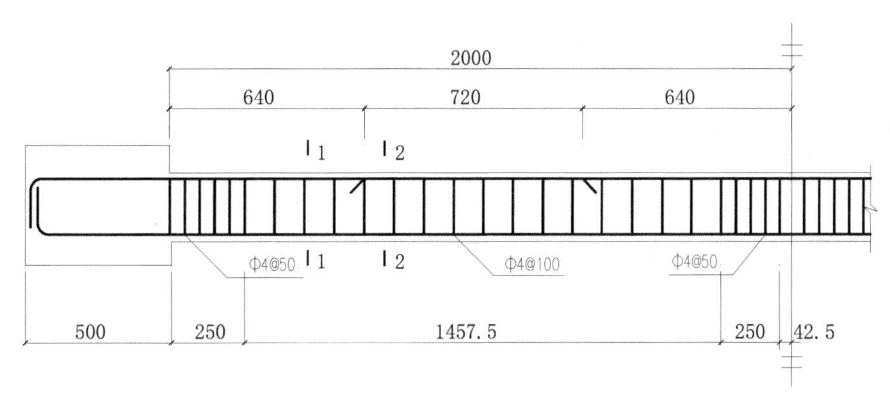

(a)B3 试件几何尺寸

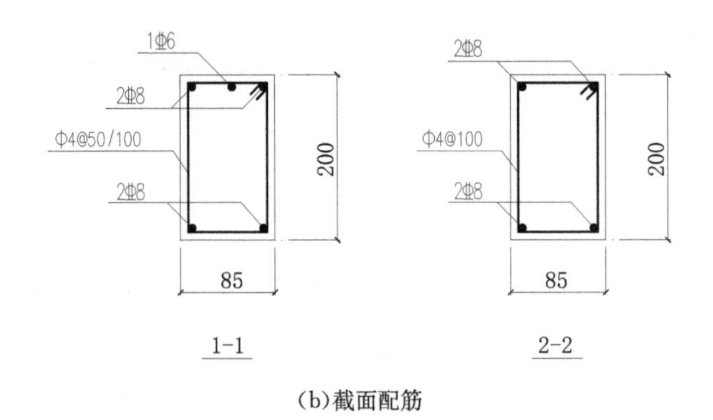

(b)截面配筋

图 3-12　B3 试件几何尺寸及截面配筋(单位：mm)

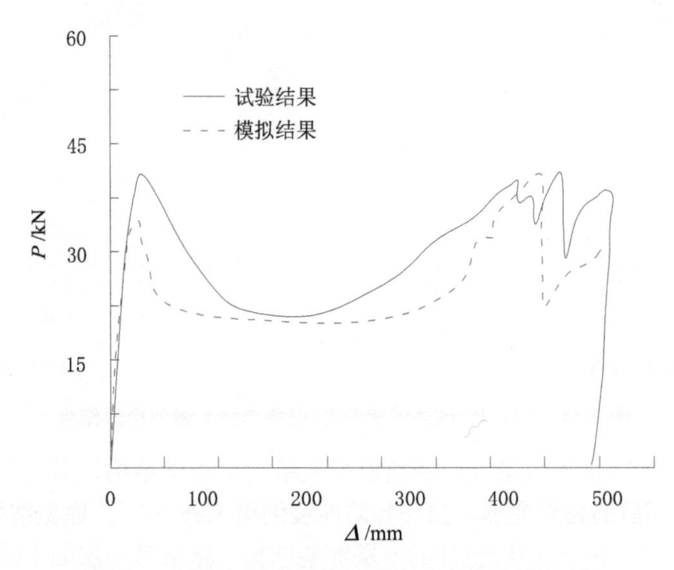

图 3-13　B3 试件试验荷载-位移曲线与数值模拟结果

3.2.3.2　二维框架模型验证

易伟建等进行了钢筋混凝土框架防倒塌性能的试验研究[62]，这是当前国内外最具代表性的倒塌试验研究之一，试验模型为一榀三跨四层的钢筋混凝土平面框架，如图 3-14 所示，采用拟静力加载。试验中，用机械千斤顶替换底层的中柱以模拟其失效，用电液伺服作动器采用力控制的方式作用在顶层中柱模拟上部结构重力荷载。作动器施加的力通过中柱传递给底层千斤顶，随着千斤顶的逐渐卸载，中柱顶部的作用力通过框架梁传递到两边的柱。在中柱位移 456 mm 时，框架梁中钢筋被拉断而倒塌。柱底端与地面的锚固采用固接模拟，图 3-15 为有限元模拟与试验得到的中柱轴力-位移曲线对比。由图可见，有限元计算结果与试验结果吻合较好，钢筋的拉断亦发生在 456 mm 附近，建立的计算模型能准确模拟二维框架的倒塌性能。

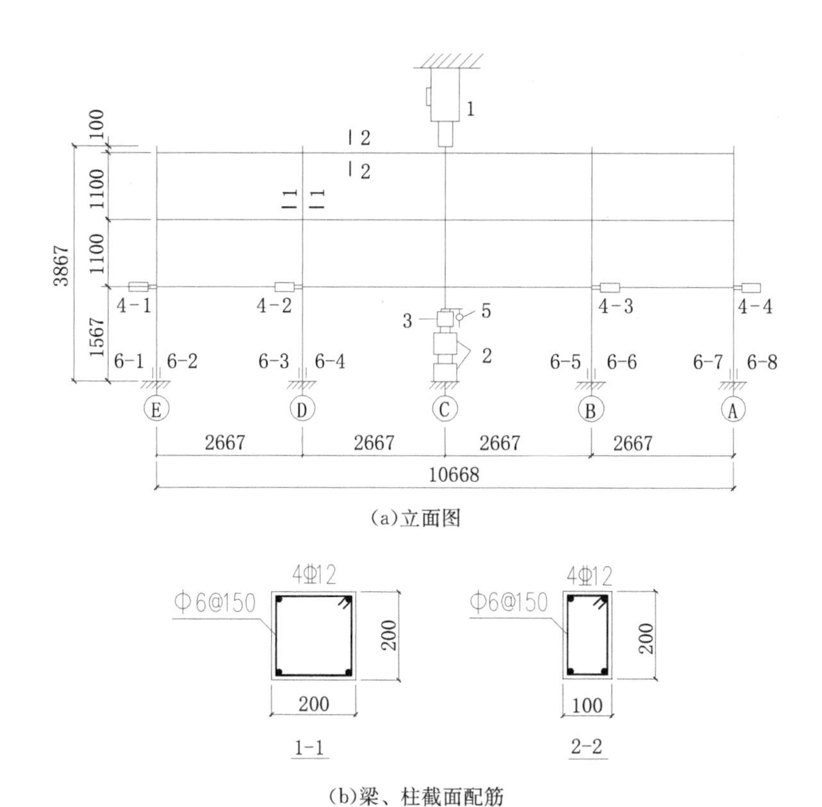

(a)立面图

(b)梁、柱截面配筋

图 3-14　试验框架模型

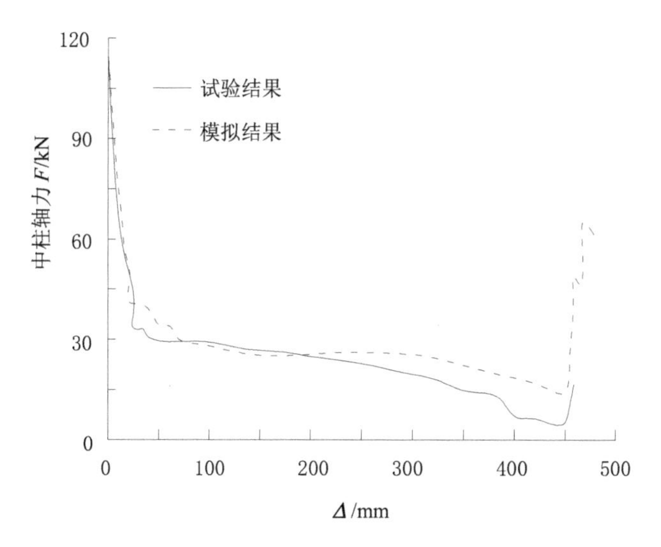

图 3-15　试验结果与有限元计算结果对比

3.2.3.3　三维梁柱子结构模型验证

对 Qian K 等进行的三维梁柱子结构 T1[60] 的 Pushdown 试验进行数值模拟。试验子结构的透视图如图 3-16 所示，试件几何尺寸与截面配筋如图 3-17 所示。试件的边界为固接。图 3-18 为模拟结果与试验数据对比。由图可见，采用的建模方式对三维结构也能进行较好的模拟，可用于基于此数值模拟的连续倒塌分析中。

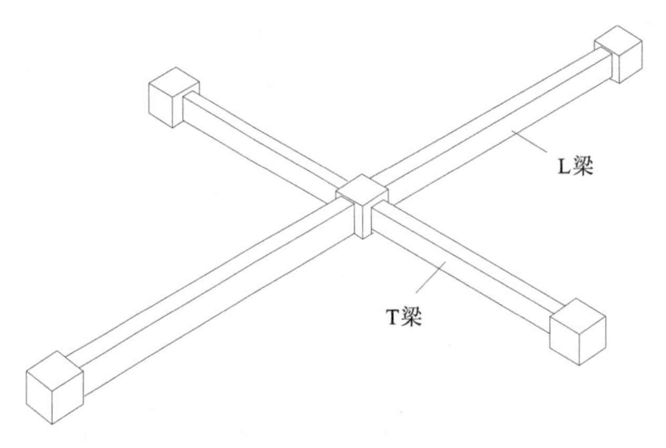

图 3-16　T1 试件透视图

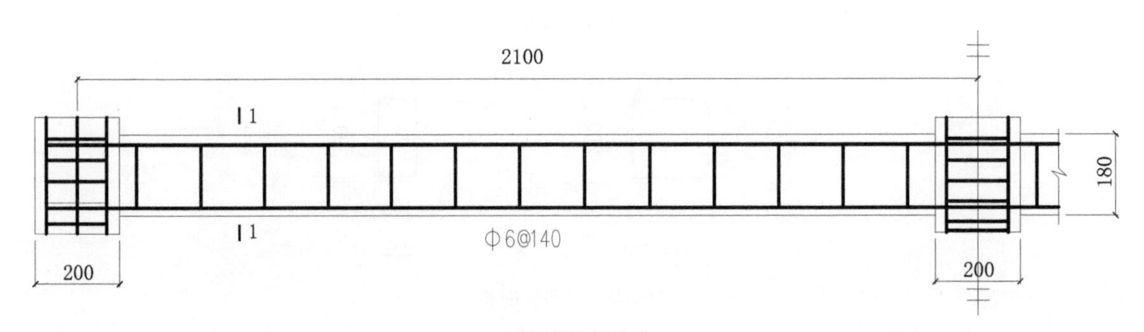

(a)L 梁几何尺寸

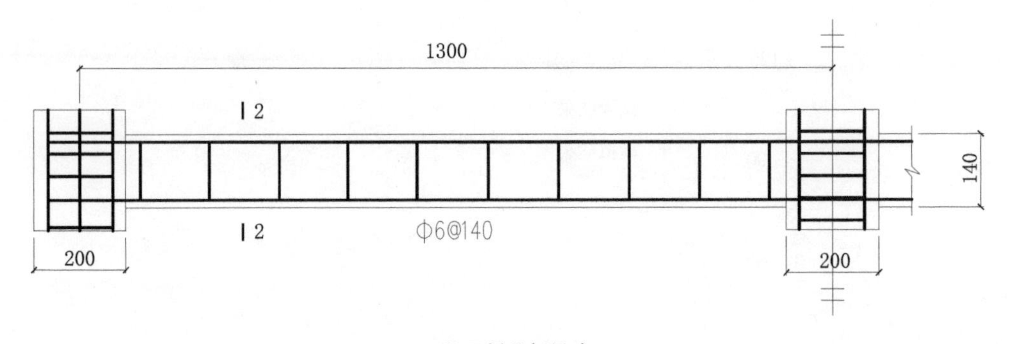

(b)T 梁几何尺寸

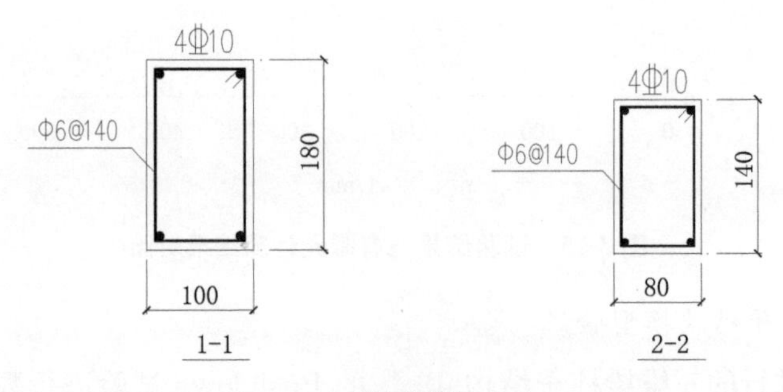

(c)截面配筋

图 3-17　T1 试件几何尺寸及截面配筋(单位：mm)

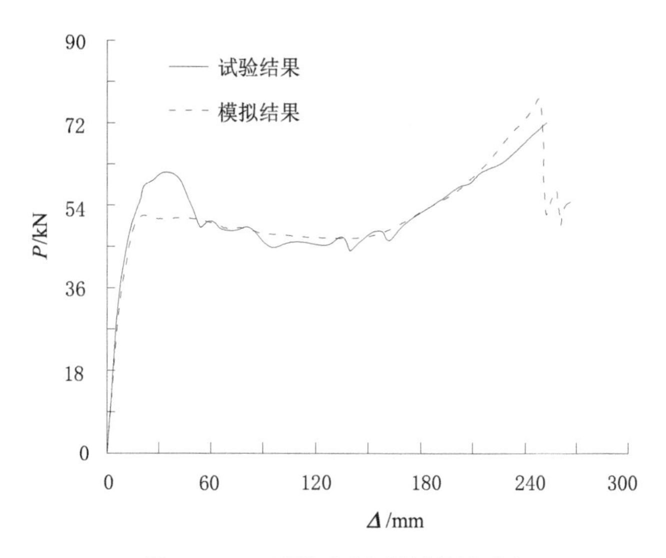

图 3-18　T1 试件试验与模拟结果对比

3.3　压拱及悬链线受力机制分析

3.3.1　概述

结构连续倒塌是一个较为复杂的过程，通常会经历压拱机制和悬链线机制两个受力阶段。压拱机制提供了第一个峰值承载力，发生在变形较小的阶段。随着竖向位移的增大，悬链线机制开始发挥效应使结构出现第二个峰值承载力。压拱机制和悬链线机制是结构防连续倒塌的两道重要的防线，本节建立平面框架，首先结合模型计算结果对结构的压拱机制和悬链线机制的受力情况进行详细分析；然后通过定义压拱机制承载力提高系数和悬链线机制承载力提高系数，分析配筋率、跨高比、柱相对抗弯刚度、层数、跨数和抽柱位置，以及梁后浇叠合层厚度变化分别对压拱机制和悬梁线机制的影响；最后根据分析结果对结构设计提供建议。

3.3.2　平面框架设计

参考 PKPM 软件的计算结果，设计了 6 组模型以分析不同参数变化的影响，模型中梁、柱的混凝土等级均采用 C40，纵向受力钢筋选用 HRB400，箍筋选用 HRB335。基准模型为一榀一层两跨的平面框架，如图 3-19 所示，按照非抗震设计，梁截面尺寸为 250 mm×600 mm，柱截面尺寸为 500 mm×500 mm。主要考察的参数及分组如下：配筋率(A 组模型)、跨高比(B 组模型)、柱相对抗弯刚度(C 组模型)、层数(D 组模型)、跨数和抽柱位置(E 组模型)、梁后浇叠合层厚度(F 组模型)。

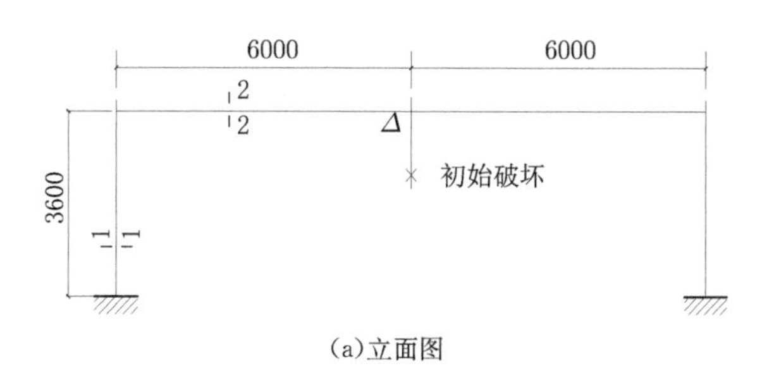

(a)立面图

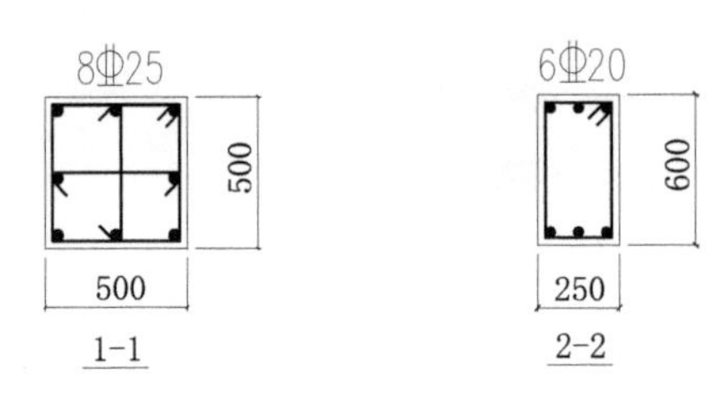

(b)梁、柱截面配筋

图 3-19　基准模型(单位：mm)

各组模型主要考察参数及参数取值如表 3-1 所示，为了使梁先达到破坏，A1～A6 模型柱截面为 650 mm×650 mm，B5～B8 模型柱截面为 800 mm×800 mm，其他未说明的参数均与基准模型相同。

3.3.3　框架防连续倒塌设计分析

在 SAP2000 中建立和分析各平面框架，以 A2 模型为例，对结构防连续倒塌过程进行分析，失效柱柱顶竖向位移用 Δ 表示，图 3-20 展示了 A2 模型的竖向荷载 P-Δ 曲线、梁轴力 N-Δ 曲线以及边柱柱顶水平位移 δ-Δ 曲线。

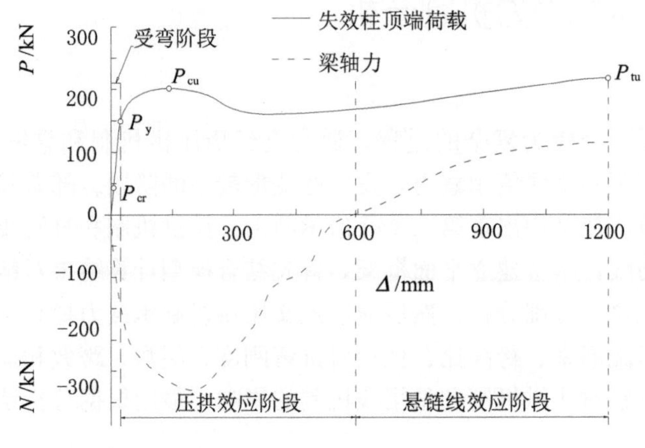

(a)荷载-位移曲线与轴力-位移曲线

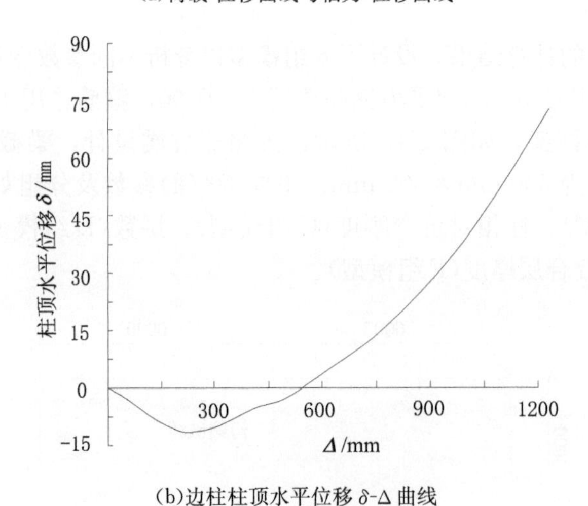

(b)边柱柱顶水平位移 δ-Δ 曲线

图 3-20　A2 模型分析结果

表 3-1　各模型参数设置表

主要考察参数	名称	梁配筋率		梁截面/(mm×mm)	梁跨度/mm	跨高比	柱截面/(mm×mm)	柱配筋	柱相对抗弯刚度	层数	跨数	抽柱位置	叠合层厚度/mm
		底部配筋率	顶部配筋率										
底部配筋率	A1	2Φ20(0.44%)	4Φ20(0.88%)	250×600	6000	10	650×650	4Φ25+8Φ22	3.31	1	2	中柱	150
	A2	3Φ20(0.66%)	4Φ20(0.88%)	250×600	6000	10	650×650	4Φ25+8Φ22	3.31	1	2	中柱	150
	A3	4Φ20(0.88%)	4Φ20(0.88%)	250×600	6000	10	650×650	4Φ25+8Φ22	3.31	1	2	中柱	150
顶部配筋率	A4	3Φ20(0.66%)	3Φ20(0.66%)	250×600	6000	10	650×650	4Φ25+8Φ22	3.31	1	2	中柱	150
	A5	3Φ20(0.66%)	4Φ20(0.88%)	250×600	6000	10	650×650	4Φ25+8Φ22	3.31	1	2	中柱	150
	A6	3Φ20(0.66%)	3Φ25(1.03%)	250×600	6000	10	650×650	4Φ25+8Φ22	3.31	1	2	中柱	150
跨高比(改变跨度)	B1	3Φ20(0.66%)	3Φ20(0.66%)	250×600	4800	8	500×500	8Φ25	1.16	1	2	中柱	150
	B2	3Φ20(0.66%)	3Φ20(0.66%)	250×600	6000	10	500×500	8Φ25	1.16	1	2	中柱	150
	B3	3Φ20(0.66%)	3Φ20(0.66%)	250×600	7200	12	500×500	8Φ25	1.16	1	2	中柱	150
	B4	3Φ20(0.66%)	3Φ20(0.66%)	250×600	9000	15	500×500	8Φ25	1.16	1	2	中柱	150
跨高比(改变梁截面高度)	B5	1425.6 mm^2(0.66%)	1425.6 mm^2(0.66%)	300×750	6000	8	800×800	16Φ28	3.24	1	2	中柱	150
	B6	3Φ20(0.66%)	3Φ20(0.66%)	250×600	6000	10	800×800	16Φ28	7.59	1	2	中柱	150
	B7	620.4 mm^2(0.66%)	620.4 mm^2(0.66%)	200×500	6000	12	800×800	16Φ28	16.40	1	2	中柱	150
	B8	488.4 mm^2(0.66%)	488.4 mm^2(0.66%)	200×400	6000	15	800×800	16Φ28	32.00	1	2	中柱	150

续表

主要考察参数	名称	梁配筋率		梁截面/(mm×mm)	梁跨度/mm	跨高比	柱截面/(mm×mm)	柱配筋	柱相对抗弯刚度	层数	跨数	抽柱位置	叠合层厚度/mm
		底部配筋率	顶部配筋率										
柱相对抗弯刚度	C1	3Φ20(0.66%)	3Φ20(0.66%)	250×600	6000	10	400×400	8Φ25	0.47	1	2	中柱	150
	C2	3Φ20(0.66%)	3Φ20(0.66%)	250×600	6000	10	500×500	8Φ25	1.16	1	2	中柱	150
	C3	3Φ20(0.66%)	3Φ20(0.66%)	250×600	6000	10	650×650	4Φ25+8Φ22	3.31	1	2	中柱	150
	C4	3Φ20(0.66%)	3Φ20(0.66%)	250×600	6000	10	800×800	16Φ28	7.59	1	2	中柱	150
层数	D1	3Φ20(0.66%)	3Φ20(0.66%)	250×600	6000	10	500×500	8Φ25	1.16	1	2	中柱	150
	D2	3Φ20(0.66%)	3Φ20(0.66%)	250×600	6000	10	500×500	8Φ25	1.16	3	2	中柱	150
	D3	3Φ20(0.66%)	3Φ20(0.66%)	250×600	6000	10	500×500	8Φ25	1.16	6	2	中柱	150
跨数和抽柱位置	E1	3Φ20(0.66%)	3Φ20(0.66%)	250×600	6000	10	500×500	8Φ25	1.16	1	2	中柱	150
	E2	3Φ20(0.66%)	3Φ20(0.66%)	250×600	6000	10	500×500	8Φ25	1.16	1	4	中柱	150
	E3	3Φ20(0.66%)	3Φ20(0.66%)	250×600	6000	10	500×500	8Φ25	1.16	1	6	中柱	150
	E4	3Φ20(0.66%)	3Φ20(0.66%)	250×600	6000	10	500×500	8Φ25	1.16	1	6	column3	150
	E5	3Φ20(0.66%)	3Φ20(0.66%)	250×600	6000	10	500×500	8Φ25	1.16	1	6	column2	150
	E6	3Φ20(0.66%)	3Φ20(0.66%)	250×600	6000	10	500×500	8Φ25	1.16	1	6	column1	150
叠合层厚度	F1	3Φ20(0.66%)	3Φ20(0.66%)	250×600	6000	10	500×500	8Φ25	1.16	1	6	中柱	150
	F2	3Φ20(0.66%)	3Φ20(0.66%)	250×600	6000	10	500×500	8Φ25	1.16	1	6	中柱	180
	F3	3Φ20(0.66%)	3Φ20(0.66%)	250×600	6000	10	500×500	8Φ25	1.16	1	6	中柱	210

荷载-位移曲线上的标出的特征点依次为：梁开裂荷载 P_{cr}，屈服荷载 P_y，压拱效应阶段最大竖向承载力 P_{cu}，以及悬链线效应阶段最大竖向承载力 P_{tu}。从加载开始，根据受力特点的不同，梁的受力状态可以分为受弯阶段、压拱效应阶段和悬链线效应阶段。

受弯阶段的梁的抗力主要由梁截面抗弯承载力提供，此时因为梁的轴力还比较小，并且梁左、右两端截面的压力合力作用点也移动得较少，所以产生的弯矩很小。

压拱效应阶段的抗力由截面抗弯承载力和轴力产生的弯矩共同提供，其受力情况如图3-21所示。在加载过程中，随着失效柱柱顶的荷载和位移不断加大，左、右边柱的梁侧 A，D 截面受负弯矩作用，截面上部的受拉区裂缝持续开展，从而使截面的中性轴与合力作用点向截面下部移动。失效柱上端的梁侧 B，C 截面受到正弯矩作用，裂缝发生在截面底部，截面中性轴与合力作用点则是向截面上部移动。这些变化使得整根梁的中性层发生转动，同时也使中性层的长度增加。由于两端的柱提供了水平约束，轴压力 N 由此产生，使得柱子在这个阶段产生向外的位移。由于轴力 N 的存在，并且梁左、右端截面的合力作用点不在同一个水平面内，两者共同产生了附加弯矩，从而形成了压拱机制。此时，梁的抗力 P 可以用式(3-21)表达：

$$P=\frac{2(M_z+M_b+Nd)}{l_n} \tag{3-21}$$

式中，d 为梁两端合力作用点距离；l_n为单跨梁的净跨。

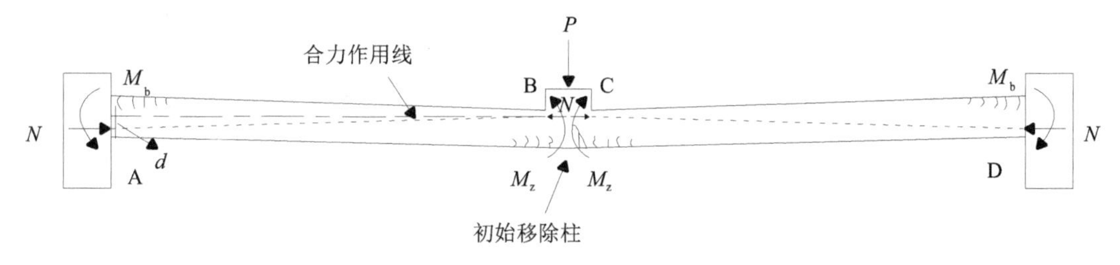

图 3-21　压拱机制

观察图 3-20，通过 A2 模型分析结果发现压拱效应阶段最大竖向承载力和轴压力的最大值并不同时发生，轴压力的峰值滞后于竖向承载力的峰值。这是因为随着竖向位移增加，轴力 N 不断增加，但合力作用点间的距离 d 却减小，从式(3-21)可以看出竖向承载力的峰值应与 $N\cdot d$ 的最大值对应。所以承载力达到峰值时，轴压力 N 未达峰值，而是存在一定的滞后，数值模拟的结果与理论分析结果一致。

当梁受压区达到极限应变后，混凝土退出工作，截面不能承担压力，就无法提供抵抗弯矩，柱子约束产生的轴压力随之消失。破坏处形成塑性铰，此时结构成为一个瞬变机构，如图 3-22 所示。

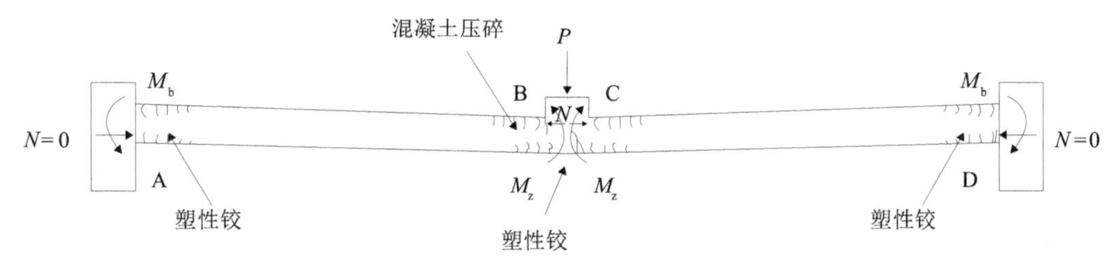

图 3-22　瞬变机构

在荷载的继续作用下，竖向位移快速增加，梁的轴力从压力变为拉力，受拉钢筋进入强化阶段，原本受压的钢筋也转换为受拉，产生了悬链线效应。其受力情况如图 3-23 所示。这个阶段的抗力主要由竖向变形和构件承担的拉力产生的弯矩提供。从图 3-20 (a)中可以看出，此时承载力不断上升。由于钢筋的拉力，柱子在这个阶段产生较大的向内的位移，如图 3-20 (b)所示。当梁内的拉力超过钢筋的极限拉力时，钢筋拉断。当截面内所有钢筋都拉断时，梁完全丧失承载力。对于悬链线效应阶段的极限承载力，DoD 2010[40]规定悬链线的极限变形 $\Delta=0.2L$（L 为单侧梁的跨度）；Yu J 也通过试验研究及理论分析建议悬链线的极限变形取为两根梁跨度总和[59]，因此本节中采用极限变形 $\Delta=0.2L$ 处对应的承载力作为悬链线效应阶段的极限承载力。

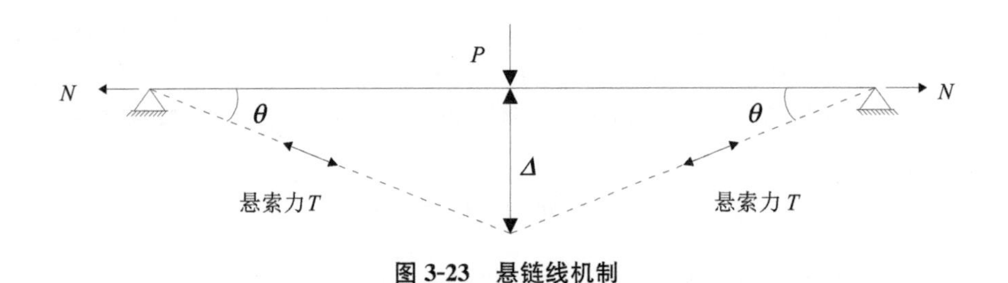

图 3-23　悬链线机制

为了衡量各参数变化对压拱效应和悬链线效应的影响，引入经典塑性铰理论计算的承载力 P_{yu}，分别将压拱效应阶段最大竖向承载力 P_{cu}和悬链线效应阶段最大竖向承载力 P_{tu}除以 P_{yu}，可以得到两种机制对承载力的提高系数。图 3-24 表示了双跨梁的经典塑性铰理论的计算简图，它的 P_{yu}的计算方法如式(3-22)所示。图 3-25 表示了多层框架的经典塑性铰理论的计算简图，它的 P_{yu}的计算方法如式(3-23)所示。需要注意的是，在计算过程中，应计入梁的重力荷载作用，否则将会高估 P_{yu}。在多层框架中，重力荷载的作用更为明显，并且还应计入上层柱的重力荷载。

$$P_{yu}\cdot\Delta+\frac{1}{2}\cdot(2l_n)\cdot\Delta\cdot g=M_z\cdot 2\theta+M_b\cdot 2\theta \tag{3-22}$$

其中，$\Delta=l_n\cdot\theta$。式中，l_n为单跨梁的净跨；g 为梁的自重线荷载；M_z为邻近中节点的梁截面屈服弯矩；M_b为邻近边节点的梁截面屈服弯矩；θ 为变形后的梁与变形的前梁形成的夹角。

$$P_{yu}\cdot\Delta+n\cdot\frac{1}{2}\cdot(2l_n)\cdot\Delta\cdot g+(n-1)\cdot G_c\cdot\Delta=n\cdot(M_z\cdot 2\theta+M_b\cdot 2\theta) \tag{3-23}$$

其中，$\Delta=l_n\cdot\theta$。式中，n 为框架层数；G_c为单层柱的自重荷载。

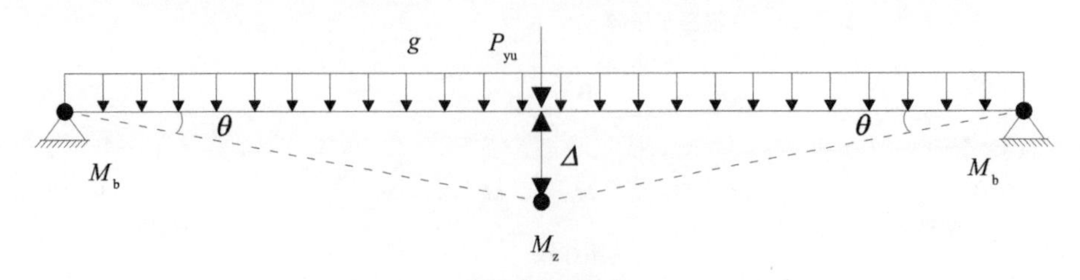

图 3-24　双跨梁经典塑性铰理论计算简图

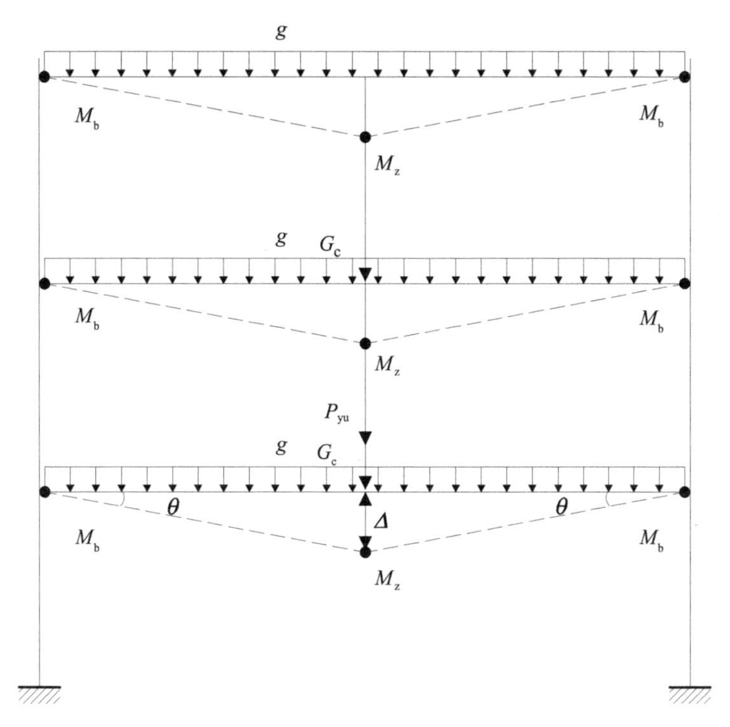

图 3-25　多层框架经典塑性铰理论计算简图

3.3.4　受力机制影响因素

3.3.4.1　配筋率的影响

(1)底部配筋率影响。

将压拱效应对承载力的提高系数用 α 表示，$\alpha=P_{cu}/P_{yu}$；悬链线效应对承载力的提高系数用 β 表示，即 $\beta=P_{tu}/P_{yu}$。图 3-26 给出了不同底部配筋率的 A1，A2，A3 模型的分析结果及对比情况。为了方便观察，图例中模型名称后面的括号中标注了变化的参数的取值。

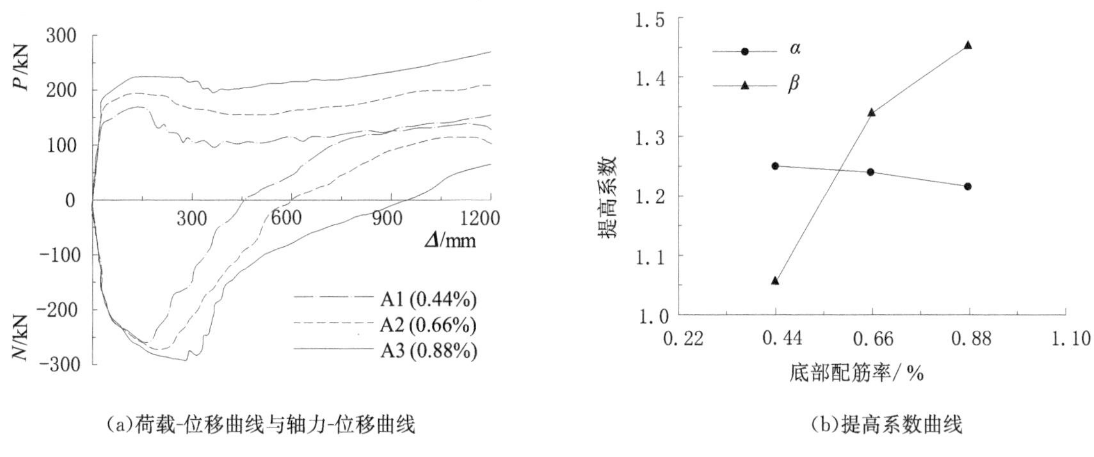

(a)荷载-位移曲线与轴力-位移曲线　　(b)提高系数曲线

图 3-26　不同底部配筋率模型分析结果

图 3-26 (a)表示了各个模型的荷载-位移曲线与轴力-位移曲线，观察图形发现总体的趋势表现为 P_{cu} 和 P_{tu} 都随底部配筋率的提高而提高。当底部配筋率从 0.44%提高至 0.88%

时，P_{cu}提高了37%，P_{tu}提高了88.7%，并且底部配筋率越高的模型压拱效应持续得越长。由于在相同的竖向位移时，高底部配筋率的结构能够提供更高的压拱效应承载力，因此当结构需要在小位移情况下提供较大的抗力时，建议提高梁截面的底部配筋率。

图3-26(b)表示了提高系数α和β的曲线，分析图中数据发现底部配筋率从0.44%提高至0.88%时，α从1.25轻微降低到1.22，β从1.06显著提高到1.45。悬链线机制承载力的明显提升主要是由于对应于悬链线效应极限位移1200 mm处，截面底部的钢筋还未拉断，拉力主要还是由底部钢筋承担，对于限定的相同的悬链线效应竖向位移，钢筋面积越大，能承担的拉力越大，因此提高底部配筋率能增强结构的悬链线效应。

(2)顶部配筋率影响。

图3-27给出了不同顶部配筋率的A4，A5，A6模型的分析结果及对比情况。

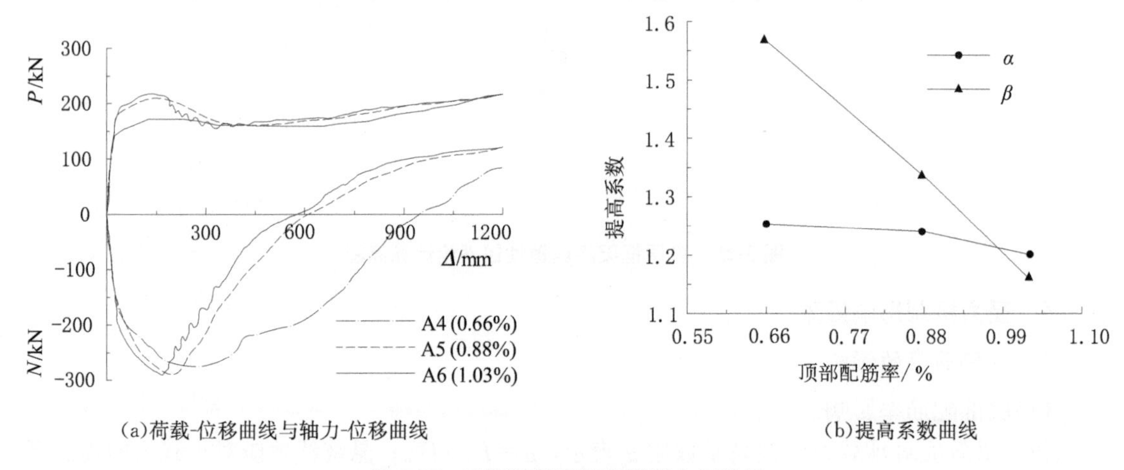

图3-27 不同顶部配筋率模型分析结果

图3-27(a)表示了各个模型的荷载-位移曲线与轴力-位移曲线，观察图形发现总体的趋势表现为当顶部配筋率提高时，P_{cu}随之提高，P_{tu}的变化不明显。当顶部配筋率从0.66%提高至1.03%时，P_{cu}提高了25%，P_{tu}降低了3.3%。悬链线机制承载力几乎不随顶部配筋率变化，这是因为对应于悬链线效应极限位移1200 mm处，截面底部的钢筋还未拉断，拉力主要还是由底部钢筋承担，故此时顶部钢筋的变化对P_{tu}没有影响。与对底部配筋率的分析类似，当结构需要在小位移情况下提供较大的抗力时，建议提高梁截面的顶部配筋率。

图3-27(b)表示了提高系数α和β的曲线，分析图中数据发现顶部配筋率从0.66%提高至1.03%时，α从1.25降低到1.2，β从1.57显著降低到1.16。由于改变顶部配筋率会使经典塑性铰理论计算的承载力随之变化，而悬链线效应承载力没有变化，所以造成了β值的变化。

3.3.4.2 跨高比的影响

跨高比的变化可能由跨度变化或梁截面高度变化这两种不同的参数变化引起，因此设置B1～B4模型为跨度变化的分析模型，B5～B8为梁截面高度变化的分析模型。图3-28表示了B1，B2，B3，B4模型的分析结果及对比情况，图3-29表示了B5，B6，B7，B8模型的分析结果及对比情况。

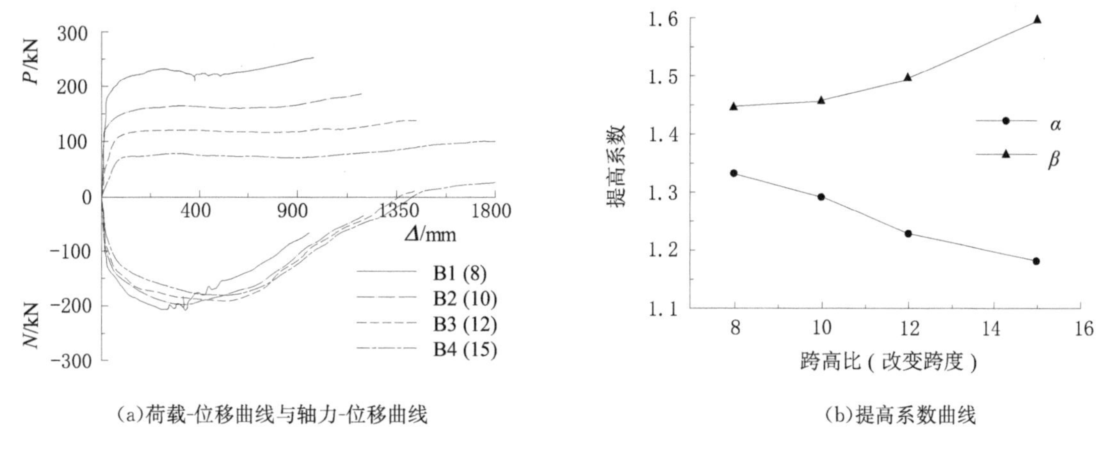

(a)荷载-位移曲线与轴力-位移曲线　　(b)提高系数曲线

图 3-28　不同跨高比(改变跨度)模型分析结果

图 3-28 (a)和图 3-29 (a)表示了各个模型的荷载-位移曲线与轴力-位移曲线。观察图形发现总体的趋势表现为 P_{cu}和 P_{tu}都随跨高比的增加而降低。当跨高比从 8 增加到 15 时，改变跨度的模型 P_{cu}降低了 67%，P_{tu}降低了 59%；改变梁高的模型 P_{cu}降低了 87.7%，P_{tu}降低了 59.9%。

图 3-28 (b)和图 3-29(b)表示了提高系数 α 和 β 的曲线，分析图中数据发现跨高比从 8 增加到 15 时，改变跨度的模型 α 近似线性地从 1.33 降到 1.18，β 则从 1.44 上升到 1.59；改变梁截面高度的模型 α 近似线性地从 1.35 降到 1.08，β 则从 1.48 显著上升到 3.85。表明跨高比增加不利于压拱机制的发挥，但对悬链线机制的充分发挥有重大影响。当梁的跨高比较小时，悬链线效应承载力和压拱效应承载力很接近甚至可能小于压拱效应承载力，此时可采用压拱效应的作用来抵防连续倒塌；而当梁的跨高比较大时，梁的压拱效应逐渐减弱，而悬链线效应逐渐增强，此时可采用悬链线效应来抵防连续倒塌。

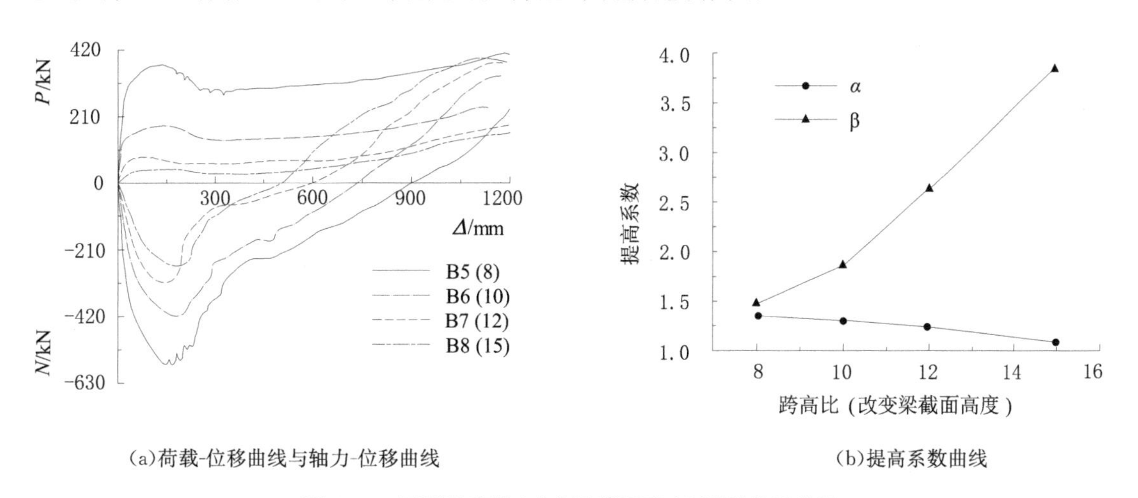

(a)荷载-位移曲线与轴力-位移曲线　　(b)提高系数曲线

图 3-29　不同跨高比(改变梁截面高度)模型分析结果

3.3.4.3 柱相对抗弯刚度的影响

用柱抗弯刚度与梁抗弯刚度的比值 EI_c/EI_b 表示柱相对抗弯刚度 K_r。柱相对抗弯刚度的变化除了可以通过改变柱截面来实现(C1～C4 模型)，还可以通过改变梁截面实现(B5～B8 模型)。图 3-30 表示了柱截面的柱相对抗弯刚度不同的 C1，C2，C3，C4 模型的分析结果及对比情况。图 3-31 表示了梁截面的柱相对抗弯刚度不同的 B5，B6，B7，B8 模型的分析结果及对比情况。

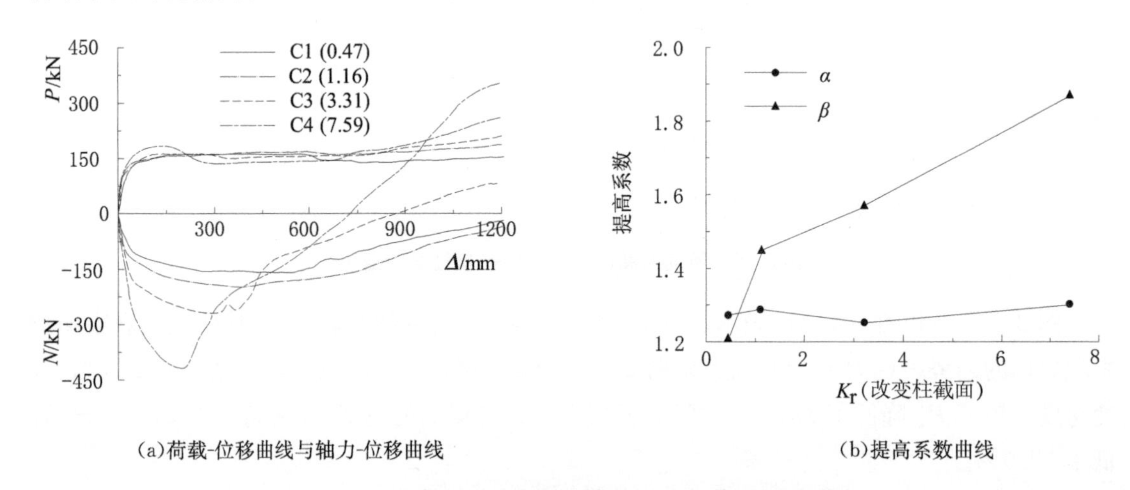

图 3-30 不同柱相对抗弯刚度模型(改变柱截面)分析结果

图 3-30 (a)表示了 C1～C4 模型的荷载-位移曲线与轴力-位移曲线，观察图形发现总体的趋势表现为当 K_r 增强时，P_{cu} 略微提高，P_{tu} 有明显提升。当 K_r 从 0.47 增强到 7.59 时，P_{cu} 提高了 12.8%，P_{tu} 提高了 69.7%。图 3-30 (b)表示了 C1～C4 模型的提高系数 α 和 β 的曲线，分析图中数据发现当 K_r 从 0.47 增强到 7.59 时，α 的曲线仅在一水平线附近上下波动，表明 K_r 对压拱效应的影响不大，因此 K_r 大的模型压拱效应承载力大，应是由于更大的柱截面使梁净跨减小引起的；β 从 1.21 显著提高到 1.87，并且在 K_r 较小时这种提高尤为明显，由此可见悬链线效应的发挥对侧向约束的刚度非常敏感。

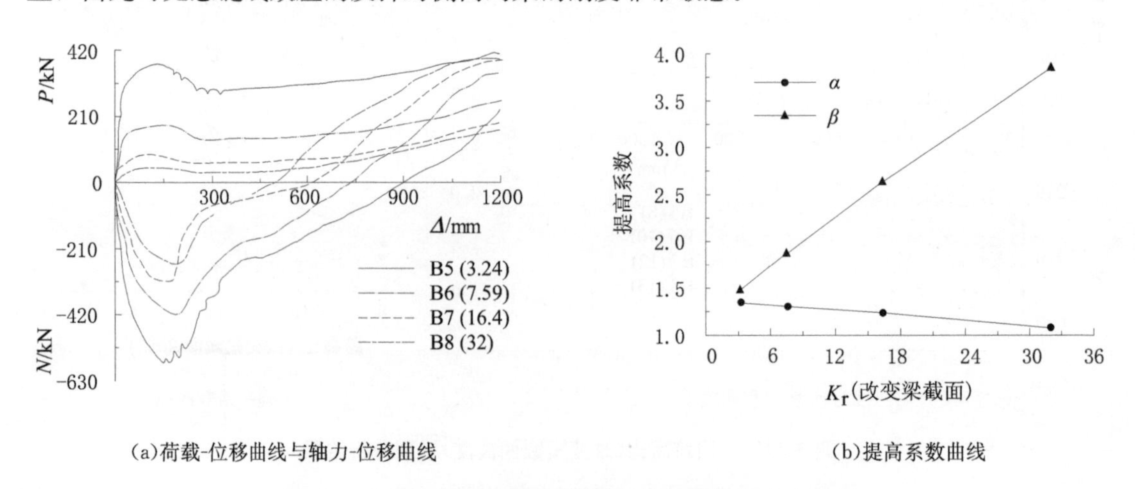

图 3-31 不同柱相对抗弯刚度模型(改变梁截面)分析结果

图 3-31 (a)表示了 B5～B8 模型的荷载-位移曲线与轴力-位移曲线，观察图形发现总体的趋势表现为当 K_r 增强时，P_{cu} 和 P_{tu} 都显著降低，这种降低主要归咎于梁截面高度的减小。图 3-31 (b)表示了 B5～B8 模型的提高系数 α 和 β 的曲线，分析图中数据发现当 K_r 从 3.24 增强到 32 时，α 近似线性地从 1.35 下降到 1.08，β 则从 1.48 显著上升到 3.85。观察这两组数据的分析结果，发现它们所呈现的规律与趋势一致。在进行结构设计时，若要求梁充分发挥悬链线效应，应保证足够的柱相对抗弯刚度。

3.3.4.4 层数的影响

图 3-32 表示了不同层数的 D1，D2，D3 模型的分析结果及对比情况。

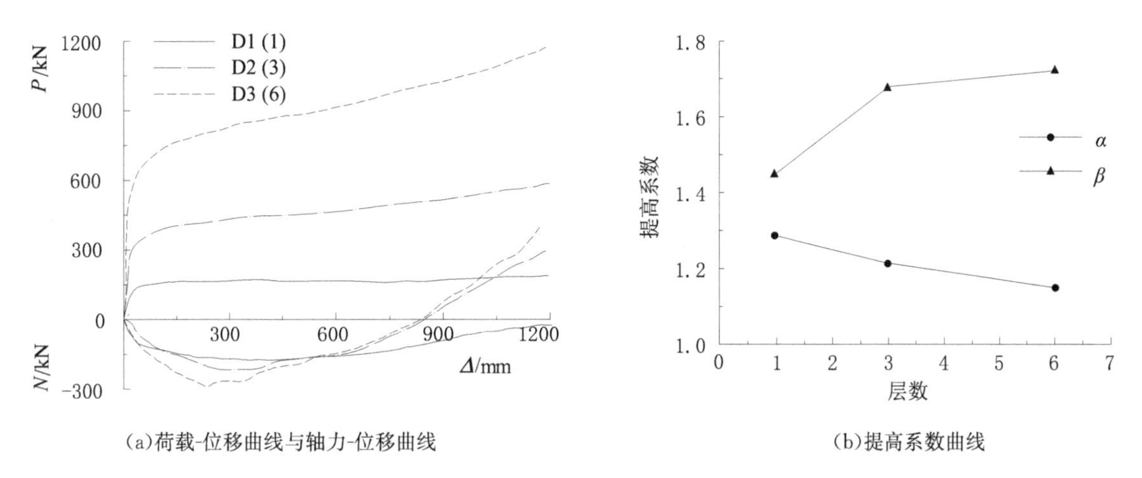

图 3-32 不同层数模型分析结果

图 3-32 (a)表示了各个模型的荷载-位移曲线与轴力-位移曲线，由于采用单点加位移的加载方式，分析得到的荷载是结构中所有梁承担的荷载的总和，因此荷载-位移曲线中层数越多的模型承载力越大，不能作为横向对比的依据。

图 3-32 (b)表示了提高系数 α 和 β 的曲线，分析图中数据发现当层数从 1 层增加到 6 层时，α 从 1.29 下降到 1.15，这是由于只有 1 层时，轴力的存在产生压拱效应显著提升了承载力；而当层数增加时，层间的内力发展并不均匀，只有 1 层的梁中轴压力较大，上层的轴力则较小，只有轴力大的楼层能获得压拱效应对承载力的提升，因此随着层数的增加，压拱效应的贡献被不断分配，使得其提高系数减小。层数从 1 层增加到 6 层时，β 从 1.45 增加到 1.72，这是由于当楼层数增加时，上部梁和柱的存在使得 1 层柱顶的变形更不容易发生，侧向约束的刚度增加，从而使 β 值提高。

3.3.4.5 跨数和抽柱位置的影响

将 6 跨 E3～E6 模型不同抽柱位置表示如图 3-33 所示。

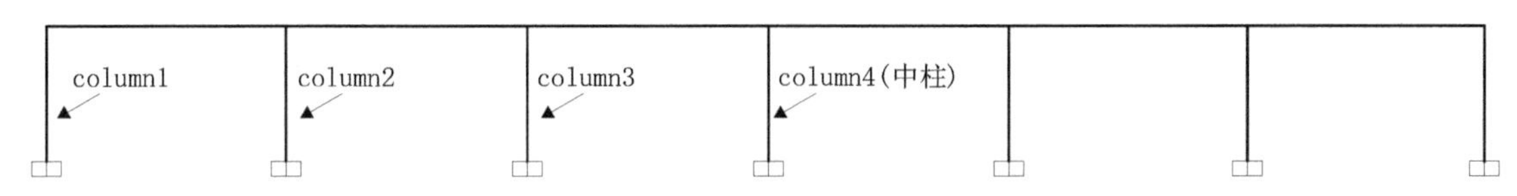

图 3-33 不同抽柱位置示意图

图 3-34 表示了不同跨数的 E1，E2，E3 模型抽中柱情况下的分析结果及对比情况；图 3-35 表示了 6 跨结构不同抽柱位置的 E3，E4，E5，E6 模型的分析结果及对比情况。

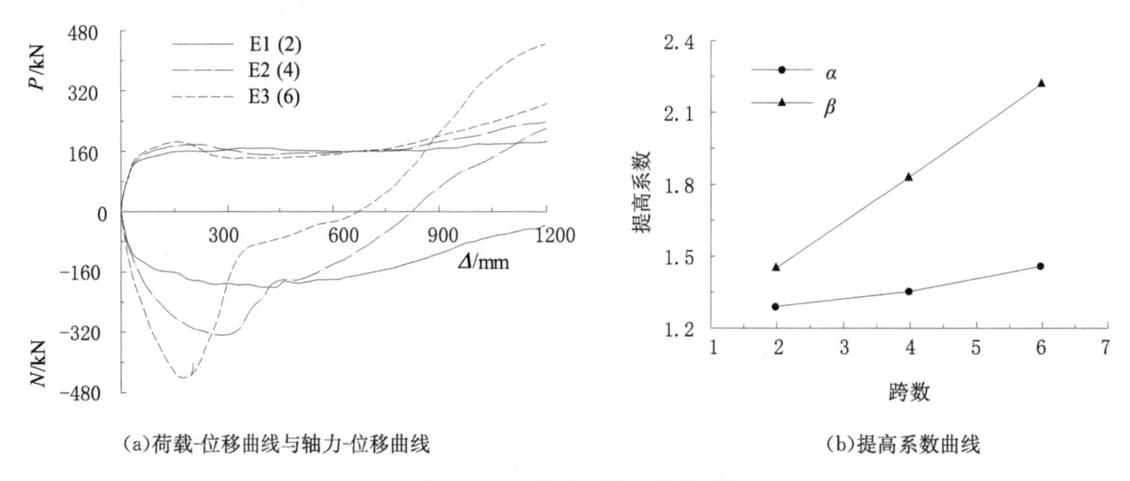

(a)荷载-位移曲线与轴力-位移曲线　　(b)提高系数曲线

图 3-34　不同跨数的模型分析结果

图 3-34(a)为不同跨数模型的荷载-位移曲线与轴力-位移曲线，总体趋势表现为 P_{cu}和 P_{tu}都随跨数的增加而提高。当跨数从 2 跨变为 6 跨时，P_{cu}提高了 13.2%，P_{tu}提高了 53.1%。

图 3-34 (b)为不同跨数模型的提高系数曲线，数据表明当跨数从 2 跨变为 6 跨时，α 从 1.29 增加到 1.46，β 近似线性地从 1.45 增加到 2.22。

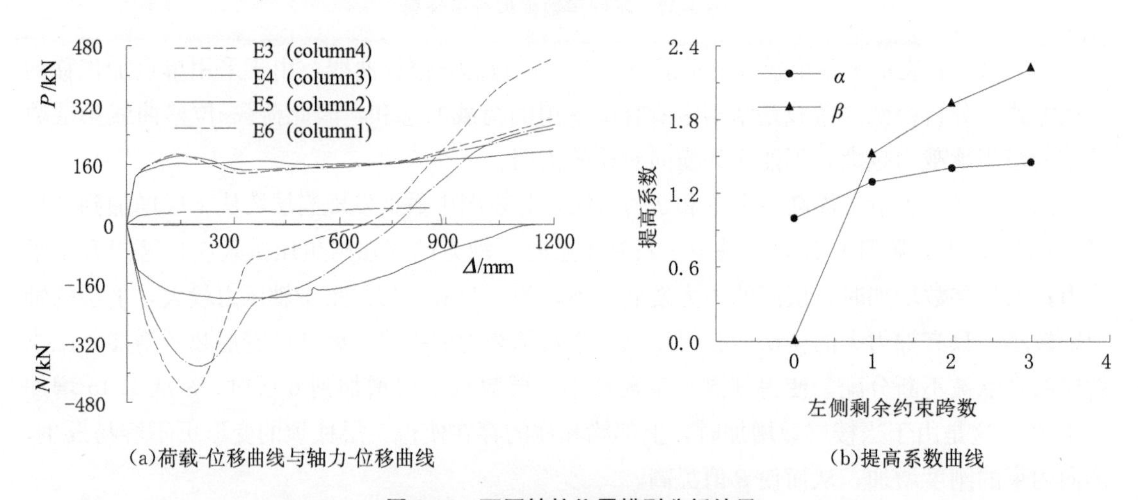

(a)荷载-位移曲线与轴力-位移曲线　　(b)提高系数曲线

图 3-35　不同抽柱位置模型分析结果

图 3-35 (a)为不同抽柱位置模型的荷载-位移曲线与轴力-位移曲线，总体趋势表现为 P_{cu}和 P_{tu}都随左侧剩余约束跨数的增加而提高。当左侧剩余约束跨数从 1 跨变为 3 跨时，P_{cu}提高了 12.7%，P_{tu}提高了 45.9%。E6 模型曲线比较特殊，这是因为 E6 模型为抽除边柱的模型，此时失效柱上方的梁为一根悬臂梁，结构无法提供有效的侧向约束，因此梁中无法产生压拱效应和悬链线效应，模型对应 $\alpha=1$ 和 $\beta=0$。

图 3-35 (b)为不同抽柱位置模型的提高系数曲线，数据表明当左侧剩余约束跨数从 1 跨

变为 3 跨时，α 从 1.29 增加到 1.46，β 从 1.52 增加到 2.22。

不同跨数和不同抽柱位置的分析本质上都是对不同剩余侧向约束跨数的分析。侧向约束的跨数越多，对压拱效应和悬链线效应就更为有利，对悬链线效应的影响尤为明显。

3.3.4.6 梁后浇叠合层厚度的影响

图 3-36 表示了梁后浇叠合层厚度不同的 F1，F2，F3 模型的分析结果及对比情况。

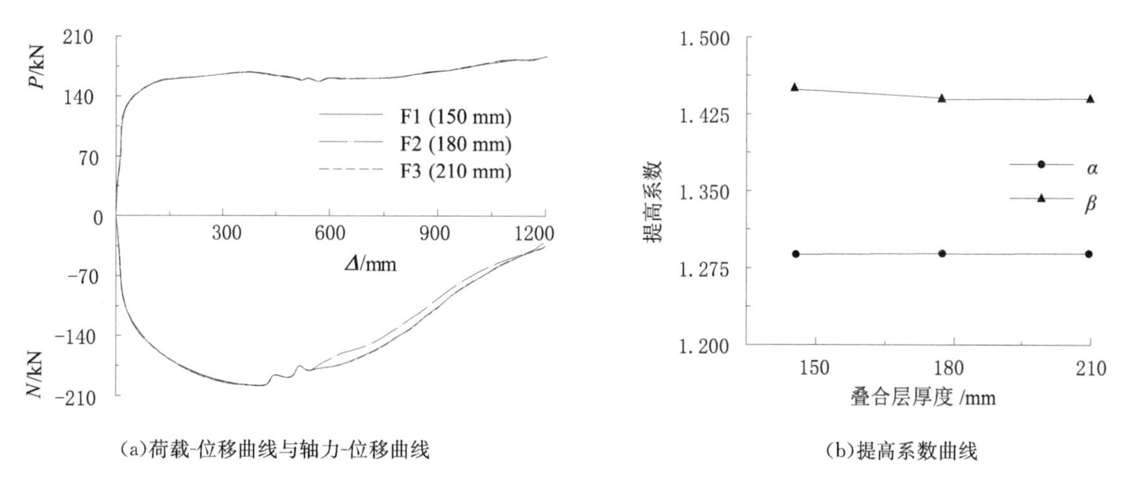

(a)荷载-位移曲线与轴力-位移曲线　　(b)提高系数曲线

图 3-36　不同的梁后浇叠合层厚度模型分析结果

由图 3-36 (a)可见，三种不同叠合层厚度的模型的荷载-位移曲线几乎完全重合在一起。图 3-36 (b)显示提高系数 α 和 β 的曲线近似水平线，表明叠合层厚度对压拱机制和悬链线机制没有影响。

3.4 装配整体式框架整体稳固性评估

3.4.1 概述

结构防连续倒塌的能力可以用整体稳固性来衡量。整体稳固性的量化研究一直以来是工程师们重要的研究方向，它不仅能够应用于结构防连续倒塌设计，更能为结构优化、方案比选、结构评估等方面提供很大的便利。3.1.2 节介绍了国内外学者提出的各类整体稳固性量化指标；本节通过对比分析选择了美国学者 Corey F T 等[46] 提出的基于结构受损前后承载力变化的相对鲁棒性指标 *RRI* 用于后续评估。采用非线性有限元软件 SAP2000 对按照中国规范设计的装配整体式框架结构和现浇钢筋混凝土结构进行非线性静力 Pushdown 分析，研究了抗震设防烈度、抽柱位置、防倒塌加强措施等因素对结构整体稳固性的影响，以期为相关工程设计提供参考。为了研究抗震设防烈度的影响，保持结构平面布置不变，分别按非抗震设计、6 度设防和 7 度设防设计框架；为了研究抽柱位置的影响，分别分析了抽短边中柱、长边中柱、角柱和内部柱等四种工况；为了研究防倒塌加强措施的影响，在保持加强后截面抗弯承载力不变的情况下分析了仅增大截面高度、同时增加截面高度与配筋面积以及仅增加配筋面积这三种措施使结构整体稳固性提升的情况。

3.4.2 非线性静力 Pushdown 分析方法

根据加载位置的不同，Pushdown 分析可以分为受损跨加载和满跨加载。受损跨加载仅在初始失稳区域施加不断增加的竖向荷载，其他区域保持稳定的竖向设计荷载。这种加载方式保证最终的破坏发生在初始失稳区域，能够考虑局部的动力相应放大，可以评估局部结构的稳固性。满跨加载在每一跨都施加持续增长的竖向荷载直至结构破坏。这种加载方式使得最终的破坏可能发生在任何位置，得到的承载力体现结构作为一个整体来抵抗初始破坏的性能，这是受损跨加载不具有的特性。因此，本节采用满跨加载 Pushdown 分析来评估结构整体稳固性。

根据计算方法的不同，Pushdown 分析又可以分为线性静力方法(linear static)、线性动力方法(linear dynamic)、非线性静力方法(nonlinear static)和非线性动力方法(nonlinear dynamic)。其中线性静力方法最为简单高效；非线性动力方法最为准确，能够考虑各类非线性情况并能模拟动力效应，但其分析过程复杂，需要的计算资源也最多。因此在选择计算方式时，应综合考虑准确性和计算效率，本节采用非线性静力方法进行 Pushdown 分析。

在非线性静力分析中，我国现行规范规定应该在初始失稳区域考虑动力影响。由于动力系数的取值不是本节研究的主要内容，故偏保守地将动力系数 DIF 取为 2.0。竖向荷载设计值采用 $1.2DL+0.5LL$[40]，其中 DL 为恒荷载，LL 为活荷载。Pushdown 分析加载方式及荷载组合如图 3-37 所示。

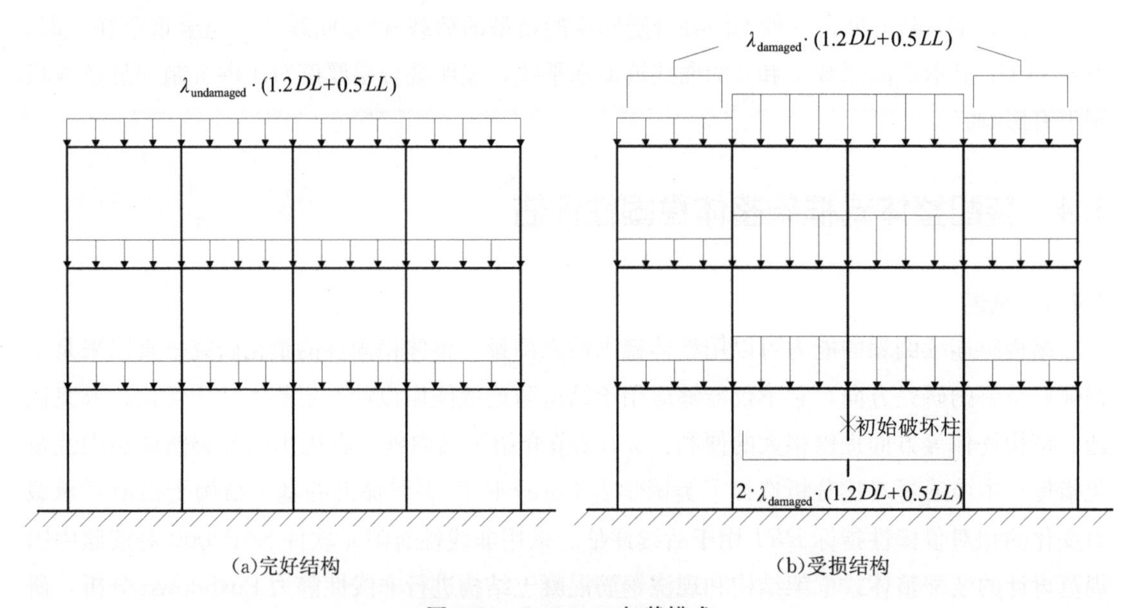

图 3-37 Pushdown 加载模式

3.4.3 结构防连续倒塌整体稳固性指标

上节介绍了目前国内外学者用于衡量结构整体稳固性的各类指标，其中基于结构受损前后承载力变化的指标与结构是否发生连续倒塌有着直接的联系，因而能直观反映结构的防连续倒塌能力。

基于承载力变化的指标包括了储备强度比 $RSR=L_{\text{intact}}/L_{\text{design}}$、剩余或损伤强度比 $DSR=$

$L_{damaged}/L_{design}$、剩余影响系数 $RIF=L_{damaged}/L_{intact}$、强度冗余系数 $SRF=L_{intact}/(L_{intact}-L_{damaged})$ 等。*RSR* 和 *DSR* 因为分别没有考虑受损结构和完好结构承载力，因此对整体稳固性的评估不够全面。*RIF* 直接计算了结构由于拆柱破坏引起的承载力降低程度，它的取值范围为 0（当受损结构已经没有承载力时）到 1（当受损结构和完好结构有等同的承载力时）。目前采用的多数防连续倒塌设计方法都需要用到结构的设计荷载来评估损伤结构的性能，但 *RIF* 没有考虑设计荷载的影响，因此在实际应用时评估的效果可能不理想。*SRF* 同样没有考虑结构设计荷载的影响，其取值范围为 1（当受损结构已经没有承载力时）到正无穷大（当受损结构和完好结构有等同的承载力时），结构在损失全部承载力和没有损失承载力之间指标取值的巨大范围可能会给对比选择设计方案带来不便。

美国学者 Corey 等[44]提出的 *RRI* 计算公式如下：

$$RRI=\frac{L_{damaged}-L_{design}}{L_{intact}-L_{design}}=\frac{\dfrac{L_{damaged}}{L_{design}}-1}{\dfrac{L_{intact}}{L_{design}}-1}=\frac{\lambda_{damaged}-1}{\lambda_{undamaged}-1} \tag{3-24}$$

式中，$\lambda_{damaged}$ 为损伤结构承载力与设计承载力的比值；$\lambda_{undamaged}$ 为完好结构承载力与设计承载力的比值。

完好结构荷载系数 $\lambda_{undamaged}$ 与 *RSR* 的计算方法相同，受损结构荷载系数 $\lambda_{damaged}$ 与 *DSR* 的计算方法相同。通过分别将完好结构和受损结构承载力减去结构设计承载力，*RRI* 成了一个更加细致的量化指标。由于 *RRI* 能够综合地考虑完好结构承载力、受损结构承载力和结构设计承载力对结构整体稳固性的影响，并且其取值范围合理，易于判断结构的稳固性状态。根据式(3-24)，*RRI* 的取值范围为 $(-\infty, 1]$，*RRI* 越大表示结构的整体稳固性越好。当 $RRI\leqslant 0$ 时，表示受损结构不能满足设计荷载的需求；当 *RRI* 取值为 0 到 1 之间时，表示损伤结构承载力超过设计荷载但小于完好结构承载力；$RRI=1$ 则表示初始破坏对结构的整体稳固性没有影响。另外，*RRI* 的值也非常适合通过 Pushdown 分析得到各个承载力来计算获得。

因此，本节采用 *RRI* 指标作为结构整体稳固性指标来评估结构防连续倒塌能力。

3.4.4 空间框架设计

按照我国现行规范，在 PKPM 软件中设计了不同参数的装配整体式钢筋混凝土框架。根据《装配式混凝土结构技术规程》(JGJ1—2014)7.3.1 条规定“装配整体式框架结构中，当采用叠合梁时，框架梁的后浇混凝土叠合层厚度不宜小于 150 mm”，叠合梁后浇混凝土叠合层厚度取为 150 mm。框架结构的基本设计资料如下：

(1)总信息：结构总层数为 6 层，首层层高 4.5 m，其余层高均为 3.6 m，结构布置情况如图 3-38 所示，模型透视图如图 3-39 所示。*X* 方向梁截面尺寸为 200 mm×400 mm，*Y* 方向梁截面尺寸为 250 mm×600 mm。为了分析不同抗震设防烈度对结构整体稳固性的影响，分别按 7 度抗震设防、6 度抗震设防和非抗震对结构进行设计。7 度抗震设防的框架柱采用两种截面，1～3 层为 550 mm×550 mm，4～6 层为 450 mm×450 mm；6 度设防和非抗震框架柱截面为 350 mm×350 mm；其他参数保持不变；屋面板和楼板厚度均取 120 mm。除走道横梁外，其余梁上均布置有隔墙，假设柱脚理想固接于地面。

(2)材料信息：梁、板、柱的混凝土等级均采用C40，纵向受力钢筋选用HRB400，箍筋选用HRB335。

(3)荷载信息与计算过程：

①楼屋面活荷载标准值：

办公及住宅楼面活荷载：2.0 kN/m^2；

不上人屋面活荷载：0.5 kN/m^2。

②楼屋面建筑做法及恒荷载标准值：

屋面：

“二毡三油”上铺小石子防水层：0.35 kN/m^2；

20 mm厚水泥砂浆找平层：20×0.02=0.40 kN/m^2；

150 mm厚水泥蛭石保温层：5×0.15=0.75 kN/m^2；

120 mm厚钢筋混凝土板：25×0.12=3.00 kN/m^2；

V形轻钢龙骨吊顶：0.20 kN/m^2；

合计：4.70 kN/m^2。

楼面：

20 mm厚花岗石面层，水泥抹缝：28×0.02=0.56 kN/m^2；

30 mm厚1∶3干硬水泥砂：20×0.03=0.60 kN/m^2；

120 mm厚钢筋混凝土板：25×0.12=3.00 kN/m^2；

V形轻钢龙骨吊顶：0.20 kN/m^2；

合计：4.36 kN/m^2。

③墙体建筑做法及恒荷载标准值：

外墙：

贴瓷砖墙面：0.50×3.60=1.80 kN/m；

200 mm厚蒸压粉煤灰加气混凝土砌块：5.5×0.20×3.60=3.96 kN/m；

水泥粉刷层：0.36×3.60=1.30 kN/m；

合计：7.06 kN/m。

内墙：

水泥粉刷层：0.36×3.60=1.30 kN/m；

200 mm厚蒸压粉煤灰加气混凝土砌块：5.5×0.20×3.60=3.96 kN/m；

水泥粉刷层：0.36×3.60=1.30 kN/m；

合计：6.56 kN/m。

④风荷载信息：

基本风压W_0=0.3 kN/m^2，地面粗糙度类别为B类。

(4)地震信息：结构为丙类建筑，场地类别为Ⅱ类，抗震设防烈度分别按7度(0.15 g)、6度(0.05 g)和非抗震进行设计，设计地震分组均为第一组。

另外，为了对比装配整体式结构与现浇结构的差异，建立了 7 度抗震设防的现浇钢筋混凝框架模型，其构件尺寸和配筋与 7 度装配整体式框架一致。三种抗震设防烈度下的钢筋混凝土框架配筋图如图 3-40～图 3-42 所示，截面尺寸如表 3-2 所示。

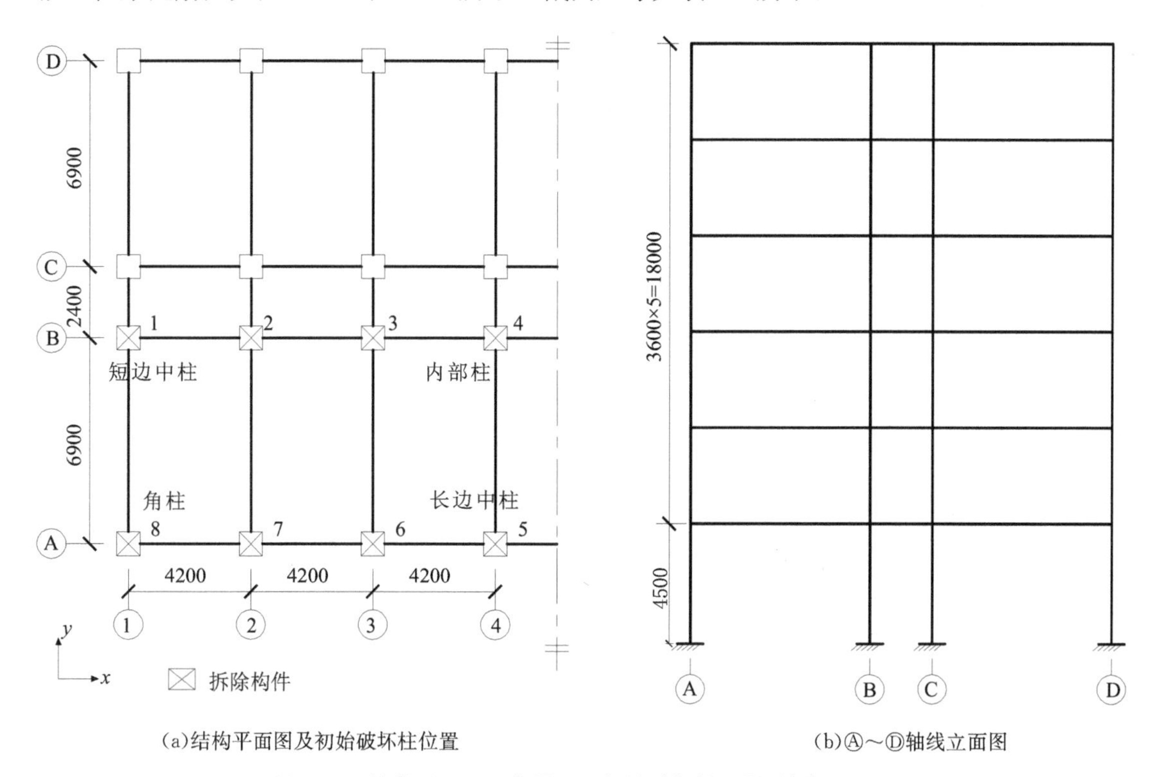

(a)结构平面图及初始破坏柱位置

(b)Ⓐ～Ⓓ轴线立面图

图 3-38　结构平、立面布置图及初始破坏柱位置(单位：mm)

图 3-39　模型透视图

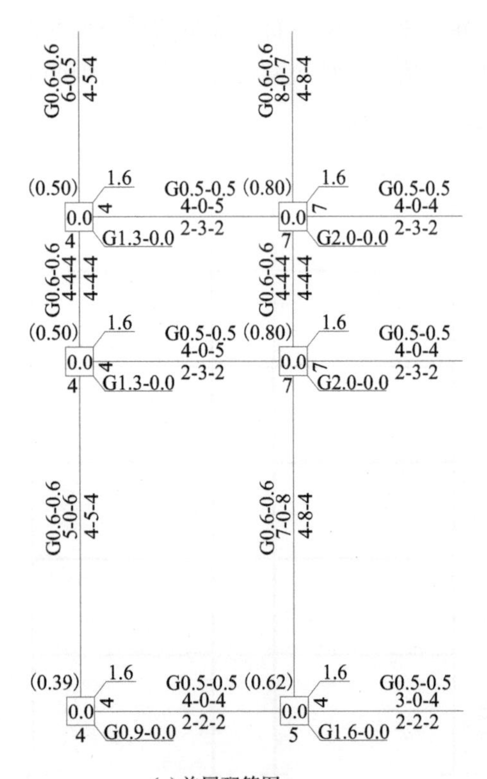

(a)首层配筋图

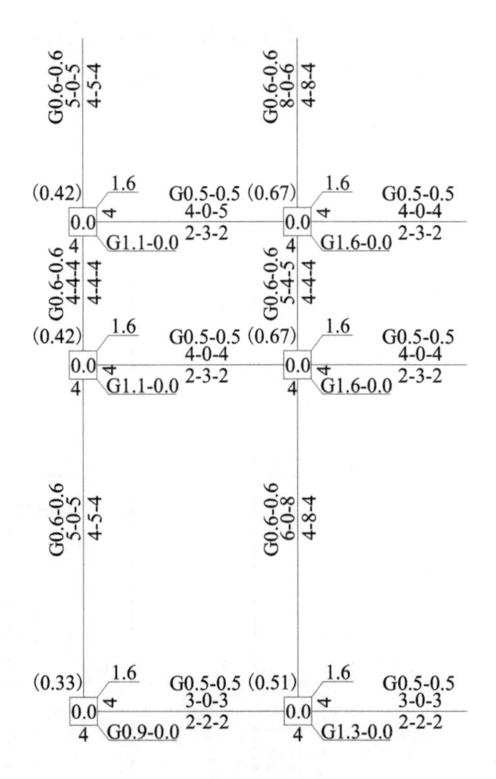

(b)第 2 层配筋图

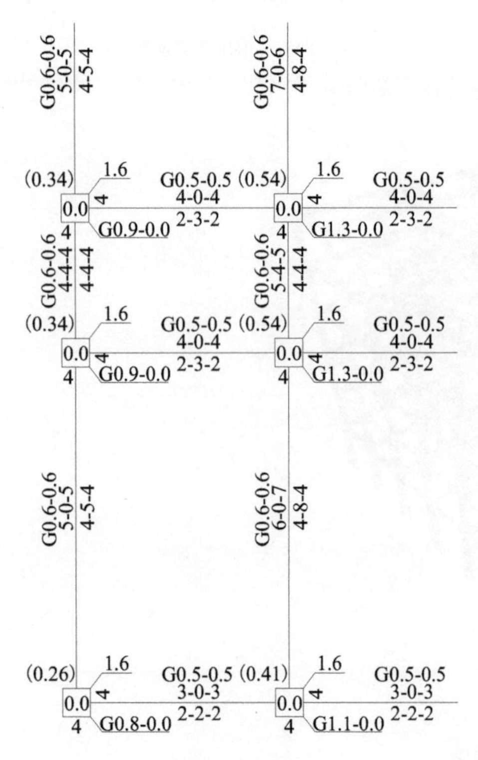

(c)第 3 层配筋图

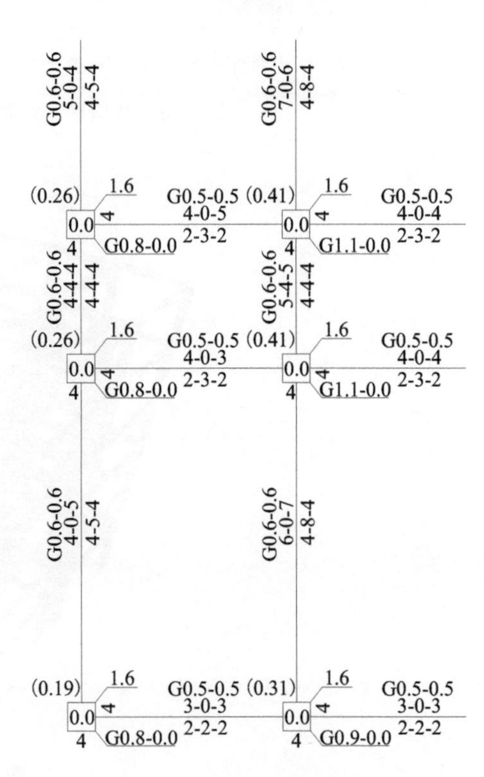

(d)第 4 层配筋图

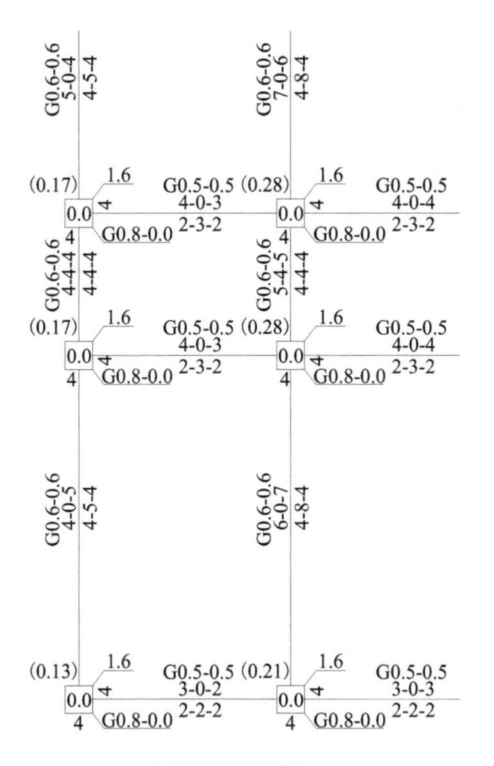

(e)第 5 层配筋图

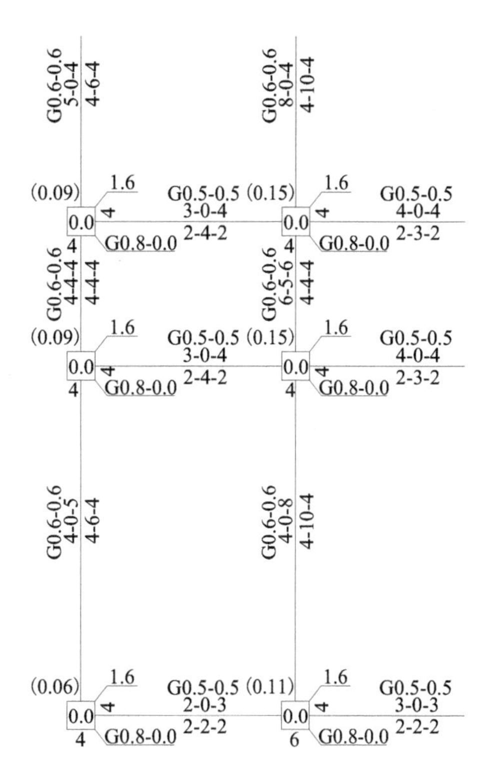

(f)第 6 层配筋图

图 3-40　非抗震设计框架配筋图

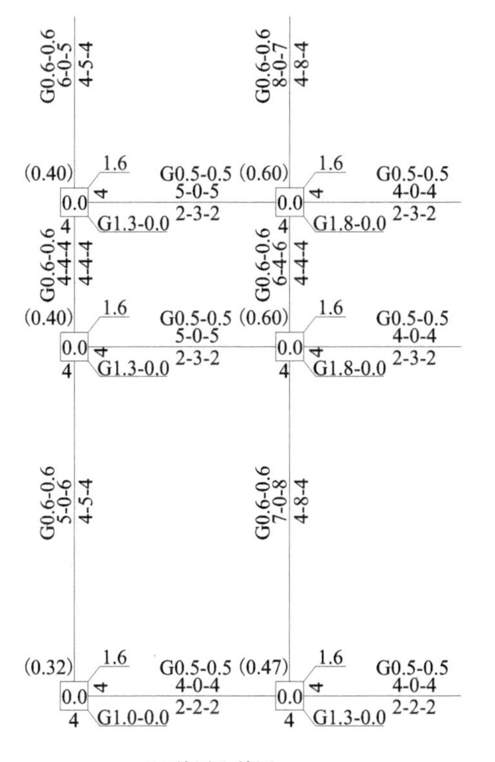

(a)首层配筋图

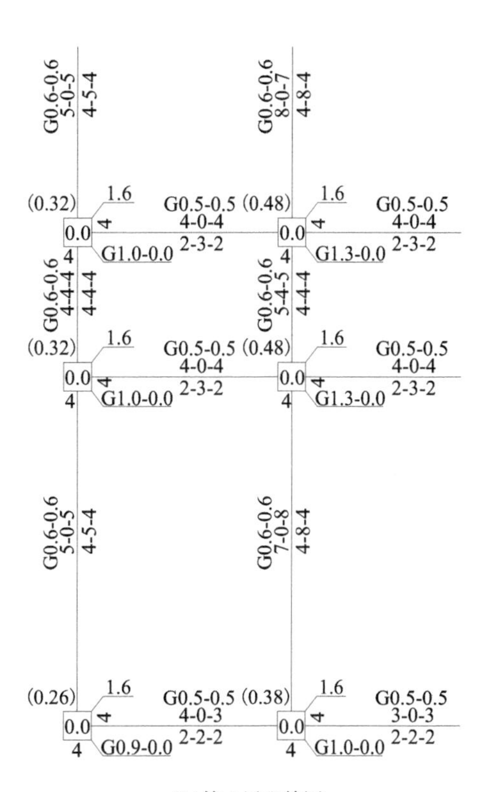

(b)第 2 层配筋图

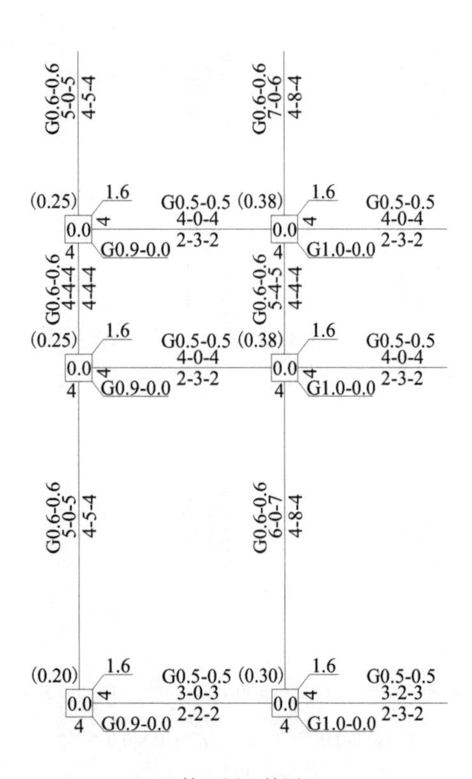

(c)第 3 层配筋图

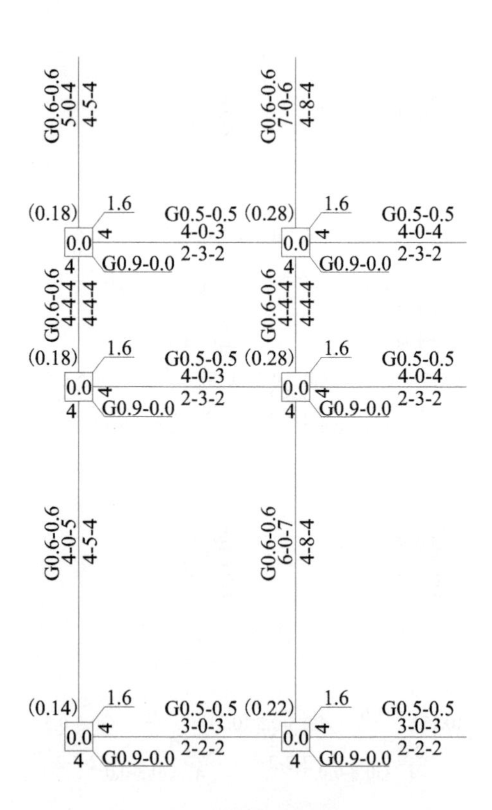

(d)第 4 层配筋图

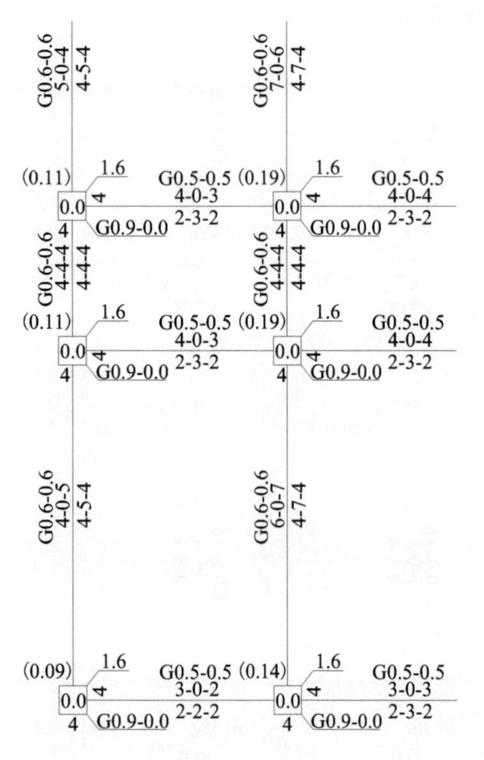

(e)第 5 层配筋图

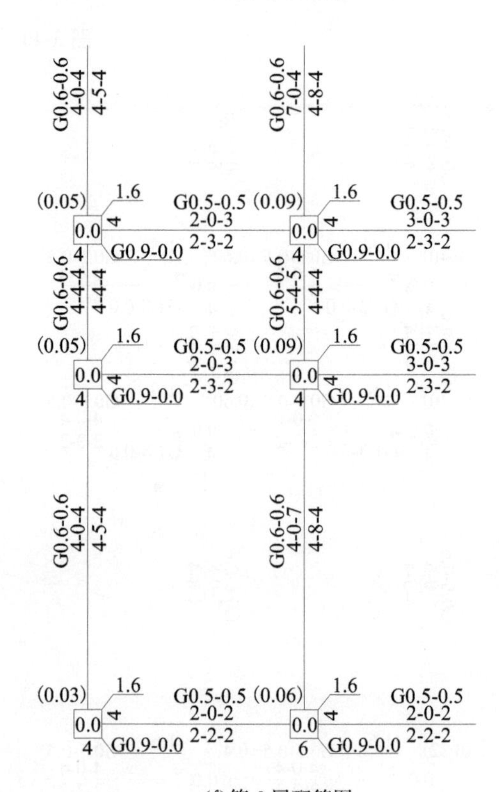

(f)第 6 层配筋图

图 3-41　6 度抗震设防框架配筋图

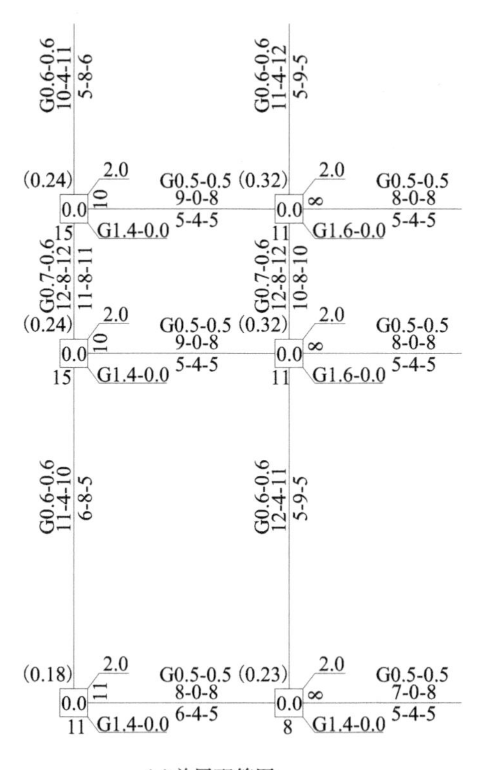

(a)首层配筋图

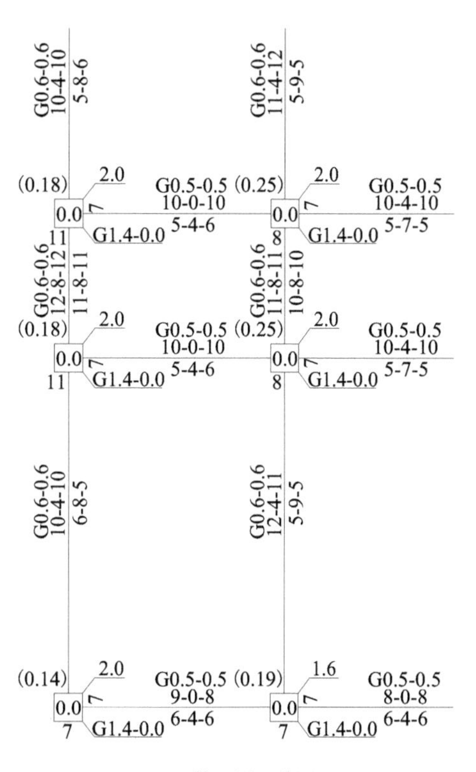

(b)第 2 层配筋图

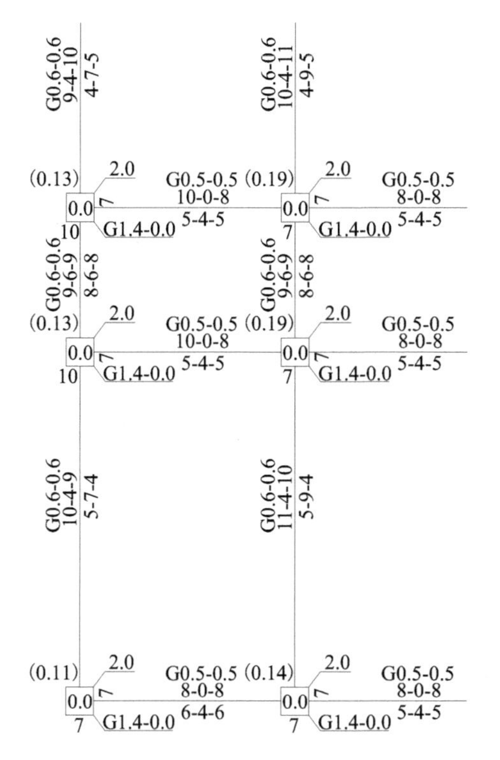

(c)第 3 层配筋图

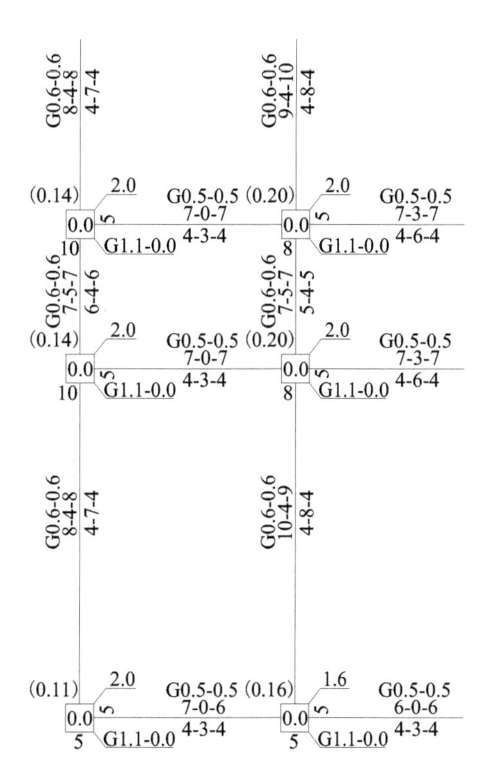

(d)第 4 层配筋图

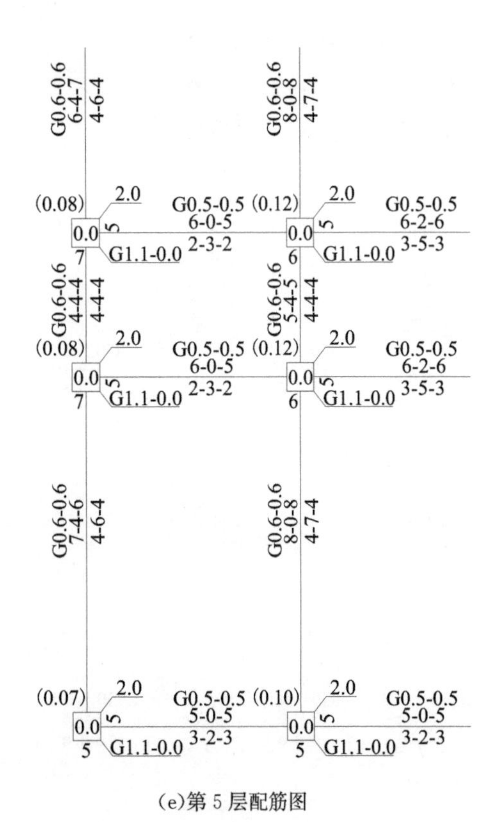

(e)第5层配筋图

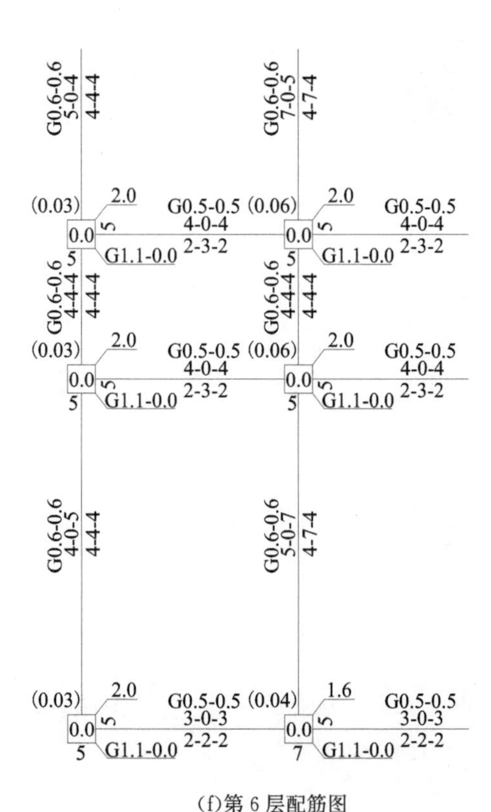

(f)第6层配筋图

图3-42　7度抗震设防框架配筋图

表3-2　截面尺寸

构件位置	非抗震设计	6度抗震设防	7度抗震设防
X方向梁截面	200 mm×400 mm	200 mm×400 mm	200 mm×400 mm
Y方向梁截面	250 mm×600 mm	250 mm×600 mm	250 mm×600 mm
1～3层柱截面	350 mm×350 mm	350 mm×350 mm	550 mm×550 mm
4～6层柱截面	350 mm×350 mm	350 mm×350 mm	450 mm×450 mm

3.4.5　整体稳固性影响因素

在SAP2000中建立各空间框架，对于非整体现浇楼板的框架，由于楼板和主体结构的连接程度存在较大离散性，因此本节偏安全地不考虑楼板对装配整体式结构防连续倒塌能力的贡献，仅将楼板承担的荷载和自重折算成线荷载加在梁上。为了和装配整体式框架进行比较，7度抗震设防的现浇钢筋混凝土框架亦不考虑楼板的影响。

由3.3节的分析可见，结构若要充分发挥悬链线效应，需要达到很大的竖向位移，对关键截面中钢筋的变形能力要求很高；并且当梁的跨高比较小或侧向约束的柱相对抗弯刚度较小时，模型的悬链线机制承载力和压拱机制承载力很接近甚至可能小于压拱机制承载力，因此本节采用压拱效应阶段的承载力进行稳固性指标计算。

(1)柱移除位置的影响。

分别拆除抽短边中柱、长边中柱、角柱和内部柱这四个关键位置框架柱进行分析，根据结构的对称性，选择平面图左下角的4根柱进行分析。各个柱所在位置如图3-38中所标注。

首先对未拆除柱的完好结构进行非线性静力Pushdown分析，得到完好结构承载力与设计承载力的比值$\lambda_{undamaged}$，然后对四个不同位置框架柱分别拆除后的框架进行分析，得到损伤结构承载力与设计承载力的比值$\lambda_{damaged}$，最后将Pushdown分析得到的承载力结果代入式(3-24)，可以得到整体稳固性指标*RRI*的值。

图3-43表示了非抗震设防、6度抗震设防和7度抗震设防的装配整体式框架在拆除不同部位柱时结构的*RRI*值。

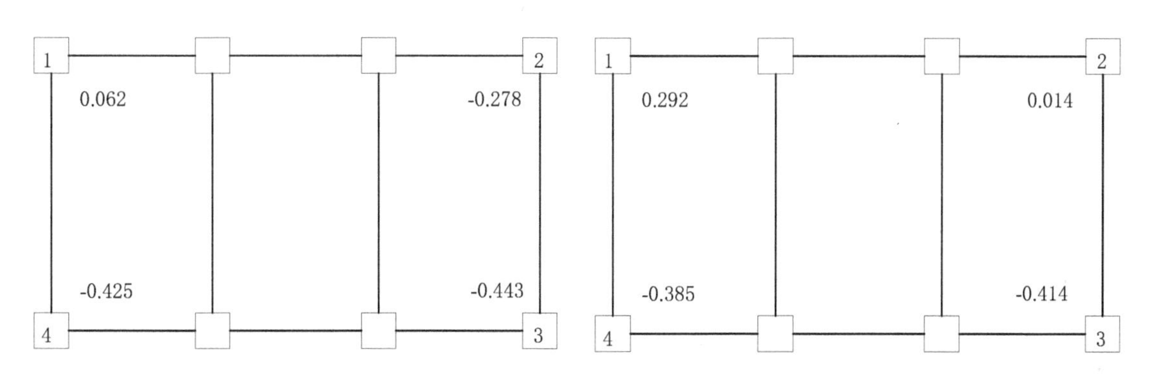

(a)非抗震设防装配整体式框架　　(b)6度抗震设防装配整体式框架

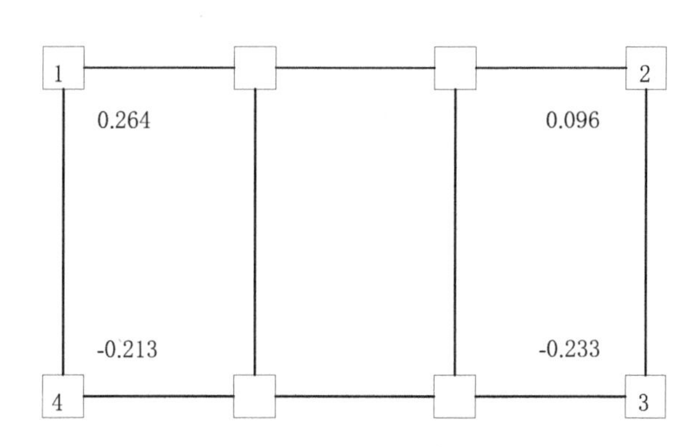

(c)7度抗震设防装配整体式框架

图3-43　不同拆柱位置影响分析

从图3-43中可以看出，拆除短边中柱(1号位置)的*RRI*值最大，整体稳固性最高，这是由于短边中柱支承的梁截面高度大(*Y*方向梁高600 mm)，并且所受荷载仅有内部柱的一半，所以拆除短边中柱情况下结构的整体稳固性高于拆除其他位置的柱。对于这个框架，拆除柱后结构稳固性由大到小依次为：短边中柱＞内部柱＞角柱＞长边中柱。

(2)抗震设计的影响。

分别对三种不同抗震设防等级的装配整体式框架和7度设防的现浇框架在拆除四个典型位置柱时的整体稳固性进行分析，四个典型位置为长边中柱、短边中柱、角柱和内部柱。分析结果如图3-44所示。

由图3-44可见，随着设防烈度的提高，对于大部分情况，结构的整体稳固性也逐步提高。

注意到拆除短边中柱时，6度设防的框架整体稳固性优于7度设防的框架，但这不是由于6度设防框架的损伤结构承载力大于7度设防框架。事实上，7度设防框架损伤结构承载

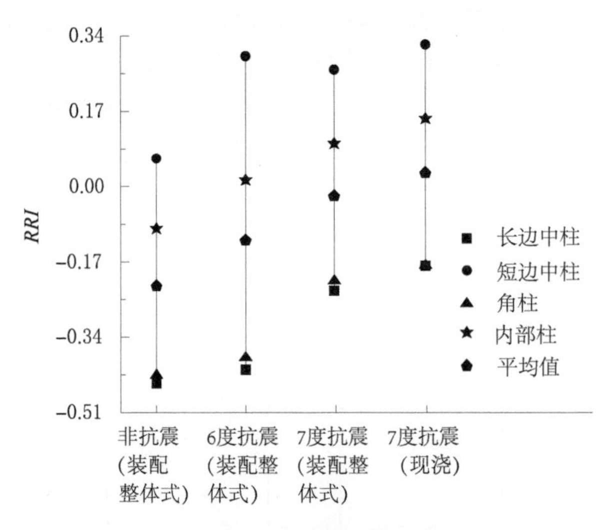

图 3-44　四个框架稳固性评估

力大于 6 度设防框架，但抗震设计在提高损伤结构承载力的同时也提高了完好结构承载力，当损伤结构承载力增长的幅度小于完好结构承载力的增长幅度时，就会造成整体稳固性降低。这也是采用 *RRI* 作为衡量结构防连续倒塌能力的意义，它通过对三种承载力的运算，使得单一承载力的提高不能作为整体稳固性提高的充分条件，为结构设计和优化提供了一个更加合理的参考指标。

通过对比 7 度抗震设计的装配整体式框架和现浇钢筋混凝土框架，发现两者的破坏模式和破坏规律相同，现浇钢筋混凝土框架的整体稳固性略高于装配整体式框架。

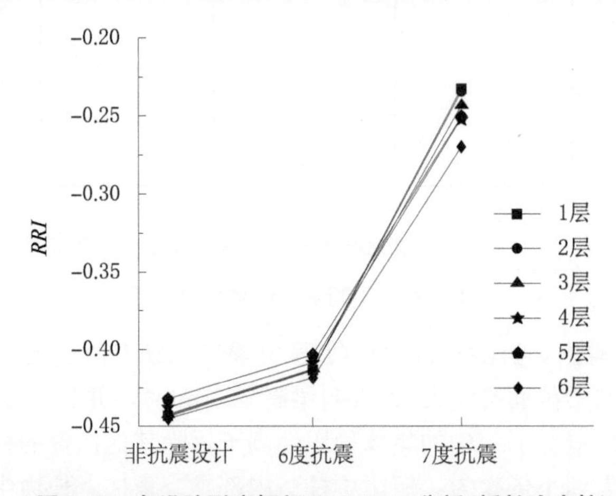

图 3-45　各设防烈度框架 Pushdown 分析（拆长边中柱）

图 3-45 给出了不同抗震设防烈度的装配整体式框架所有楼层在拆除长边中柱情况下的非线性静力 Pushdown 分析结果，其他部位的变化趋势与之类似，故未列出。

从图 3-45 中可以看出，非抗震和 6 度设防的框架拆除不同楼层的柱，其整体稳固性变化不显著，这是因为非抗震设计各层的梁配筋是相对均匀的，而 6 度抗震设计的框架其各层框架梁配筋的差异很小，因而各层梁的承载力都较相近。对于 7 度设防的框架，由于较高抗震设防设计对底部楼层梁配筋的增加非常显著，结构的整体稳固性从拆除顶部柱向拆除底部柱逐渐增加。也是因为这个原因，当设防烈度从 6 度提高至 7 度时，结构拆除第 1、2 层柱的整体稳固性提升得比上部柱的平均值多 15%。

(3)不同加强措施的影响。

当拆除构件后结构的整体稳固性不满足设计需求，且破坏模式为初始拆除柱上方的梁先发生破坏时，可以考虑加强梁以提升防连续倒塌性能。梁的加强可以通过加大梁高度和增加配筋面积这两种方法来实现。由于结构在拆除柱以后，初始拆除柱上方的梁两端所受弯矩方向相反，为了方便计算对截面加强的程度，以下分析中梁截面均采用对称配筋。将加强后截面和原截面极限弯矩的比值用 γ 表示，即 $\gamma = M'_u / M_u$，用于衡量梁截面加强的程度。

分别采用三种措施加强梁截面，A 表示仅增大截面高度；B 表示同时增加截面高度与配筋面积；C 表示仅增加配筋面积。分析这三种措施在使梁截面抗弯刚度增加相同的倍数 γ 时，结构整体稳固性提升的情况。以 6 度抗震设防烈度框架拆除长边中柱的情况为例，各加强措施的详细数据如表 3-3 所示，分析结果如图 3-46 所示。从图 3-46 中可以看出，γ 值相同时，仅增大截面高度对整体稳固性的提高最为明显，提升幅度是仅增加配筋面积的 150%；同时增加截面高度和配筋面积的提升程度则介于两者之间。

表 3-3　各加强措施数据

方案情况	γ=1.00	γ=1.31			γ=1.62		
加强方案	原截面	措施 A	措施 B	措施 C	措施 A	措施 B	措施 C
截面高度/mm	400	500	450	400	600	450	400
配筋面积/mm^2	402	402	457.5	531.5	402	566.5	657

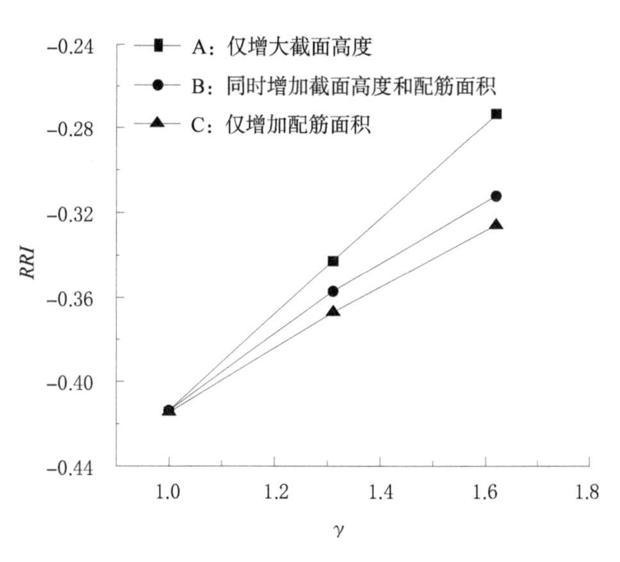

图 3-46　不同加强措施影响分析

造成这种现象的原因是，增加梁截面高度能够加大结构压拱阶段的承载力。根据 3.3 节中对于压拱机制的分析，在这个阶段，构件的连续倒塌抗力由两部分组成，梁截面抗弯承载力以及梁的轴向压力 N 与梁两端合力作用距离 d 共同产生的附加弯矩。γ 值相同表示梁截面的抗弯承载力相同，当梁截面高度增大时，轴向压力 N 对应的力臂加大，使产生的附加弯矩增大，从而提高了构件的承载能力。

第 4 章　RC 和 PC 框架结构防连续倒塌分析

4.1　概　述

钢筋混凝土框架结构的倒塌受力机制与梁截面尺寸、高跨比、配筋率、楼板，以及框架柱的侧向约束刚度等因素有关。目前针对结构防倒塌性能的试验研究较少考虑周边约束刚度对结构防倒塌性能的影响，因此有必要进行考虑周边约束的梁柱结构防倒塌性能试验研究，解决约束形式与刚度变化在倒塌受力性能与转换机理方面的问题。本章通过试验和数值模拟的方法，对混凝土梁柱结构的防倒塌性能进行研究。同试验分析和理论研究一样，数值模拟是研究结构防连续倒塌性能的重要手段之一。借助少量的试验，为数值模拟提供对比和参数验证基础，在参数验证和结果对比的基础上，对结构防连续倒塌性能进行数值模拟和参数拓展分析，可以起到事半功倍的效果。

4.2　试验与模拟

4.2.1　RC 框架结构防连续倒塌性能数值分析

多层多跨平面框架由于侧向刚度、梁柱节点处转动刚度的约束以及多层框架梁柱形成的空间作用，使得其防倒塌性能与约束梁以及单层单跨框架结构存在较大差别。故基于 OpenSees 非线性分析平台，采用梁柱节点单元[63]对框架节点区域进行模拟，以此对剪切失效、纵筋黏结滑移破坏、交界面剪切失效这 3 种节点区域可能出现的主要受力破坏机制进行考虑。材料本构关系选用考虑受拉软化的 Concrete02 材料，考虑箍筋作用，核心区混凝土采用修正后的 Kent-Park 本构，钢筋选用基于 Pinto 钢筋本构模型的 Steel02 材料，对文献[60]中三层四跨钢筋混凝土平面框架结构防倒塌拟静力试验进行了模拟计算，其试验装置图如图 4-1 所示，材料性能参数见表 4-1，计算结果如图 4-2、图 4-3 所示。

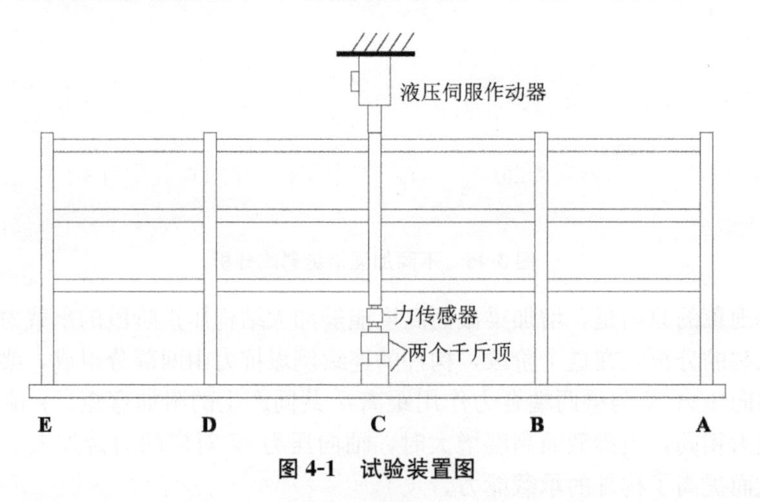

图 4-1　试验装置图

表 4-1 钢筋及混凝土的力学性能实测值

材料类别	试验项目	测试值
钢筋(HRB400)	屈服强度/MPa	416
	极限抗拉强度/MPa	526
	延伸率/%	$\delta_5=27.5$，$\delta_{10}=23$
箍筋(HPB235)	屈服强度/MPa	370
混凝土(C30)	立方体抗压强度/MPa	25

中柱柱头荷载-位移关系曲线如图 4-2 所示，从图中可以看出，试验值与计算值吻合较好，较准确地模拟出了弹性阶段、压拱作用阶段，但悬索作用阶段承载力部分计算值相比试验值偏大，这主要是由于拟静力试验到了悬索大变形阶段后是分两次完成，导致大变形后部分数据略偏小；因为在 OpenSees 建模与分析过程中并未考虑到试验加载装置以及材料的离散性及应变率效应，由此造成了框架数值模拟初始弹塑性阶段的刚度略小于试验值。

从荷载-位移曲线可以看出，平面框架结构由压拱作用向悬索作用机制转换过程不明显(图 4-3 中对应的转换点约为位移 150 mm)，结构由于悬索作用导致极限承载能力有所提高，即相当于压拱作用机构时的约 1.3 倍，且由图 4-3 可看出，模拟值与试验值吻合较好。

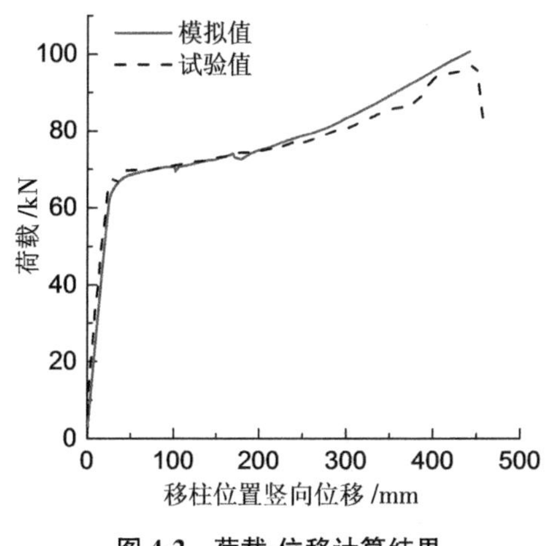

图 4-2 荷载-位移计算结果

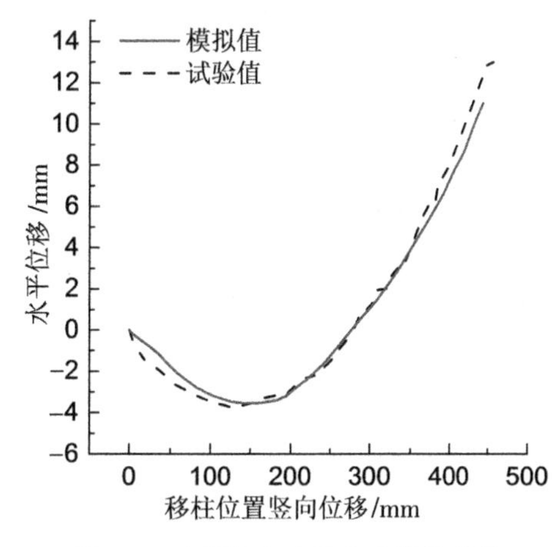

图 4-3 底层框架水平位移计算结果

在上述模拟的基础上，进一步分析了边跨跨数和框架层数对框架结构防连续倒塌性能的影响，并对改变跨数和层数工况下结构在倒塌各阶段的受力机理进行了分析。

4.2.1.1 边跨跨数影响分析

支撑构件失效后的梁柱结构倒塌受力性能与侧向约束有关，其直接影响压拱作用以及悬索效应的发展。为研究平面框架边跨跨数对框架结构的整体防连续倒塌性能的影响，采用考虑黏结滑移的有限元计算方法，基于文献[63]中试验模型框架，选取边跨为 2 跨、4 跨、6 跨、8 跨平面框架结构进行非线性静力 Pushdown 分析，有限元模型如图 4-4 所示，计算结果如图 4-5、图 4-6 以及表 4-2 所示。

计算结果表明，随着跨数的增加，侧向约束刚度增大，塑性承载能力提高，倒塌极限承载能力以及位移均有所增加，但增加的幅度有所减小，且悬索作用效应更加明显。这主要是由于随跨数的增加，移柱位置相邻梁端的约束相应增强，侧向抗弯刚度也相应有所增加。为提高计算效率和计算精度，用拆除构件法进行平面框架防倒塌分析时，至少应选用 6 跨简化模型进行防倒塌计算与评估。

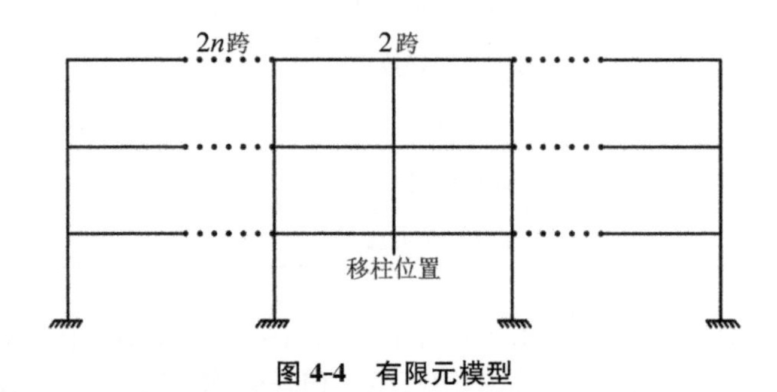

图 4-4　有限元模型

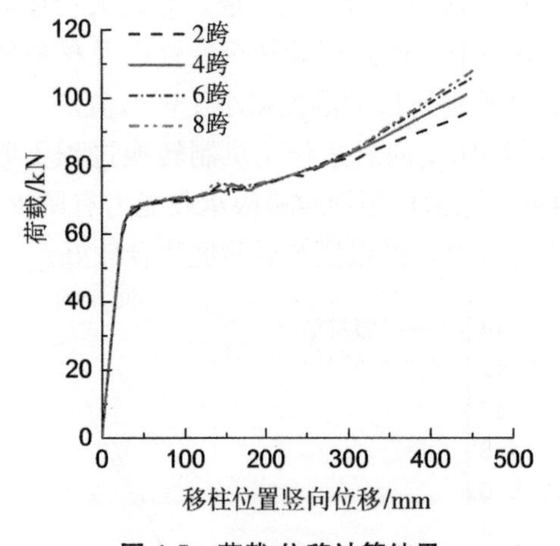

图 4-5　荷载-位移计算结果

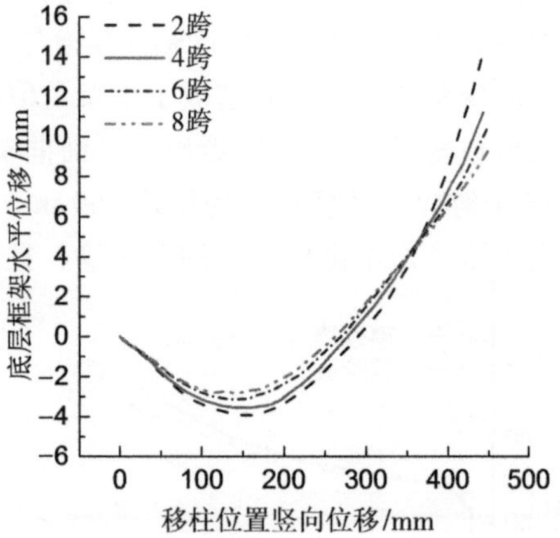

图 4-6　底层框架水平位移计算结果

表 4-2　不同跨数平面框架计算结果

跨数	塑性铰机制		压拱机制		悬索机制	
	移柱处竖向位移/mm	承载能力/kN	底层框架水平位移/mm	承载能力/kN	移柱处竖向位移/mm	承载能力/kN
2 跨	42.81	67.41	−3.935	73.21	442.41	95.31
4 跨	38.11	67.62	−3.540	74.64	443.04	101.10
6 跨	37.27	67.81	−3.124	74.72	448.52	105.68
8 跨	35.51	67.91	−2.813	74.79	450.56	107.93

4.2.1.2　*框架层数影响分析*

失效柱上方的框架结构层数对整体倒塌受力性能影响较大，随着框架结构层数的增多，由失效柱引起的不平衡荷载可供传递的荷载路径也在增多。失效柱上方直接相连的框架梁是防连续倒塌的第一道防线，其受力性能对防连续倒塌影响很大。为研究平面框架结构失效柱上方结构层数对防连续倒塌性能的影响以及倒塌过程中的受力机制，基于文献[63]中试验框架参数，对其改变结构层数进行非线性静力 Pushdown 分析，计算工况依次选取单层、3 层、5 层、7 层、9 层、11 层平面框架结构进行计算，有限元模型如图 4-7 所示，计算结果如图 4-8、图 4-9 以及表 4-3 所示，其中水平位移负值表示框架向外侧移动，正值表示框架向内侧移动。

改变框架层数计算结果表明：随着层数的增多，塑性位移增大，压拱作用导致底层最大水平位移减小，单层平均塑性承载能力、压拱与悬索机制承载能力均降低。这说明采用单层或者子结构来评估移柱后的多层框架结构会高估其整体防倒塌能力。

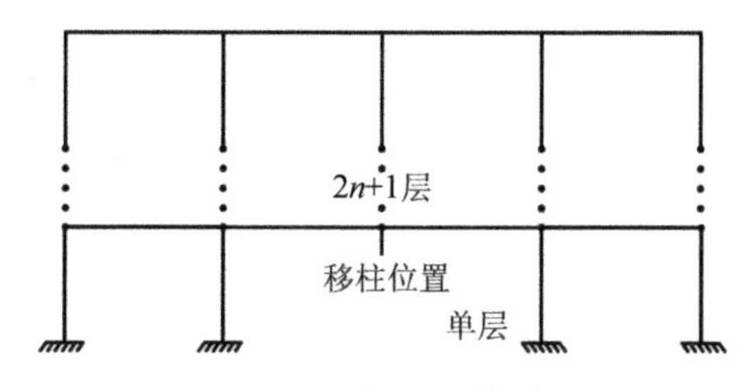

图 4-7　有限元模型

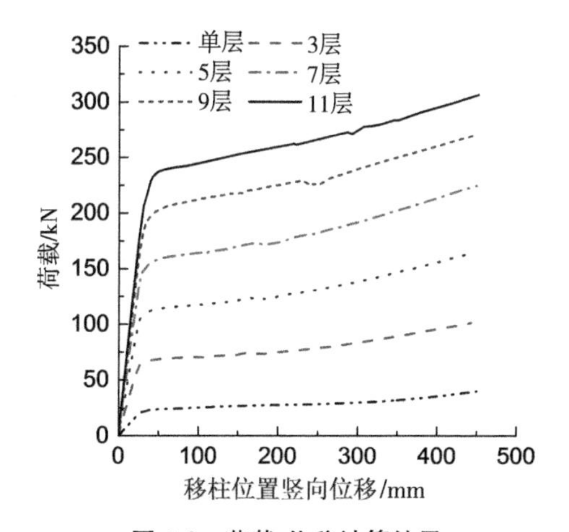

图 4-8　荷载-位移计算结果

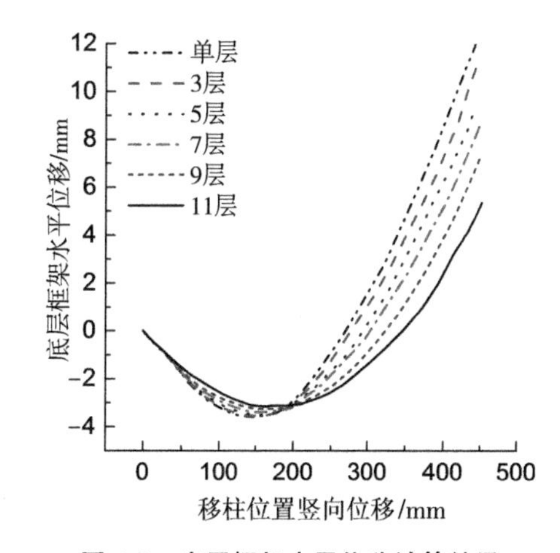

图 4-9　底层框架水平位移计算结果

表 4-3　不同层数平面框架计算结果

层数	塑性铰机制移柱处竖向位移/mm	压拱机制底层框架水平位移/mm	单层承载能力(有限元)			单层塑性计算值 P_{pc}/kN	试验值 P_t/kN	承载力比值		
			塑性机制 P_p/kN	压拱机制 P_a/kN	悬索机制 P_u/kN			P_a/P_p	P_u/P_p	P_u/P_a
单层	37.79	−3.59	22.98	26.37	35.97	24.41	—	1.1475	1.5653	1.3641
3 层	38.11	−3.54	22.54	24.88	33.70		24.47	1.1038	1.4951	1.3545
5 层	39.81	−3.50	22.41	24.72	32.71		—	1.1031	1.4596	1.3232
7 层	41.83	−3.39	22.33	24.62	32.08		—	1.1026	1.4366	1.3030
9 层	42.34	−3.25	22.18	24.24	30.06		—	1.0929	1.3553	1.2401
11 层	45.66	−3.16	21.75	23.64	27.86		—	1.0869	1.2809	1.1785

4.2.2 考虑周边约束钢筋混凝土梁柱结构防倒塌性能试验

基于上述数值分析中研究边跨跨数对平面框架防倒塌性能的影响，其结果表明侧向约束刚度随着边跨跨数的增加而增加，悬索作用效应更加明显。且目前关于考虑周边约束混凝土梁柱结构防倒塌性能的试验研究较少，约束形式与刚度对倒塌受力性能与转换机理方面的影响不够清楚，因此设计周边约束试验加以研究。

随着装配式建筑不断推广，装配式结构节点连接薄弱、整体性差等技术层面的问题愈加凸显。现行装配式结构规范中，采用传统现浇框架结构的方法对装配式结构进行分析和设计，基于"等同现浇"设计的装配整体式混凝土结构是其中的主要设计思想。故通过对比现浇连接节点与规范连接节点的装配整体式梁柱结构移柱加载试验，探讨装配整体式梁柱结构与现浇梁柱结构在破坏形态、承载能力以及变形能力等防倒塌性能方面的差异。

依据本试验研究的目的，以及《混凝土结构设计规范》(GB 50010—2010)、《建筑抗震设计规范》(GB 50011—2010)、《装配式混凝土结构技术规程》(JGJ 1—2014)、《装配式混凝土建筑技术标准》(GB/T 51231—2016)[64]，设计4榀完全相同的2跨钢筋混凝土梁柱结构平面模型框架，以达到对比试验的目的。其中3榀为不同侧向约束刚度的现浇结构，另外1榀为采用规范设计的钢筋焊接连接节点的装配整体式结构。试验获取了钢筋混凝土梁柱结构倒塌过程中的荷载位移、侧向约束、水平位移、应变变化、裂缝开展与破坏形态等试验结果，为下一步混凝土梁柱结构防倒塌性能分析提供数据支持。

拟进行表4-4所示的试验工况，工况1至工况3采用整体现浇节点，通过三种不同的约束方式：弱约束、非对称约束和对称约束，研究不同周边约束的现浇梁柱结构防倒塌性能。工况4采用钢筋焊接节点，叠合层后浇，采用对称约束，研究按照规范设计的焊接节点的装配式梁柱结构防倒塌性能。对每项工况进行编号，XJL表示现浇梁，DHL表示叠合梁，各工况均加载至纵向钢筋断裂。

表4-4 试验工况

序号	试验项目	试验数	试件编号	加载方法	节点说明
1	弱约束现浇框架	1	XJL-1	静力分级加载至钢筋断裂	整体现浇
2	非对称约束现浇框架	1	XJL-2		
3	对称约束现浇框架	1	XJL-3		
4	对称约束装配整体式框架	1	DHL-1		节点钢筋焊接叠合层后浇

4.2.2.1 试验设计

(1)试件设计。

试验框架模型如图4-10所示，配筋图如图4-11所示。梁柱结构的梁截面尺寸为150 mm×320 mm，柱截面尺寸为300 mm×300 mm，总跨度6400 mm，高度2570 mm，梁高跨比为1∶10。其中纵筋采用HRB400，箍筋采用HPB300，梁配筋率1.3%，柱配筋率1.0%，混凝土强度为C30。装配式结构的预制率为24.9%，后浇混凝土为C30，梁柱结构均按照二级抗震等级进行构造设计。

(a)正面

(b)侧面

图 4-10　模型试验结构

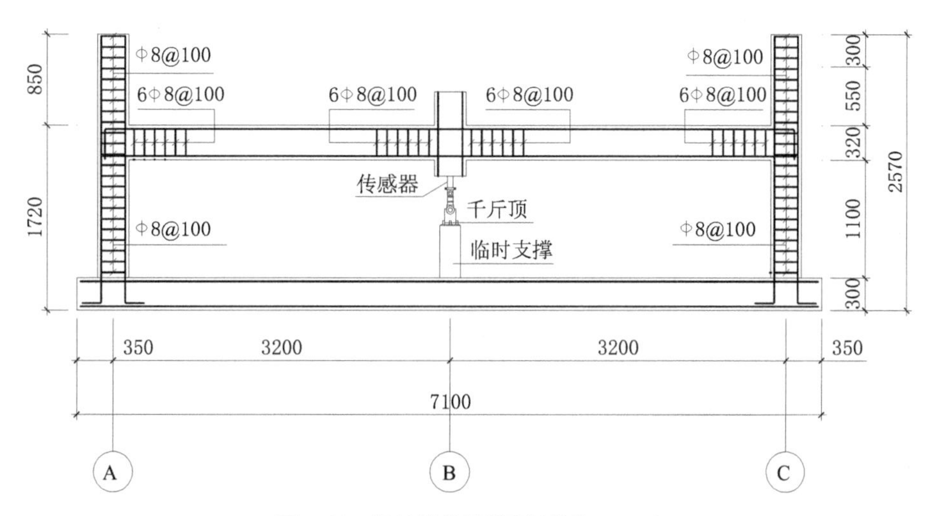

图 4-11　梁柱结构配筋图(单位：mm)

图 4-12 为现浇结构详图，为了更好地研究结构的受力机制，现浇梁顶层和底层的钢筋都是通长连续的。按照抗震设计要求，对梁两端 600 mm 区域范围内进行箍筋加密的构造措施，加密区箍筋间距 100 mm，非加密区箍筋间距 200 mm。纵筋采用直角弯钩锚固方式，锚固长度依据规范 GB 50010—2010，计算得到。

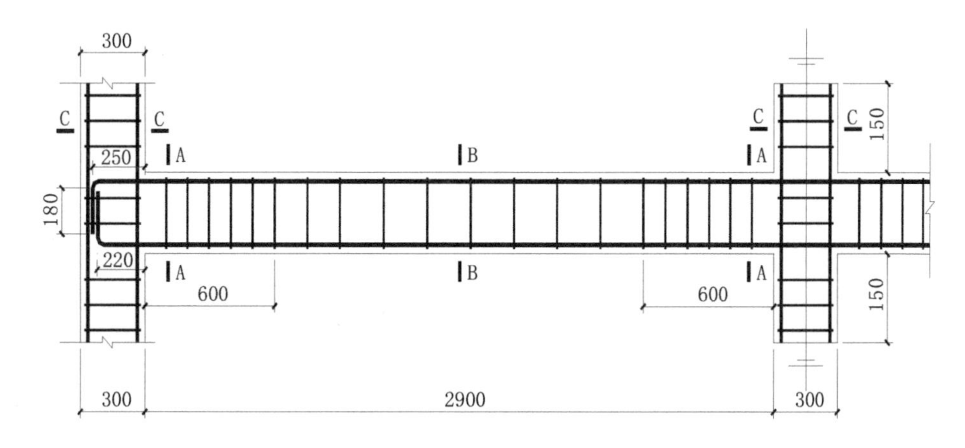

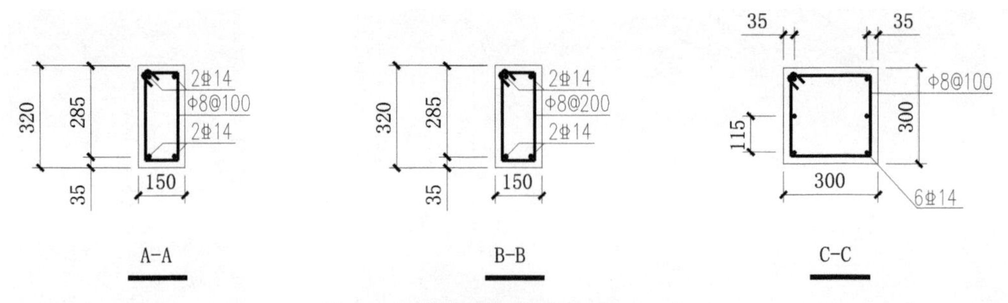

图 4-12　现浇结构详图(单位：mm)

图 4-13 为装配式结构详图，配筋形式和现浇结构完全相同，其中阴影部分表示预制梁部分。叠合梁叠合层高度为 120 mm，顶层钢筋为通长连续的。在装配式规范中，梁柱节点下部纵向受力钢筋的连接方式有：锚固连接、机械连接和焊接。本试验采用底层钢筋焊接连接的方式。采用两端做成 135°的钩箍筋帽，与预制梁的开口箍筋一起形成组合封闭箍筋。

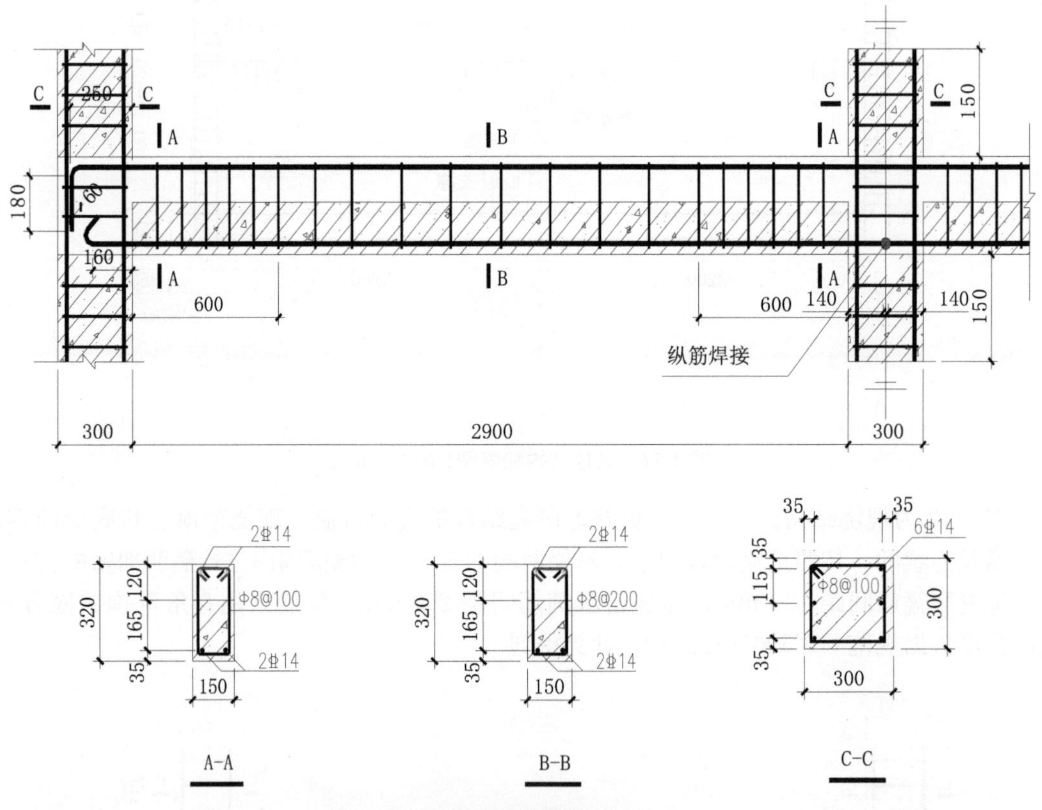

图 4-13　装配式结构详图(单位：mm)

预制梁详图如图 4-14 所示，在梁表面做粗糙处理以使后浇层与预制梁良好结合。为便于试件的吊装，预制梁梁端各多浇出 20 mm，并在预制梁中间安装吊环。预制梁安装示意图如图 4-15 所示，图中黑色部分表示预制梁，白色部分表示后浇层。当预制梁吊装就绪后，焊接梁底部纵筋，安放后浇层梁顶部的纵筋并将其与 135°的钩箍筋帽一起绑扎形成钢筋骨架，最后安装模板并浇筑后浇混凝土。预制梁的连接以及安装现场如图 4-16、图 4-17 所示。

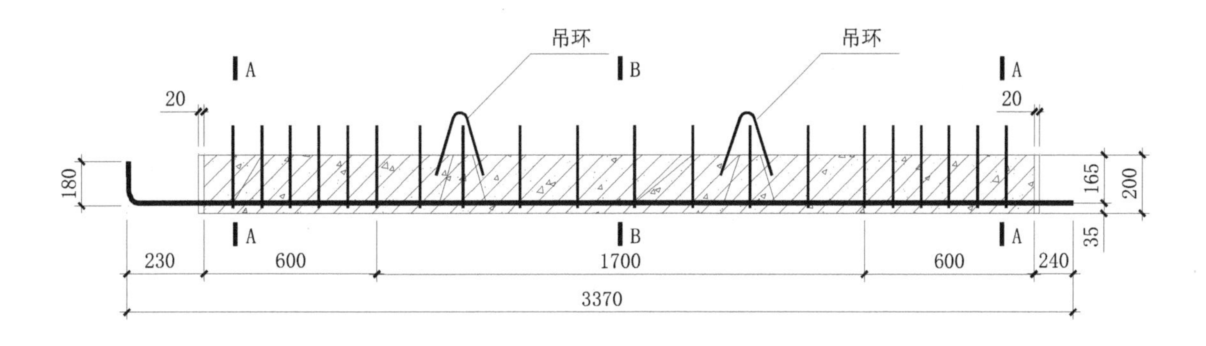

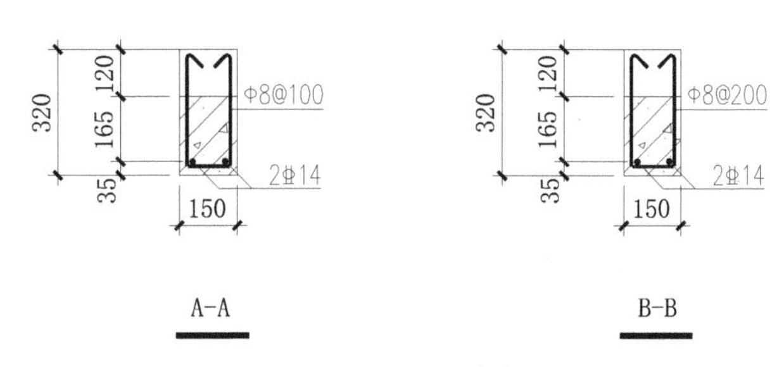

图 4-14　预制梁详图(单位：mm)

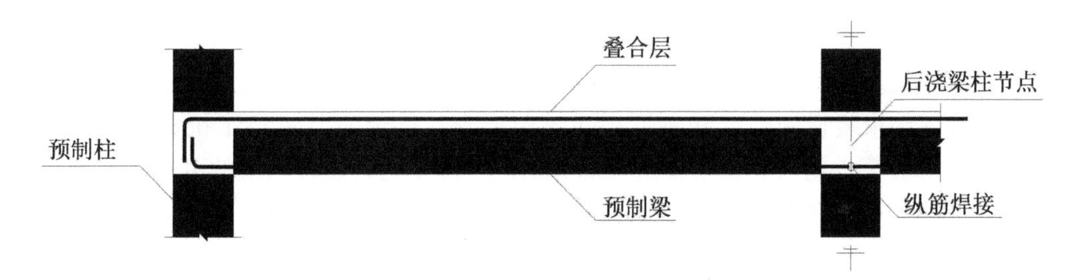

图 4-15　预制梁安装示意图

图 4-16　装配式结构节点焊接

图 4-17　预制梁安装现场图

(2)约束设计。

采用图 4-18 所示的梁柱结构简化示意图，模拟结构的周边约束情况，以完成各工况试验。试验中以底层柱高的一半即 550 mm 作为反弯点位置，通过设置在反弯点位置的约束装置模拟边跨作用。弱约束试验不施加约束装置，模拟无边跨约束作用；非对称约束试验在左边柱一侧施加约束装置，模拟 1 边跨约束作用；对称约束试验在左、右边柱两侧各施加约束装置，模拟 2 边跨约束作用。

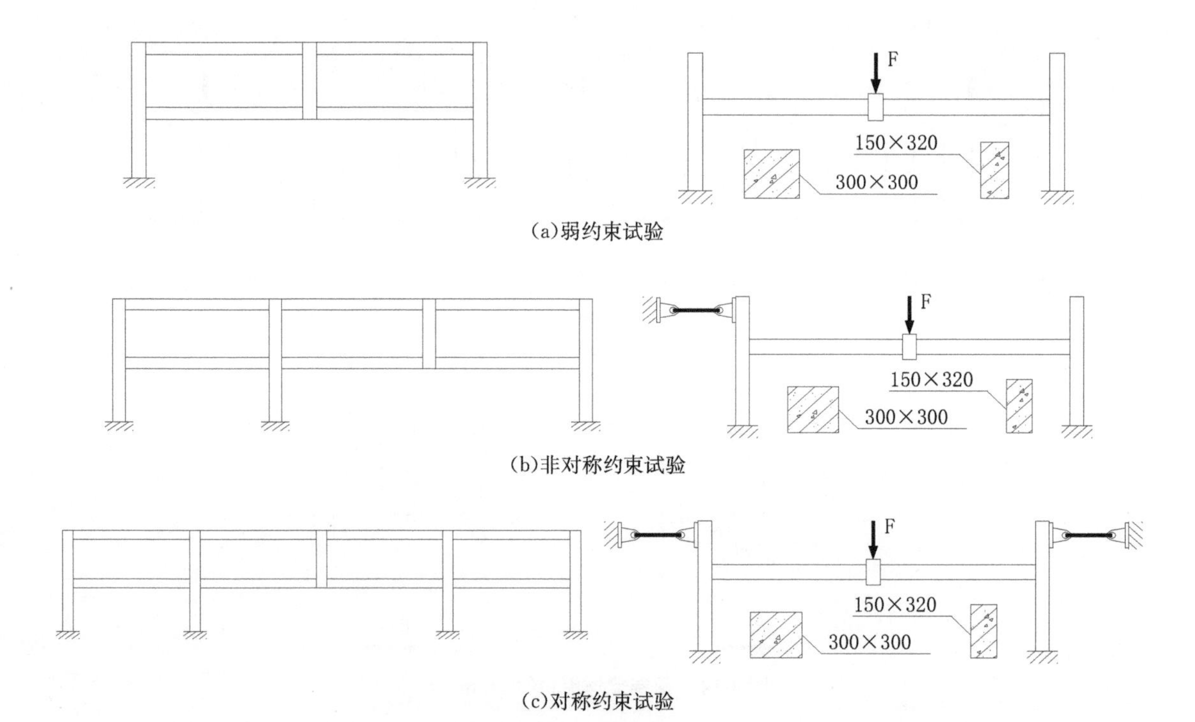

图 4-18　周边约束简化示意图(单位：mm×mm)

图 4-19 为周边约束装置设计详图，装置使用 Q235 钢，图中未标注的钢材厚度均为 30 mm。为确保约束装置的强度和刚度满足试验要求，已经对其进行了抗剪、抗拉、抗冲切、焊缝强度等验算。约束装置主要由三部分组成：位于约束装置两端的可转动的铰支座及用于固定铰支座的丝杆和钢板，用于连接刚架和梁柱结构的钢杆，以及用于测量钢杆应变的应变片组。

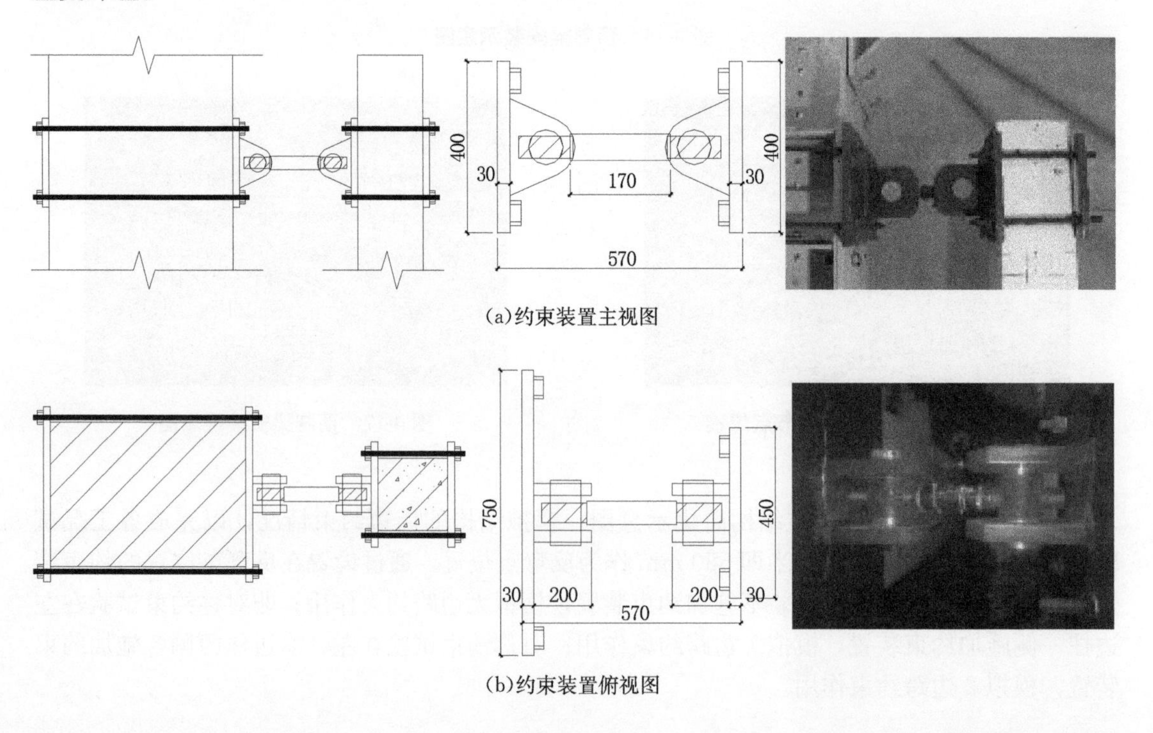

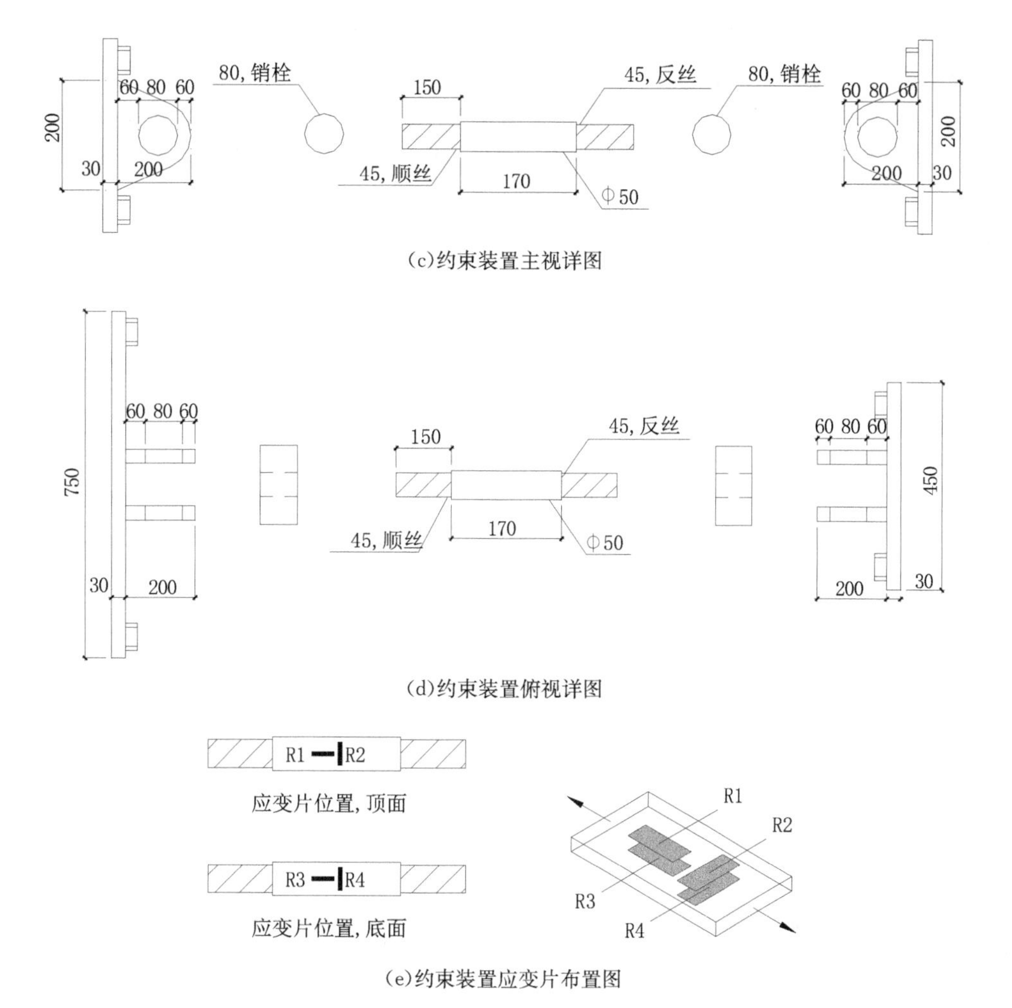

图 4-19　周边约束装置设计详图(单位：mm)

铰支座如图 4-19(a)(b)所示，保证了约束装置可以平面内转动。两个铰支座均焊接于钢板上，钢板则通过四根直径 20 mm 的丝杆固定于试验刚架和子结构边柱上。钢杆如图 4-19(c)(d)所示，总长 470 mm，直径 50 mm，在杆端 150 mm 范围内各车一道顺丝和反丝。钢杆通过插在铰支座里面的中空车丝销铰与铰支座相连。由于钢杆一端顺丝另一端反丝，故沿着一个方向拧动钢杆即可将钢杆和两端的销铰固定，从而使整个约束装置拧紧固定。

由于需要测量约束装置中的轴力，所以通过测量钢杆顶面和底面布置的"T"形应变片的应变大小，可以间接得到轴力大小。约束装置应变片布置如图 4-19(e)所示，采用测量拉伸压缩应变的惠斯登电桥全桥(四工作片桥路)，可以抵消钢杆弯曲带来的影响。

试验中使用的惠斯通电桥，电压与应变关系为

$$U_{out}=0.5(1+\nu)K\varepsilon U_{in} \tag{4-1}$$

式中，ν 为泊松比；K 为灵敏度；ε 为应变；U_{out}为输出电压；U_{in}为输入电压。

通过应变测量软件设置合理参数，测量得到钢杆拉压应变数据，并通过式(4-1)、式(4-2)计算转换为约束装置的轴力。

约束装置的轴力与应变的关系为

$$N=\varepsilon EA \tag{4-2}$$

式中，ε 为应变；E 为钢材弹性模量；A 为钢杆截面面积。

(3)测量与加载。

为实现梁柱结构中柱加载工况，设计加载装置如图 4-20 所示。位于试件外围的“H”形刚架，以及防止试件平面外失稳的“A”形反力架，刚架通过压梁可靠地固定于地槽槽台。梁柱结构亦通过压梁及地脚螺栓固定于地槽槽台，在柱脚左、右各布置一副压梁以防地梁发生变形。为保证中柱竖向加载，在千斤顶上部安放铰装置，并加装防坠落措施保障安全。试验选取中柱作为失效柱，在模型浇筑的过程中，预先使用机械千斤顶代替框架中柱。

加载共分为两个阶段，采用表 4-5 所示的加载制度：

第一阶段为试件及各试验装置安装就绪后，中柱下部千斤顶缓慢卸载，以模拟中柱失效情况。采用荷载控制进行卸载，待千斤顶和传感器完全脱开试件后，移去下部千斤顶、传感器和临时支撑以便下一步试验加载，此时第一阶段试验完成。

第二阶段为中柱上部千斤顶分级加载，每级加载稳定 2 min 后，读取各测点的荷载、位移、应变等测量数据，对结构裂缝进行观察记录。第二阶段开始采用荷载控制进行加载，当结构进入塑性阶段后，再采用位移控制进行加载。

表 4-5　加载制度

—	荷载控制	位移控制
加载制度	每级荷载 3 kN	每级位移 20 mm

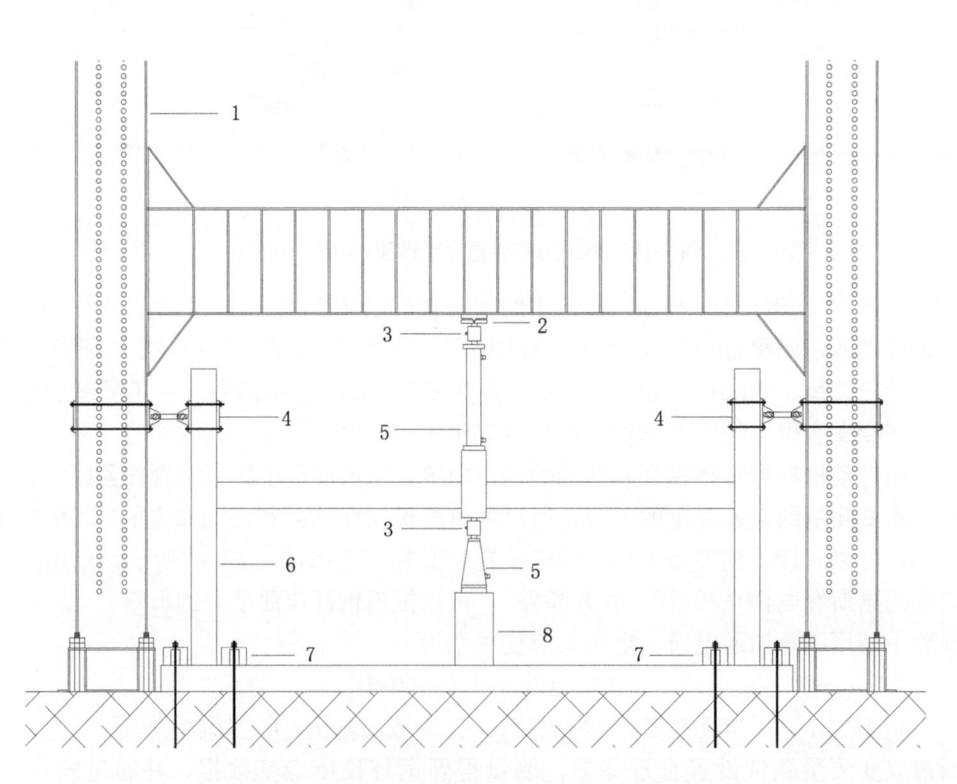

1—刚架；2—铰；3—荷载传感器；4—周边约束装置；5—千斤顶；6—梁柱结构；7—压梁；8—临时支撑

(a)试验装置图

(b)上部加载装置

(c)下部卸载装置

图 4-20 加载装置

为便于对梁柱结构的受力机制进行分析，布置如图 4-21 和图 4-22 所示的测点位置。试验过程中测量内容包括四个部分：裂缝、荷载(包括测量中柱卸载荷载和中柱加载荷载、周边约束轴力荷载)、位移(包括中柱竖向位移，各节点水平位移，梁跨中位移。W1～W11 为位移计测点)、应变(C1～C12 为混凝土应变片测点，主要测量梁端、柱端混凝土应变变化情况；S1～S20 为钢筋应变片测点，主要测量梁端、梁跨中、柱端钢筋应变变化情况)。

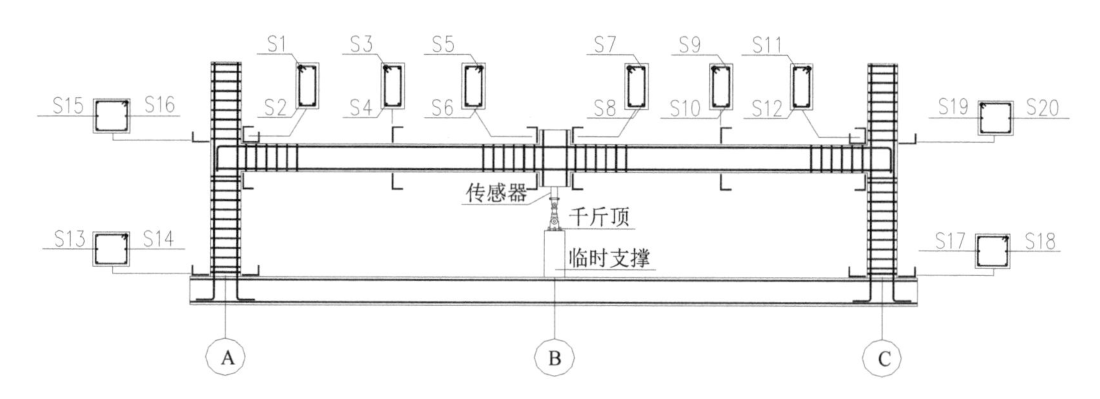

图 4-21 钢筋应变片、荷载传感器布置图

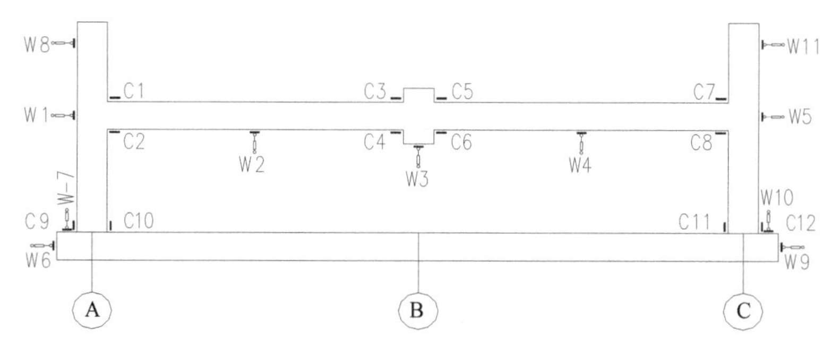

图 4-22 混凝土应变片、位移计布置图

(4)材性试验。

本试验中各试件，包括预制梁及叠合层，均采用强度等级为Φ30的人工浇捣混凝土。为控制混凝土强度等级，筛选最大粒径在 20 mm 以下的卵石作为混凝土粗骨料，依据现场砂石种类、级配和含水率，设计并调整配合比。在浇筑过程中，每榀框架预留 4 组试块，其中 2 组为 150 mm×150 mm×150 mm 的立方体标准试块，另外 2 组为直径 150 mm、高度 300 mm的圆柱体试块。将试块与试件在相同条件下养护，在试件正式加载前，依据混凝土材性试验规范《混凝土物理力学性能试验方法标准》(GB/T 50081—2019)[65]，利用万能试验机测得各试块的抗压强度，并计算出混凝土力学指标，见表 4-6。

表 4-6　材性试验

材料类别		试验项目		测试值
钢筋	Φ14	抗拉屈服强度/MPa		444.3
		抗拉极限强度/MPa		597.8
		最大力下总伸长率/%	A_{gt}	13.1
		断后伸长率/%	$A_{70}(\delta_5)$	27.8
			$A_{140}(\delta_{10})$	22.1
	Φ8	抗拉屈服强度/MPa		377.3
混凝土	Φ30	立方体抗压强度/MPa		34.8
		圆柱体抗压强度/MPa		24.2

梁柱结构均采用 C14 的纵向受力钢筋和 A8 的箍筋。依据《金属材料　拉伸试验　第 1 部分：室温试验方法》(GB/T 228.1—2010)[66]、《钢筋混凝土用钢　第 1 部分：热轧光圆钢筋》(GB 1499.1—2017)[67]、《钢筋混凝土用钢　第 2 部分：热轧带肋钢筋》(GB 1499.2—2018)[68]，利用拉伸试验机测得钢筋的各项力学指标，试验结果见表 4-6。为得到钢筋的屈服应变，便于应变结果分析，在钢筋表面粘贴应变片，测量得到钢筋屈服应变范围为 2200 $\mu\varepsilon$～2500 $\mu\varepsilon$。

4.2.2.2　试验结果

(1)荷载位移。

各试件的荷载-位移曲线如图 4-23、图 4-24、图 4-25 以及图 4-26 所示，并将各试件在各工作阶段倒塌破坏情况描述如表 4-7 所示。从三组试件荷载-位移曲线上看，随着中柱竖向位移的不断增加，试件经历了弹性阶段、弹塑性阶段、压拱机制和复合机制、悬索机制等五个工作阶段。但是弱约束试件基本无悬索工作机制，在复合机制结束后试件就发生破坏；非对称约束与对称约束试件悬索机制比较明显，其中对称约束试件悬索阶段承载力显著提高，非对称约束试件承载力不够明显。装配式结构和现浇结构两者抗弯承载力能力基本一致，现浇结构的悬索阶段承载能力大于装配整体式结构。现浇结构和装配式结构钢筋断裂时，中柱竖向位移分别为 280 mm、680 mm。由于装配式结构存在初始缺陷，在大变形情况下中柱偏转情况更严重，导致受拉钢筋提前断裂，无法提供足够的变形能力，其倒塌破坏承载力小于现浇结构。试验结果说明，按照规范设计的装配整体式梁柱结构，其悬索阶段承载能力、极限变形能力远不如现浇结构。

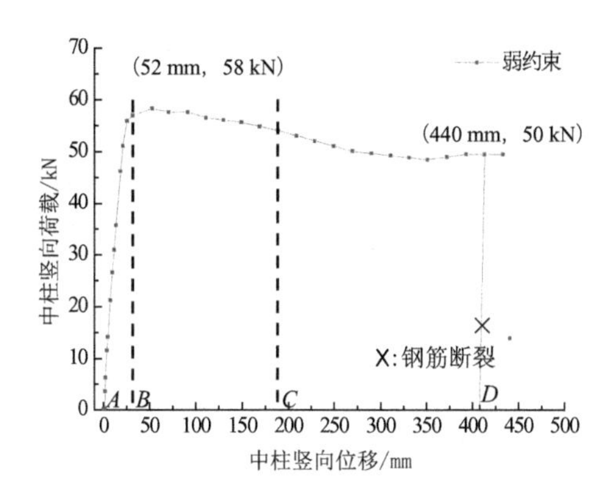

图 4-23　XJL-1 中柱竖向荷载-位移曲线

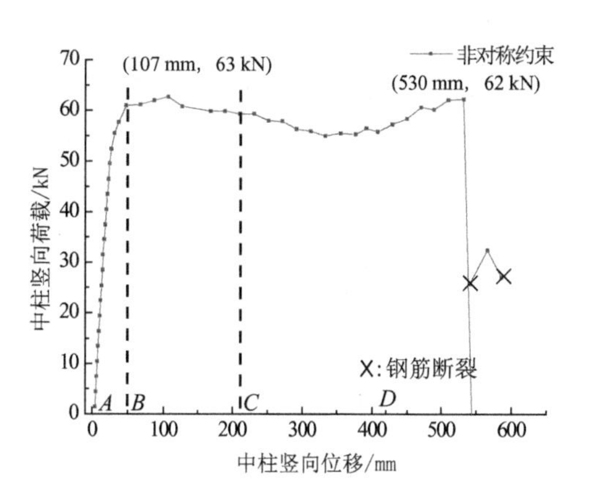

图 4-24　XJL-2 中柱竖向荷载-位移曲线

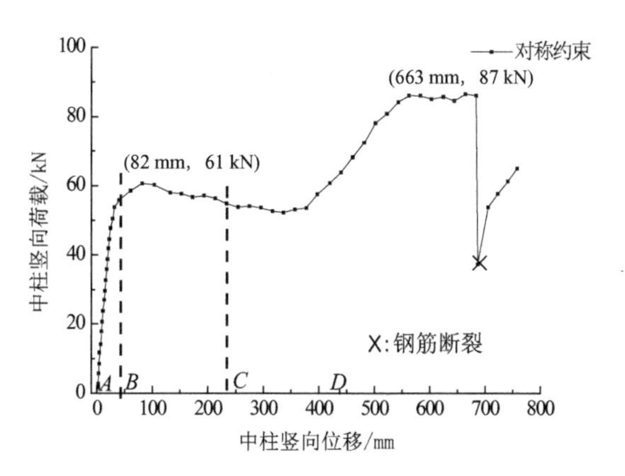

图 4-25　XJL-3 中柱竖向荷载-位移曲线

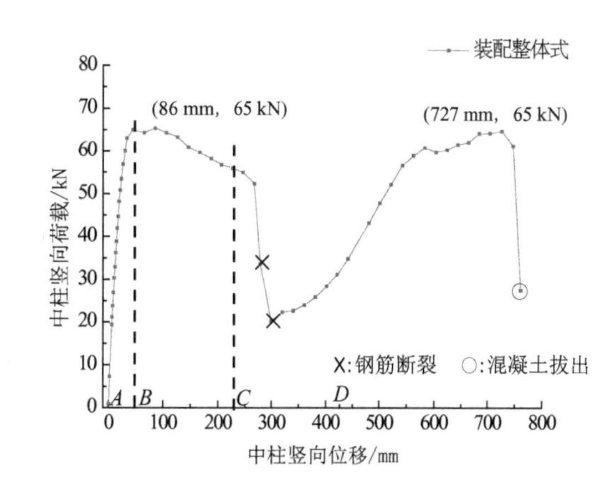

图 4-26　DHL-1 中柱竖向荷载-位移曲线

表 4-7　结构各阶段倒塌破坏

工作阶段	XJL-1	XJL-2	XJL-3	DHL-1
弹性阶段（*A* 点以前）	荷载与位移呈线性关系，卸载荷载最大值为 3.4 kN，位移为 0.33 mm	卸载荷载最大值为 3.2 kN，位移为 0.34 mm，混凝土梁已经开裂，结构进入弹塑性阶段	初始裂缝首先在中柱梁端底部出现，卸载荷载最大值为4.3 kN，位移为 0.44 mm	卸载荷载最大值为 3.6 kN，位移为 0.37 mm
弹塑性阶段（*AB* 段）	结构自 *A* 点进入弹塑性工作阶段后，受力状态为边柱梁端承担负弯矩，中柱梁端承担正弯矩。随着中柱竖向荷载的增加，裂缝开始出现在梁端混凝土受拉区，纵向受力钢筋开始屈服			
压拱机制阶段（*BC* 段）	随着中柱竖向荷载加载至 57 kN 达到 *B* 点(32 mm)后，竖向荷载基本保持不变但位移急剧增大。当位移加载至 52 mm 时，试件承载力达到第一个峰值点，此时荷载为 58 kN	当中柱竖向荷载加载至 61 kN 达到 *B* 点(48 mm)后，结构进入压拱机制工作阶段。当位移加载至 107 mm 时，试件承载力达到第一个峰值点，峰值点荷载为 63 kN	当中柱竖向荷载加载至 56 kN 达到 *B* 点(56 mm)后，结构进入压拱机制工作阶段。当位移加载至 82 mm时，试件承载力达到第一个峰值点，峰值点荷载为 61 kN	当中柱竖向荷载加载至 64 kN 达到 *B* 点(65 mm)后，结构进入压拱机制工作阶段。当位移加载至 86 mm时，试件承载力达到第一个峰值点，峰值点荷载为 65 kN

续表

工作阶段	XJL-1	XJL-2	XJL-3	DHL-1
复合机制阶段（*CD* 段）	中柱竖向位移加载至 188 mm 达到 *C* 点（大约为 0.58 倍梁高，梁高为 320 mm）后，此时荷载为 54 kN，该阶段结构处于复合受力状态	中柱竖向位移加载至 210 mm 达到 *C* 点（大约为 0.66 倍梁高），结构处于复合受力状态，此时荷载为 60 kN。荷载经过下降段达到最低点后，随着竖向位移增加，荷载继续上升	中柱竖向位移加载至 234 mm 达到 *C* 点（大约为 0.73 倍梁高），结构的受力机制从压拱机制向复合机制转化，此时荷载为 55 kN	中柱竖向位移加载至 228 mm 达到 *C* 点（大约为 0.71 倍梁高）后，此时荷载为 56 kN，由于中柱柱头偏转严重，导致应力集中在中节点左侧区域，位移加载至 280 mm，中柱左端底部两根纵向钢筋先后断裂
悬索机制阶段（*D* 点以前）	位移继续加载至 440 mm 时，承载力达到第二个峰值点，此时荷载为 50 kN。继续加载一级荷载后，中柱右端底部两根纵向钢筋同时断裂。*D* 点的荷载为 50 kN，位移为 412 mm	位移继续加载至 530 mm 时，承载力达到第二个峰值点，此时荷载为 62 kN。继续加载一级荷载后，中柱右端底部两根纵向钢筋同时断裂。*D* 点的荷载为 57 kN，位移为 418 mm	位移继续加载至 663 mm 时，承载力达到第二个峰值点，此时荷载为 87 kN。继续加载至 680 mm，中柱右端底部两根纵向钢筋同时断裂。*D* 点的荷载为 64 kN，位移为 440 mm	位移继续加载至 727 mm 时，承载力达到第二个峰值点，此时荷载为 65 kN。继续加载至 740 mm，左边柱节点核心区混凝土拔出。*D* 点的荷载为 31 kN，位移为 422 mm

(2)裂缝开展。

各试件裂缝开展情况对比见表 4-8。裂缝发展主要集中在两个阶段：第一阶段为结构处于弹塑性阶段(*AB* 段)，梁端和节点处裂缝发展迅速；第二阶段为竖向位移加载约至 400 mm 以后，随着结构悬索作用的发展，梁跨中裂缝再次迅速发展，增加若干条垂直受拉裂缝。

总体上讲，XJL-1 的裂缝发展只经历了第一阶段。XJL-2 和 XJL-3 第一阶段裂缝开展情况基本相同，但试件 XJL-3 的梁跨中裂缝在第二阶段再次发展的时间更长，增加的垂直受拉裂缝更多。

装配式结构的裂缝开展和现浇试件类似，但是由于试件 DHL-1 的中柱柱头水平偏转严重，导致荷载集中在中柱左侧，使中柱左端底部两根纵向钢筋提前断裂。中柱左右梁端的破坏形态不一致，具体表现为左侧梁端形成塑性铰，右侧梁端未出现明显破坏情况。

表 4-8　各试件裂缝开展情况对比

位移	XJL-1	XJL-2	XJL-3	DHL-1
δ=100 mm	结构进入塑性阶段(*BC* 段)之前，梁端和节点处裂缝发展迅速。现浇结构边节点外侧处裂缝长度约为柱宽的 1/2 至 3/4，靠近边柱的梁端受压区混凝土出现压碎现象			装配式结构边节点外侧处裂缝接近全截面发展
δ=200 mm	原有裂缝继续开展，新裂缝从梁端沿着梁跨中方向继续出现，裂缝深度从梁端向跨中方向线性递减。梁端裂缝贯穿整个梁截面，靠近中柱的梁端受压区混凝土压碎			装配式结构中柱偏转情况比现浇结构严重

续表

位移	XJL-1	XJL-2	XJL-3	DHL-1
δ=400 mm	XJL-1 的裂缝发展趋于稳定，承载力基本耗尽	裂缝发展趋于稳定，边柱靠近地梁外侧区域出现裂缝，说明悬索机制逐步形成		叠合梁跨中裂缝发展比现浇梁更加密集
δ=500 mm	—	XJL-2 梁跨中增加若干条垂直裂缝，垂直裂缝接近全截面发展，承载力基本耗尽	XJL-3 和 DHL-1 梁跨中出现若干条全截面拉裂缝，结构的悬索作用明显	
δ=700 mm	—	—	裂缝继续开展，直至悬索作用充分发展，裂缝发展才趋于稳定。对于装配式结构，受拉区混凝土剥落更加严重，叠合梁受拉裂缝发展比现浇梁更加密集地分布于跨中	

(3)破坏形态。

框架梁破坏形态如图 4-27 所示，L，R 分别表示梁柱结构的左跨与右跨。试件 XJL-1 梁中裂缝集中在梁端，主要为弯曲裂缝。XJL-2 以弯曲裂缝为主并有若干条受拉裂缝。与 XJL-1，XJL-2 相比，XJL-3 梁表面布满全截面受拉裂缝。DHL-1 梁表面更加密集地布满全截面受拉裂缝。图中红线表示叠合层交界面，在梁叠合层交界面未观察到水平裂缝，说明预制梁粗糙面施工满足要求，后浇混凝土与预制梁结合良好。

边节点、中节点破坏形态如图 4-28、图 4-29 所示。从图中可以看出，随着约束的增强，现浇结构节点破坏愈加严重。XJL-3 边节点处形成环状贯通裂缝，这些环状贯通裂缝将在之后的加载试验下继续开展。DHL-1 左边柱节点核心区混凝土拔出[见图 4-28(g)]。装配式结构破坏比现浇结构严重。

中柱节点受压区混凝土压碎，受拉区混凝土剥落。由于梁端塑性铰的形成，中柱柱头发生水平偏转。DHL-1 中柱左侧节点受压区混凝土压溃，受拉区混凝土剥落严重；右侧节点未形成塑性铰，混凝土未剥落。

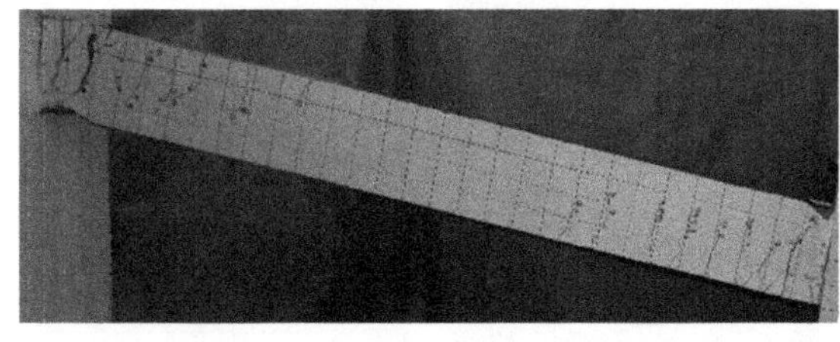

(a)XJL-1(L)

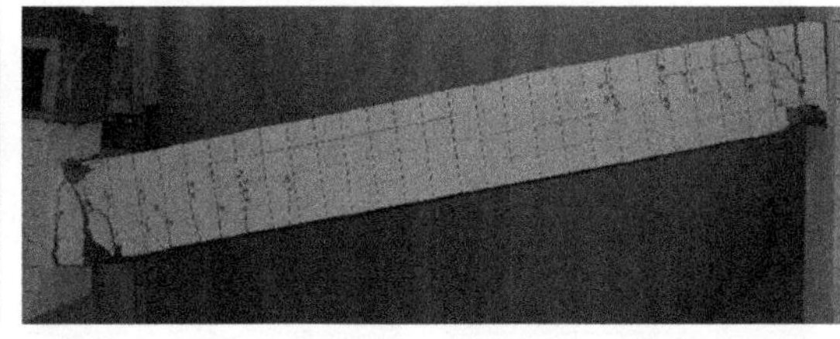

(b)XJL-1(R)

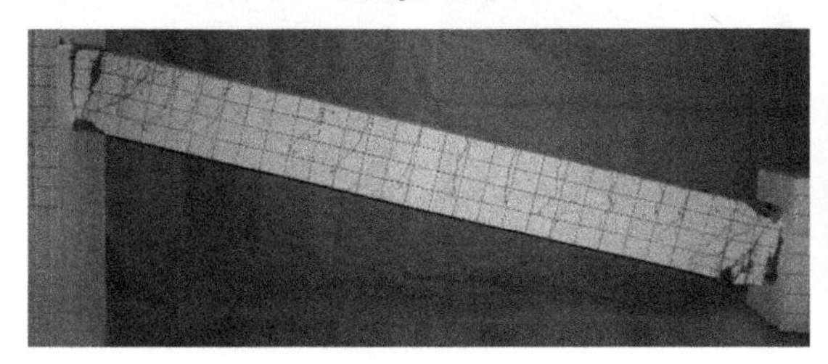

(c)XJL-2(L)

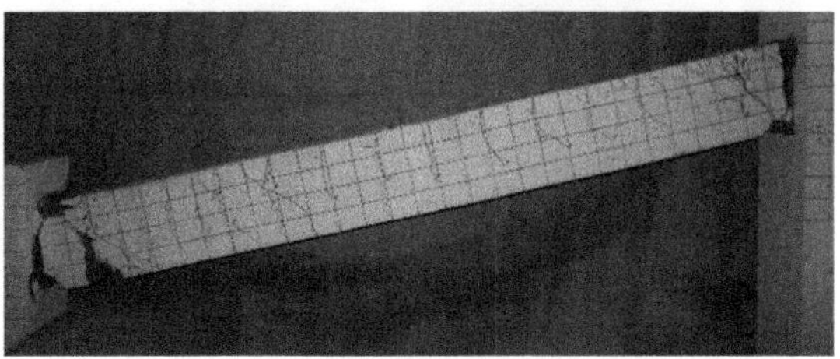

(d)XJL-2(R)

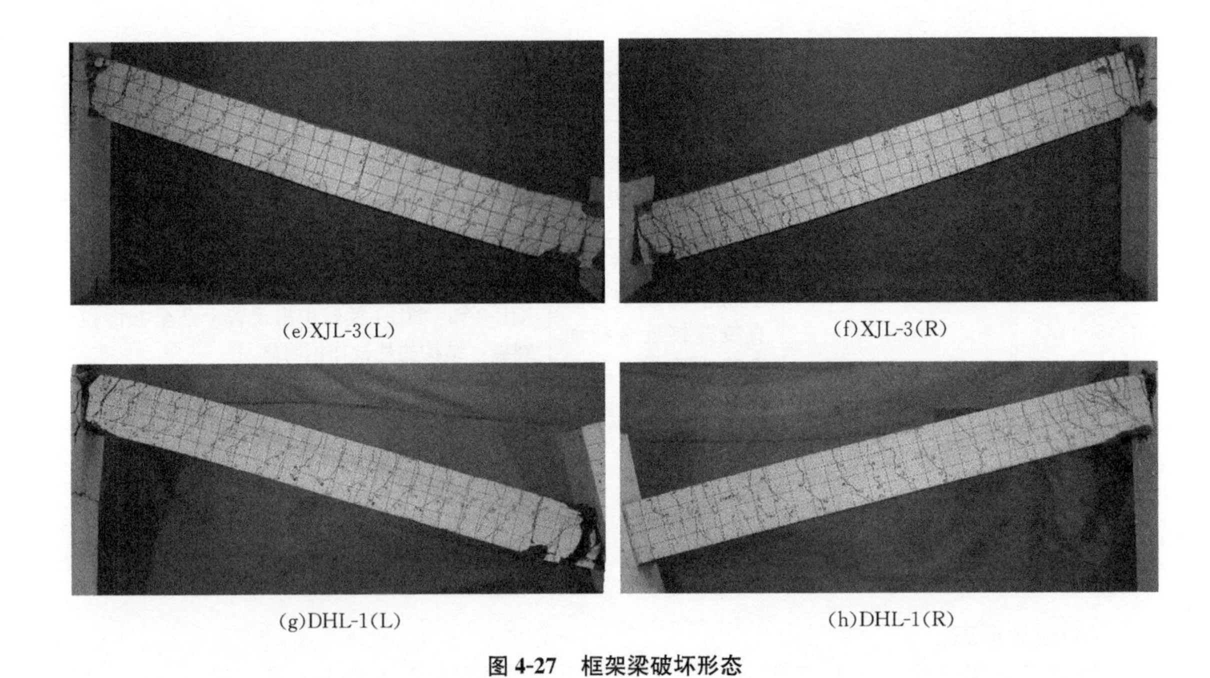

(e)XJL-3(L)　　(f)XJL-3(R)

(g)DHL-1(L)　　(h)DHL-1(R)

图 4-27　框架梁破坏形态

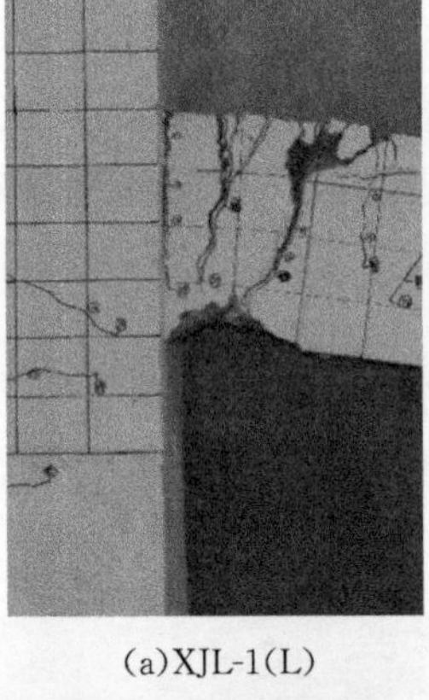

(a)XJL-1(L) 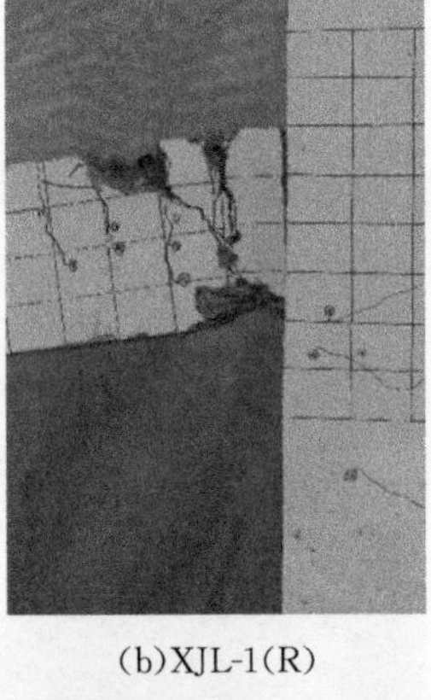　　(b)XJL-1(R) 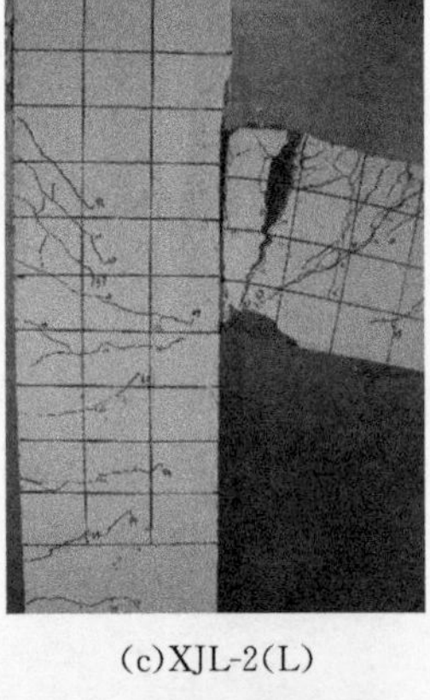　　(c)XJL-2(L) 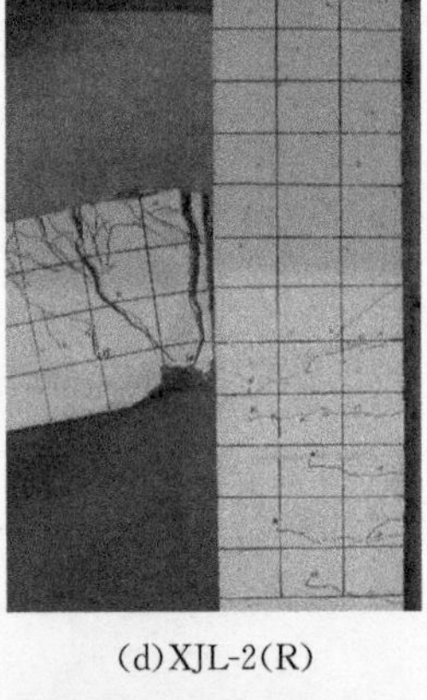　　(d)XJL-2(R)

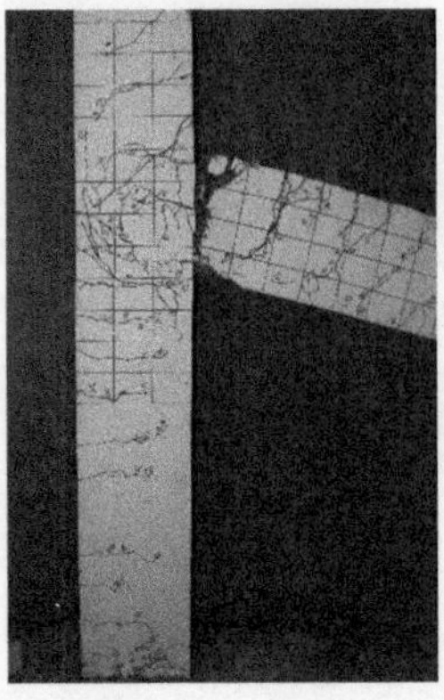

(e)XJL-3(L) 　　(f)XJL-3(R) 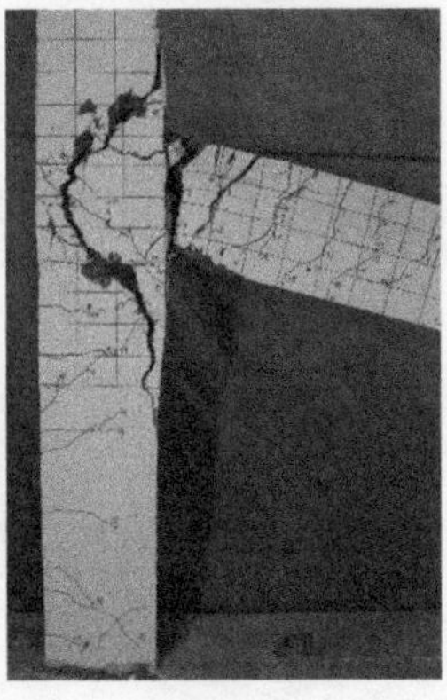　　(g)DHL-1(L) 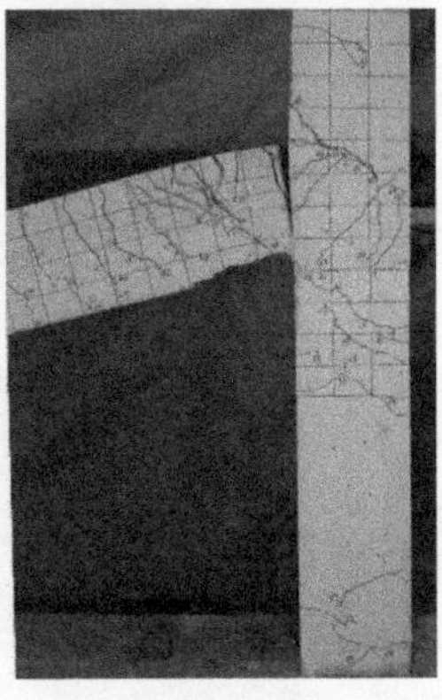　　(h)DHL-1(R)

图 4-28　边节点破坏形态

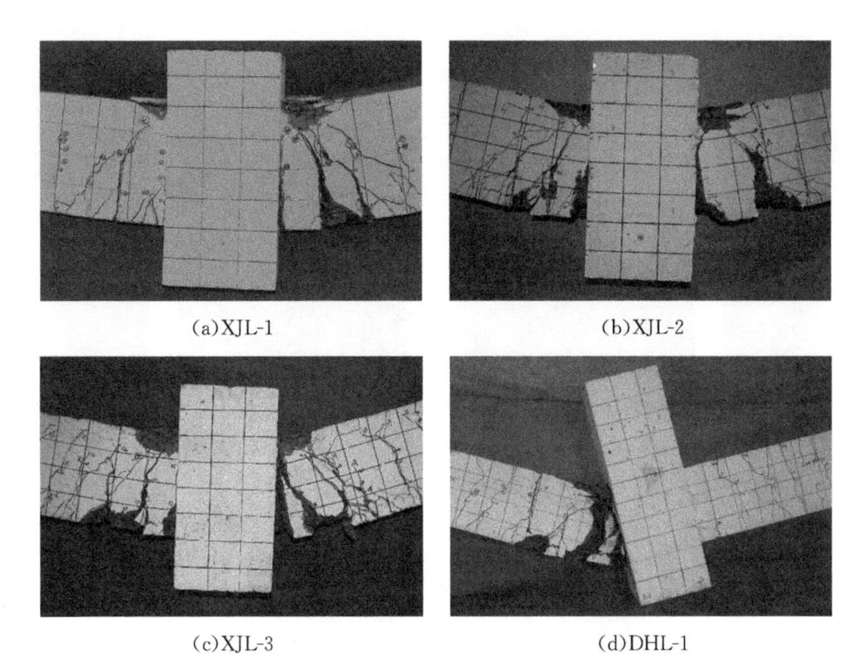

(a)XJL-1 (b)XJL-2

(c)XJL-3 (d)DHL-1

图 4-29 中节点破坏形态

边柱破坏形态如图 4-30 所示，XJL-1，XJL-3 由于左右边柱均受到相同的约束作用，左边柱和右边柱出现多条裂缝，裂缝基本对称发展。XJL-2 由于受到非对称约束作用，右边柱比左边柱出现更加多的裂缝，右边柱靠近地梁区域出现若干条全截面裂缝。

钢筋断裂与混凝土压碎如图 4-31 所示，可以观察到钢筋断裂处具有明显的黏结滑移现象。现浇结构的中柱右端底部两根纵向钢筋均已断裂，由于中柱柱头发生水平偏转方向不同，装配式结构的钢筋断裂位置则处于中柱左端底部两根纵向钢筋。为研究剩余结构的防倒塌性能，继续加载中柱竖向位移，XJL-2 在中节点钢筋断裂后右边柱节点顶部两根纵向钢筋又发生断裂，XJL-3 右边柱受压区混凝土则完全压碎。

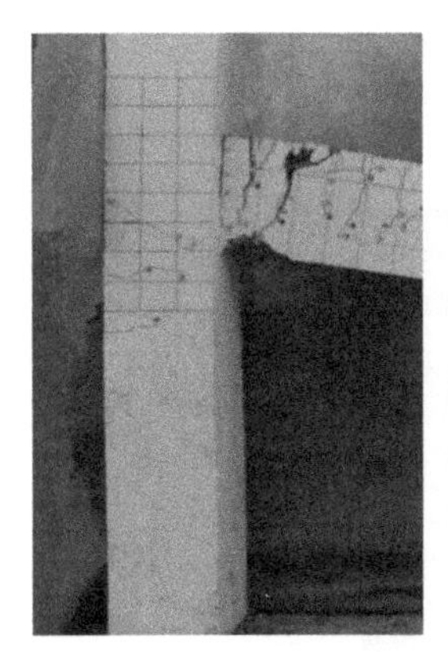

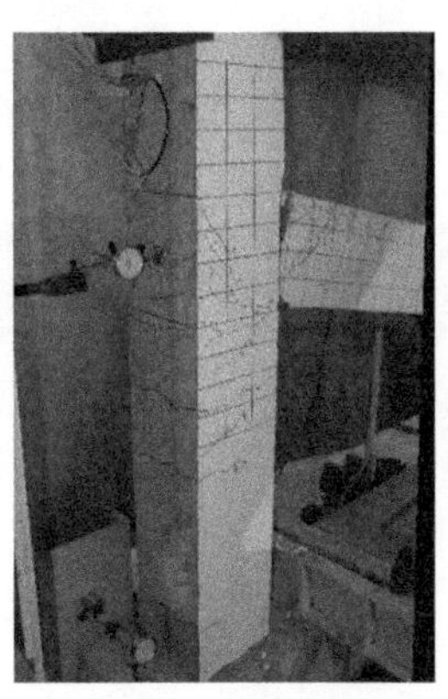

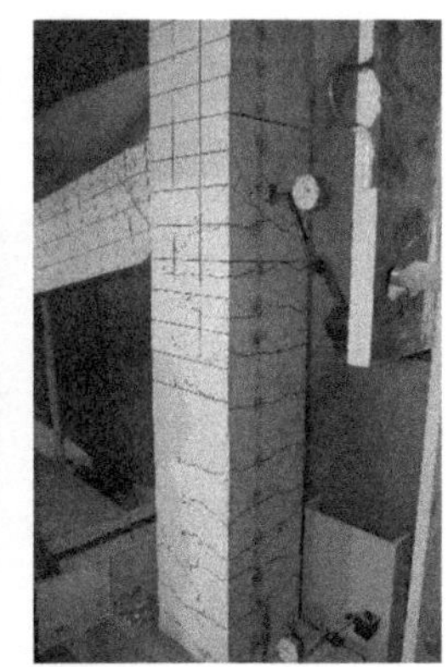

(a)XJL-1(L) (b)XJL-1(R) (c)XJL-2(L) (d)XJL-2(R)

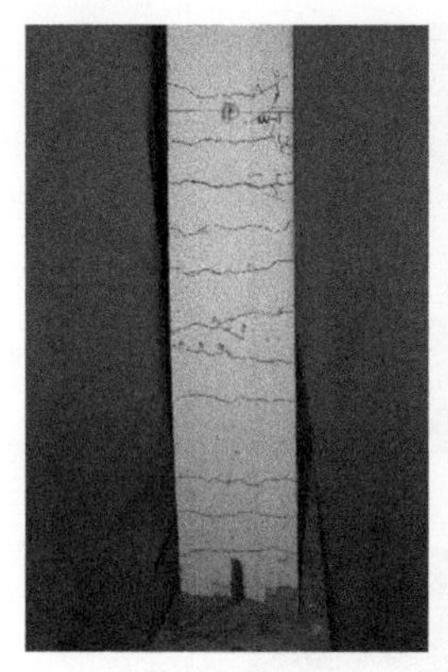

(e)XJL-3(L)

(f)XJL-3(R)

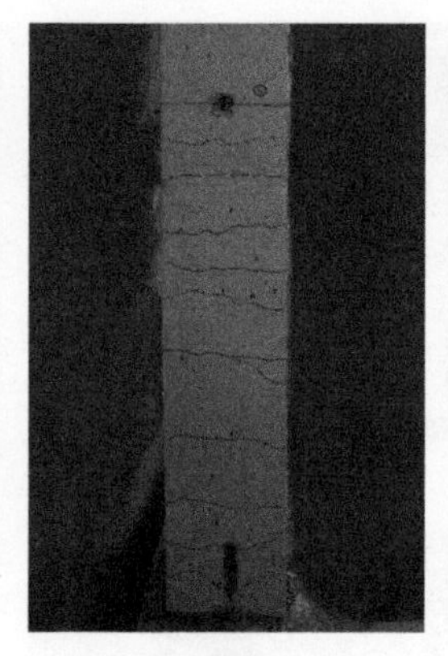

(g)DHL-1(L)

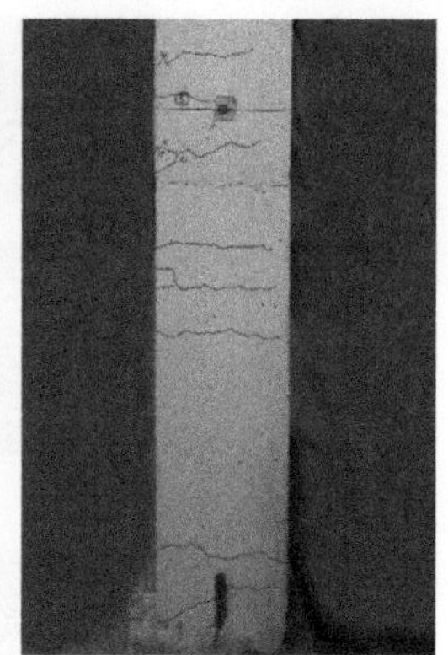

(h)DHL-1(R)

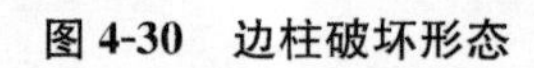

图 4-30　边柱破坏形态

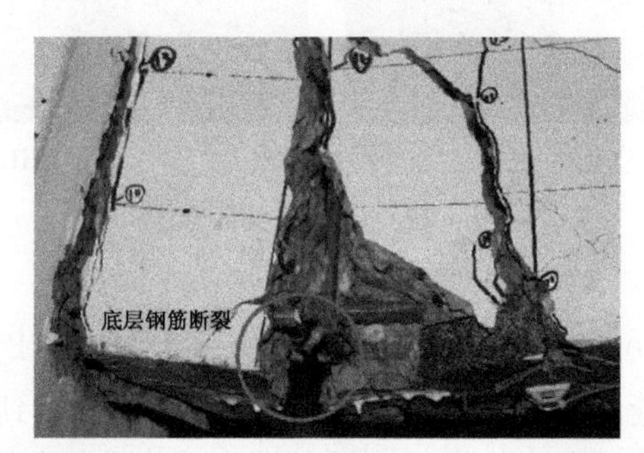

(a)XJL-1

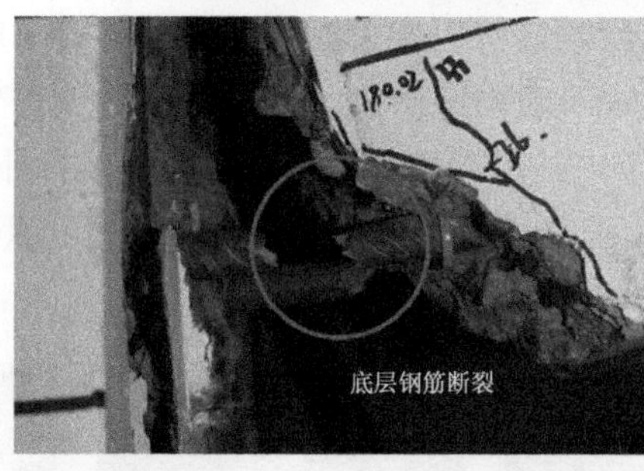

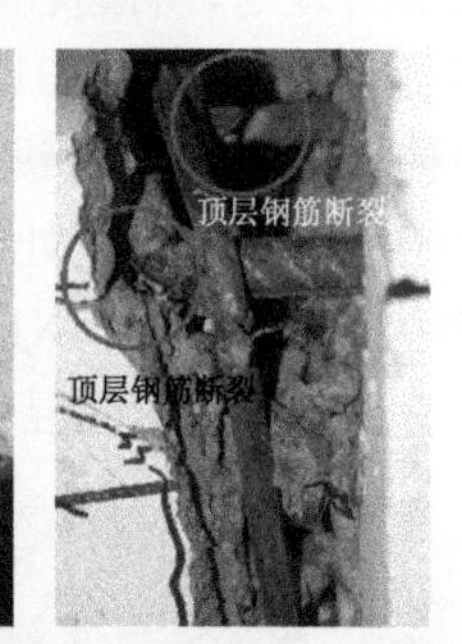

(b)XJL-2

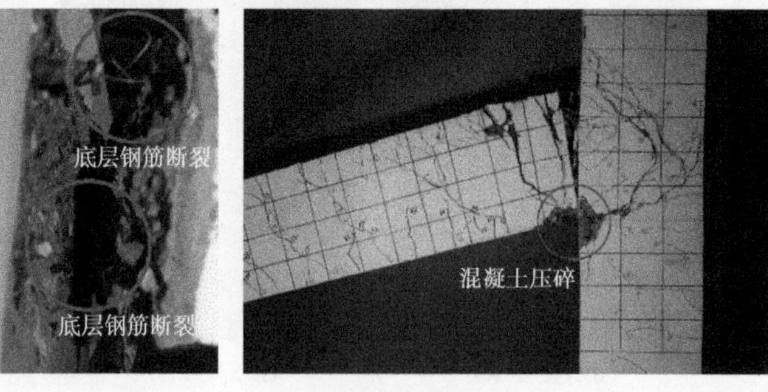

(c)XJL-3

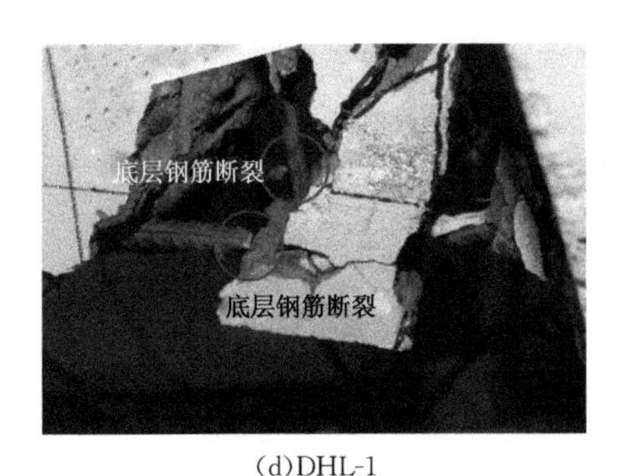

(d)DHL-1

图 4-31 钢筋断裂与混凝土压碎

4.3 评估方法

在偶然荷载作用下，框架梁的主要构件的破坏所导致的整个结构的连续倒塌并不是简单的静力作用过程，而是一个复杂的动力效应作用过程。关键柱失效后所引起的不平衡重力荷载使结构运动并产生动能，要使结构不发生倒塌，就必须把这个动能转化为结构的应变能，从而减缓结构向下的速度。

框架结构在支撑构件失效之后倒塌过程可简化为如图 4-32 所示的单自由度弹簧体系。在结构的运动过程中，导致结构的动能发生改变，以及由于结构的变形产生应变能。由于结构阻尼耗能远远小于其他耗能，所以忽略阻尼耗能。所以在支撑构件失效后，结构体系的总能量在各个运动阶段都保持守恒，即结构的重力势能、应变能、动能三者是守恒的，如式(4-3)(4-4)所示。

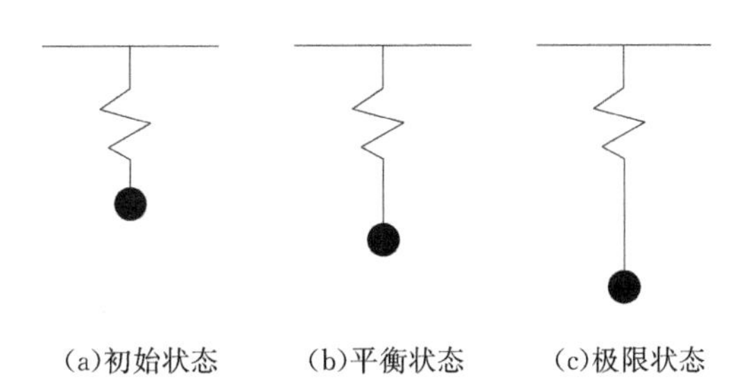

(a)初始状态　　(b)平衡状态　　(c)极限状态

图 4-32 单自由度弹簧体系

$$\Phi_u=\int_{u_0}^{u}[P(u')-mg]\,\mathrm{d}u'=W(u)-mg(u-u_0) \tag{4-3}$$

$$W(u)=\int_{u_0}^{u}P(u')\,\mathrm{d}u' \tag{4-4}$$

式中，$W(u)$ 为结构变形能，通过试验的力与位移关系积分可得；Φ_u 为当支撑柱位移为 u 时所减小的势能。

RC 框架结构防倒塌子结构的非线性抗力曲线可取图 4-33 所示的强化型非线性模型。考虑到线性静力设计时结构抗力需满足与不平衡重力荷载 G 的力平衡条件，所以结构屈服抗力 $R_y^b>G$，因此结构防倒塌子结构的静力抗力需求 R_{LS}^b 在其抗力曲线的线性段(图 4-33 中 A 点)。由力平衡关系可得结构防倒塌子结构的线性静力抗力需求 $R_{LS}^b=G$。

图 4-33 中的 C 点位移为结构变形能力极限，即防倒塌子结构的非线性动力解的上限。

根据能量平衡原理，防倒塌子结构还需满足能量平衡关系，即结构的耗能(四边形 $OBCD$ 包围的面积)等于结构不平衡质量的势能差(四边形 $OFED$ 包围的面积)。因此由能量平衡方法可得框架结构防倒塌子结构非线性动力抗力需求R_{ND}^{b}与相应的非线性动力结构位移Δ_{ND}^{b}的关系为

$$G_{\Delta}=0.5R_{y}^{b}\Delta_{y}^{b}+0.5(R_{y}^{b}+R_{ND}^{b})(\Delta_{ND}^{b}-\Delta_{y}^{b}) \tag{4-5}$$

式中，R_{y}^{b} 为防倒塌子结构的屈服抗力；Δ_{y}^{b} 为防倒塌子结构的屈服位移；R_{ND}^{b} 为防倒塌子结构的动力抗力需求；Δ_{ND}^{b} 为防倒塌子结构的动力位移响应，Δ_{ND}^{b} 取图 4-33 中 C 点的位移。

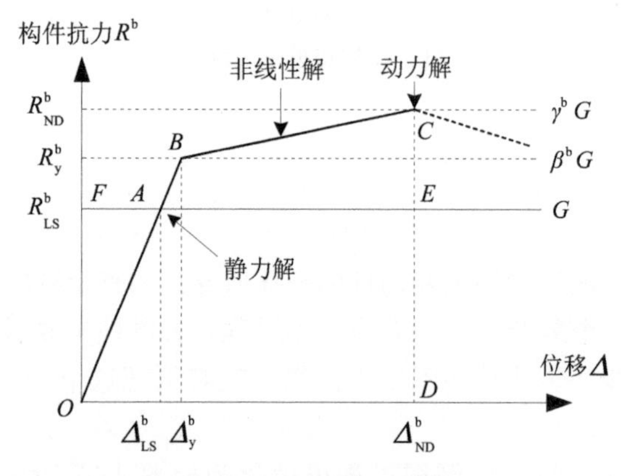

图 4-33　结构抗力需求

定义防倒塌子结构的屈服系数为

$$\beta^{b}=\frac{\Delta_{y}^{b}}{\Delta_{LS}^{b}}=\frac{R_{y}^{b}}{R_{LS}^{b}} \tag{4-6}$$

由式(4-5)和式(4-6)可得结构防倒塌子结构的动力抗力需求为

$$R_{ND}^{b}=\frac{2G\Delta_{ND}^{b}-\beta^{b}R_{LS}^{b}\Delta_{ND}^{b}}{\Delta_{ND}^{b}-\Delta_{y}^{b}} \tag{4-7}$$

由 $R_{LS}^{b}=G$，可得到防倒塌子结构非线性动力抗力需求 R_{ND}^{b} 与其线性静力抗力需求 R_{LS}^{b} 间的关系 γ^{b} 为

$$\gamma^{b}=\frac{R_{ND}^{b}}{R_{LS}^{b}}=(2-\beta^{b})\cdot\frac{\mu^{b}}{\mu^{b}-1} \tag{4-8}$$

其中，$\mu^{b}=\Delta_{ND}^{b}/\Delta_{y}^{b}$ 为防倒塌子结构的非线性变形系数。防倒塌子结构的极限变形能力决定了其非线性动力结构位移需求 Δ_{ND}^{b} 的最大值，此时结构的最大非线性变形系数即为结构的延性系数 μ_{u}^{b}。

因此，框架结构防倒塌子结构的最低承载力储备需求为

$$(\gamma^{b})_{\min}=(2-\beta^{b})\cdot\frac{\mu_{u}^{b}}{u_{u}^{b}-1} \tag{4-9}$$

由于结构初始设计时已满足线性静力要求 $R_{y}^{b}>G=R_{LS}^{b}$，所以有 $\beta^{b}>1$；若 $\beta^{b}\geqslant2$，其解则为线性动力抗力需求，因此 $1<\beta^{b}<2$，即 $0<2-\beta^{b}<1$。在设计中可偏保守地取

$$(\gamma^{b})_{\min}=\frac{\mu_{u}^{b}}{u_{u}^{b}-1} \tag{4-10}$$

RC 框架结构通过非线性静力 Pushdown 分析得到结构的防连续倒塌最大抗力，而结构

的线性静力抗力需求是 1 倍竖向重力荷载，两者之比即为结构的防连续倒塌承载力储备实际值 γ^b 。当结构的防连续倒塌承载力储备实际值大于等于结构防连续倒塌最低承载力储备需求 $(\gamma^b)_{min}$ 时，即 $\gamma^b \geqslant (\gamma^b)_{min}$ 时，结构可满足防连续倒塌要求；反之，若 $\gamma^b < (\gamma^b)_{min}$ ，则不满足防连续倒塌要求。

4.4 算　例

李易等通过非线性静力 Pushdown 分析，获得了 6 个典型 8 层 RC 框架结构(3 种设防烈度的整体现浇板框架和非整体现浇板框架)连续倒塌最大结构抗力[69]，而结构的线性静力抗力需求是 1 倍竖向重力荷载，两者之比即为梁机制下结构的防连续倒塌承载力储备实际值 γ^b 。

李易等通过非线性动力拆除构件法对 6 个典型 8 层 RC 框架结构的防连续倒塌能力进行了检验[70]。图 4-34 给出了这 6 个典型 8 层 RC 框架所有防倒塌子结构承载力储备实际值 γ^b ，其中非线性动力拆除构件分析中发生倒塌的工况用空心点标出，未发生倒塌的工况用实心点标出。防倒塌子结构的延性系数 μ_u^b 取 Pushdown 分析中峰值位移和屈服位移的比值。

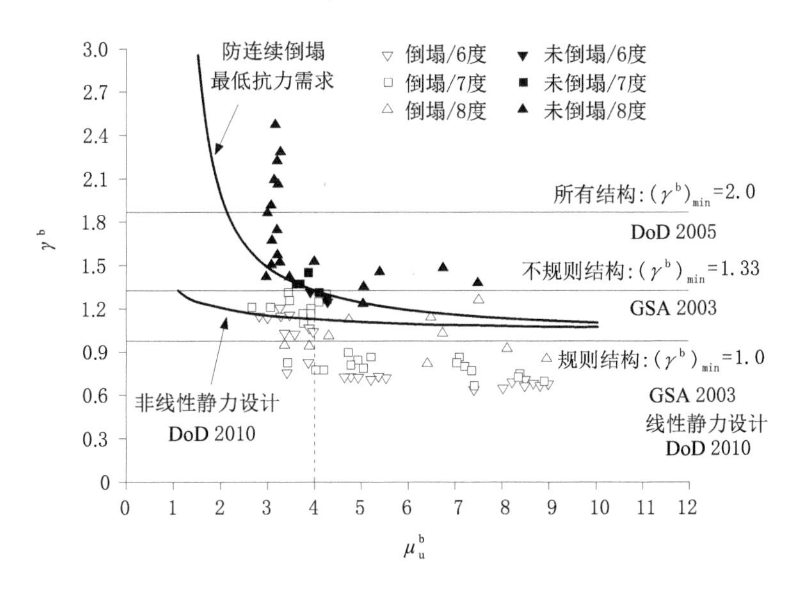

图 4-34　结构防倒塌承载力储备需求曲线

由图 4-34 验算结果可知，基于能量平衡原理得到的 RC 框架结构防连续倒塌的最低承载力需求关系曲线公式(4-10)能够很好地预测结构的防连续倒塌最低承载力需求：当结构防连续倒塌承载力储备设计值 γ^b 大于该需求关系预测的结构防连续倒塌最低承载力储备需求时，结构基本都可实现防连续倒塌目标；反之，结构则未实现防连续倒塌目标。此外，由抗力需求关系曲线可知，结构的倒塌抗力与结构的延性相关：当结构延性较好时，其倒塌抗力需求较小；反之，当结构延性较小时，其倒塌抗力需求较大。

第5章　RC和PC框架剪力墙结构防连续倒塌分析

5.1　概　述

建筑结构的连续倒塌是威胁公共安全的重要问题。自从1968年英国发生的Ronan Point公寓倒塌以来，对于连续倒塌的问题已经研究了50余年。针对结构的防连续倒塌，各国均制定了相应的设计规范和指南。各种防连续倒塌设计规范中比较完善的有美国总务整理局编制的GSA 2003和美国国防部编制的DoD 2010。我国《高层建筑混凝土结构技术规程》(JGJ 3—2010)和《混凝土结构设计规范》(GB 50010—2010)也对防连续倒塌设计做了相关规定。无论是国外规范还是现有研究理论，多以高层框架为防连续倒塌的研究对象，防连续倒塌的相关规范在高层框剪结构中还需研究和探讨。虽然起步较晚，但也已做了大量的工作。目前针对框架结构连续倒塌的分析方法已较为成熟，防连续倒塌的设计方法也日趋完善，比如欧洲规范、美国规范、日本规范等都有相应的条文规定。

连续倒塌被定义为局部破坏后的连锁反应，它不成比例地扩散到结构的其他部分。为了评价不同结构体系在连续倒塌过程中的行为和阻力，进行了大量的试验研究和数值研究。全面的测试是有限的，因此大多数的试验研究是在比例框架或子单元上进行的。

提高结构防连续倒塌能力的实用设计方法之一是提高结构的完整性和冗余性。美国总务管理局和国防部发布的指导文件中提供了将防连续倒塌考虑因素纳入设计过程的程序中。然而，这些文件并没有提供足够的资料说明进行建筑物逐步倒塌研究的程序，特别是数值模拟准则。研究防连续倒塌的数值模拟已由多名研究者完成，除了引入一些简化假设以实现全局响应预测之外，这些研究还局限于框架结构。对钢筋混凝土框架剪力墙结构进行可靠分析的简单建模方法，目前仍在研究中。对于大型墙体框架结构的连续倒塌研究的缺乏，部分原因是缺乏包含墙体和框架构件的可靠的宏观模型。

5.2　现有的设计方法及规范

5.2.1　《建筑结构抗倒塌设计规范》(CECS 392—2014)规定

根据《建筑结构抗倒塌设计规范》(CECS 392—2014)规定，钢筋混凝土结构抗地震倒塌措施，钢筋混凝土框架结构的两个主轴方向可设置少量钢筋混凝土剪力墙或少量钢支撑，成为少墙框架结构或少支撑框架结构，剪力墙或钢支撑平面内宜对称布置，宜沿高度均匀布置，不应造成结构平面不规则和竖向不规则。

少墙框架结构应符合下列规定：

①在规定的水平力作用下，结构底截面剪力墙所承担的地震倾覆力矩不宜大于结构总地震倾覆力矩的50%且不宜小于结构总地震倾覆力矩的30%。

②可结合楼、电梯间或管井设置剪力墙。

③可与柱相连接，成为柱的翼墙。

④遭受多遇地震动影响时，框架和剪力墙应为弹性；遭受罕遇地震动影响时，剪力墙应先于框架梁、柱屈服。

少墙框架结构的剪力墙宜符合下列规定：

①剪力墙的截面厚度不宜大于180 mm。

②剪力墙的截面长度不宜大于1200 mm，当截面较长时，设置竖缝形成带竖缝墙。

③根据组合的内力设计值配置剪力墙的竖向钢筋和横向钢筋；当组合的剪力设计值大于现行国家标准《建筑抗震设计规范》(GB 50011—2010)规定的剪压比限值对应的剪力设计值时，可按该规范规定的剪压比限值对应的剪力设计值配置横向钢筋。

④剪力墙两端设置构造边缘构件，构造边缘构件沿墙肢的长度可为200 mm，配置4根直径不小于14 mm的竖向钢筋以及直径不小于8 mm、间距不大于150 mm的箍筋。

5.2.2 《混凝土结构设计规范》规定

《混凝土结构设计规范》(GB 50010—2010)中对防连续倒塌的要求如下：

混凝土结构防连续倒塌设计宜符合下列要求：

①采取减小偶然作用效应的措施。

②采取使重要构件及关键传力部位避免直接遭受偶然作用的措施。

③在结构容易遭受偶然作用影响的区域增加冗余约束，布置备用的传力途径。

④增强疏散通道、避难空间等重要结构构件及关键传力部位的承载力和变形能力。

⑤配置贯通水平、竖向构件的钢筋，并与周边构件可靠地锚固。

⑥设置结构缝，控制可能发生连续倒塌的范围。

重要结构的防连续倒塌设计可采用下列方法：

①局部加强法：提高可能遭受偶然作用而发生局部破坏的竖向重要构件和关键传力部位的安全储备，也可直接考虑偶然作用进行设计。

②拉结强度法：在结构局部竖向构件失效的条件下，可根据具体情况分别按梁拉结模型、悬索拉结模型和悬臂拉结模型进行承载力验算，维持结构的整体稳固性。

③拆除构件法：按一定规则拆除结构的主要受力构件，验算剩余结构体系的极限承载力；也可采用倒塌全过程分析进行设计。

当进行偶然作用下结构防连续倒塌的验算时，宜考虑结构相应部位倒塌冲击引起的动力系数。在抗力函数的计算中，混凝土强度取强度标准值 f_{ck}，普通钢筋强度取极限强度标准值 f_{stk}，预应力筋强度取极限强度标准值 f_{pck}并考虑锚具的影响。宜考虑偶然作用下结构倒塌对结构几何参数的影响，必要时还应考虑材料性能在动力作用下的强化和脆性，并取相应的强度特征值。

5.2.3 《高层建筑混凝土结构技术规程》规定

《高层建筑混凝土结构技术规程》(JGJ 3—2010)中，安全等级为一级的高层建筑结构应满足防连续倒塌概念设计要求；有特殊要求时，可采用拆除构件方法进行防连续倒塌设计。

防连续倒塌概念设计应符合下列规定：

①应采取必要的结构连接措施，增强结构的整体性。

②主体结构宜采用多跨规则的超静定结构。

③结构构件应具有适宜的延性，避免剪切破坏、压溃破坏、锚固破坏、节点先于构件

破坏。

④结构构件应具有一定的反向承载能力。

⑤周边及边跨框架的柱距不宜过大。

⑥转换结构应具有整体多重传递重力荷载途径。

⑦钢筋混凝土结构梁柱宜刚接，梁板顶、底钢筋在支座处宜按受拉要求连续贯通。

⑧钢结构框架梁柱宜刚接。

⑨独立基础之间宜采用拉梁连接。

防连续倒塌的拆除构件方法应符合下列规定：

①逐个分别拆除结构周边柱、底层内部柱以及转换桁架腹杆等重要构件。

②可采用弹性静力方法分析剩余结构的内力与变形。

③剩余结构构件承载力应符合下式要求：

$$R_d \geqslant \beta S_d \tag{5-1}$$

式中，S_d 为剩余结构构件效应设计值，可按本规程第 3.12.4 条的规定计算；R_d 为剩余结构构件承载力设计值，可按本规程第 3.12.5 条的规定计算；β 为效应折减系数，对中部水平构件取 0.67，对其他构件取 1.0。

结构防连续倒塌设计时，荷载组合的效应设计值可按下式确定：

$$S_d = \eta_d (S_{Gk} + \sum \psi_Q S_{Qi,k}) + \psi_W S_{Wk} \tag{5-2}$$

式中，S_{Gk}为永久荷载标准值产生的效应；$S_{Qi,k}$为第 i 个竖向可变荷载标准值产生的效应；S_{Wk}为风荷载标准值产生的效应；ψ_Q 为可变荷载的准永久值系数；ψ_W 为风荷载组合值系数，取 0.2；η_d 为竖向荷载动力放大系数，当构件直接与被拆除竖向构件相连时取 2.0，其他构件取 1.0。

构件截面承载力计算时，混凝土强度可取标准值；钢材强度，正截面承载力验算时，可取标准值的 1.25 倍，受剪承载力验算时可取标准值。

当拆除某构件不能满足结构防连续倒塌设计要求时，在该构件表面附加 80 kN/m^2 侧向偶然作用设计值，此时其承载力应满足下列公式要求：

$$R_d \geqslant S_d \tag{5-3}$$

$$S_d = S_{Gk} + 0.6 S_{Qk} + S_{Ad} \tag{5-4}$$

式中，R_d 为构件承载力设计值，按本规程第 3.8.1 条采用；S_d 为作用组合的效应设计值；S_{Gk}为永久荷载标准值的效应；S_{Qk}为活荷载标准值的效应；S_{Ad}为侧向偶然作用设计值的效应。

5.2.4 《建筑抗连续倒塌设计》规定

《建筑抗连续倒塌设计》(DoD 2013)规范中，所做的规定具体如下。

5.2.4.1 DCR 极限

为了计算框架或承重结构的 DCR_s，按照 DoD 2013 第 3-2.11.2.2 节所述建立建筑物的线性模型。除了被移除的墙或柱外，模型将拥有所有主要组件。应用第 3-2.11.4.1 节提出的变形控制荷载，并增加 DoD 2013 第 3-2.11.5 节提出的由重力荷载和活荷载增加的荷载增加系数 Ω_{LD}。由此产生的作用(内力和力矩)定义为 Q_{UDLim}；用 Q_{UDLim} 计算变形控制作用下的 DCR_s：

$$DCR_s = Q_{UDLim}/Q_{CE} \tag{5-5}$$

式中，Q_{CE}为组件或元素的预期强度，如第 4 至 8 章所述。

楼面的重力荷载应远离已拆除的柱或墙，将下列重力荷载组合应用于未加载G_{LD}的梁上(见图 5-1)。重力荷载的计算公式如下：

$$G=1.2D+(0.5L \text{ 或 } 0.2S) \tag{5-6}$$

式中，G 为重力荷载。

5.2.4.2 变形控制作用 Q_{UD}的加载情况

为计算变形控制作用，同时施加以下重力载荷组合：

在移除柱或墙上的楼面区域增加重力荷载，将下列增加的重力载荷组合应用于紧邻被移除单元附近的梁上以及被移除单元上方的所有楼层(见图 5-1)。计算公式如下所示：

$$G_{LD}=\Omega_{LD}[1.2D+(0.5L \text{ 或 } 0.2S)] \tag{5-7}$$

式中，G_{LD}为用于线性静力分析的位移控制作用增加的重力荷载；D 为恒荷载，包括立面荷载(lb/ft^2 或 kN/m^2)；L 为活荷载，包括 DoD 2013 第 3-2.3 节减少的活荷载；S 为雪荷载(lb/ft^2 或 kN/m^2)；Ω_{LD}为线性静力分析中计算变形控制作用的荷载增加系数，用于框架或承重墙结构的适当值，见 DoD 2013 第 3-2.11.5 节。

5.2.4.3 力控制作用 Q_{UF}的加载情况

为了计算力控制作用，同时施加以下重力载荷组合：在移除柱或墙上的楼面区域增加重力荷载，将下列增加的重力载荷组合应用于紧邻被移除单元附近的梁上以及被移除单元上方的所有楼层(见图 5-1)。计算公式如下所示：

$$G_{LF}=\Omega_{LF}[1.2D+(0.5L \text{ 或 } 0.2S)] \tag{5-8}$$

式中，G_{LF}为用于线性静力分析的力控制作用增加的重力荷载；D 为恒荷载(lb/ft^2 或 kN/m^2)，包括立面荷载；L 为活荷载，包括 DoD 2013 第 3-2.3 节减少的活荷载；S 为雪荷载(lb/ft^2 或kN/m^2)；Ω_{LF}为线性静力分析中计算力控制作用的荷载增加系数，用于框架或承重墙结构的适当值；见 DoD 2013 第 3-2.11 节。

楼面的重力荷载应远离已拆除的柱或墙，如图 5-1 所示，使用公式 5-6 确定荷载 G。

5.2.4.4 荷载增加系数

表 5-1 给出了柱和墙移除情况下变形控制和力控制的荷载增加系数。

在表 5-1 中，m_{LIF}是与在移除柱或墙上方位置柱或墙直接相连的任何主梁、梁、支撑或墙单元中最小的 m。对于任一主梁、梁、支撑或墙单元，m 是 DoD 2013 中定义的 m 因子，其中 m 已明确规定，或参考 ASCE 41 及其相应的规范。

表 5-1 线性静力分析中的荷载增加系数

材料	结构类型	Ω_{LD}位移控制	Ω_{LF}力控制
钢筋	框架	$0.9\,m_{LIF}+1.1$	2.0
钢筋混凝土	框架	$1.2\,m_{LIF}+0.80$	2.0
	承重墙	$2.0\,m_{LIF}$	2.0
砖石	承重墙	$2.0\,m_{LIF}$	2.0

续表

材料	结构类型	Ω_{LD}位移控制	Ω_{LF}力控制
木头	承重墙	2.0 m_{LIF}	2.0
冷弯型钢	承重墙	2.0 m_{LIF}	2.0

注：在 ASCE 41 中，钢筋混凝土梁柱节点被视为力控制，在柱附近梁中形成的铰链是变形控制的，此处 m 因子应用于计算变形控制荷载增加系数Ω_{LD}。

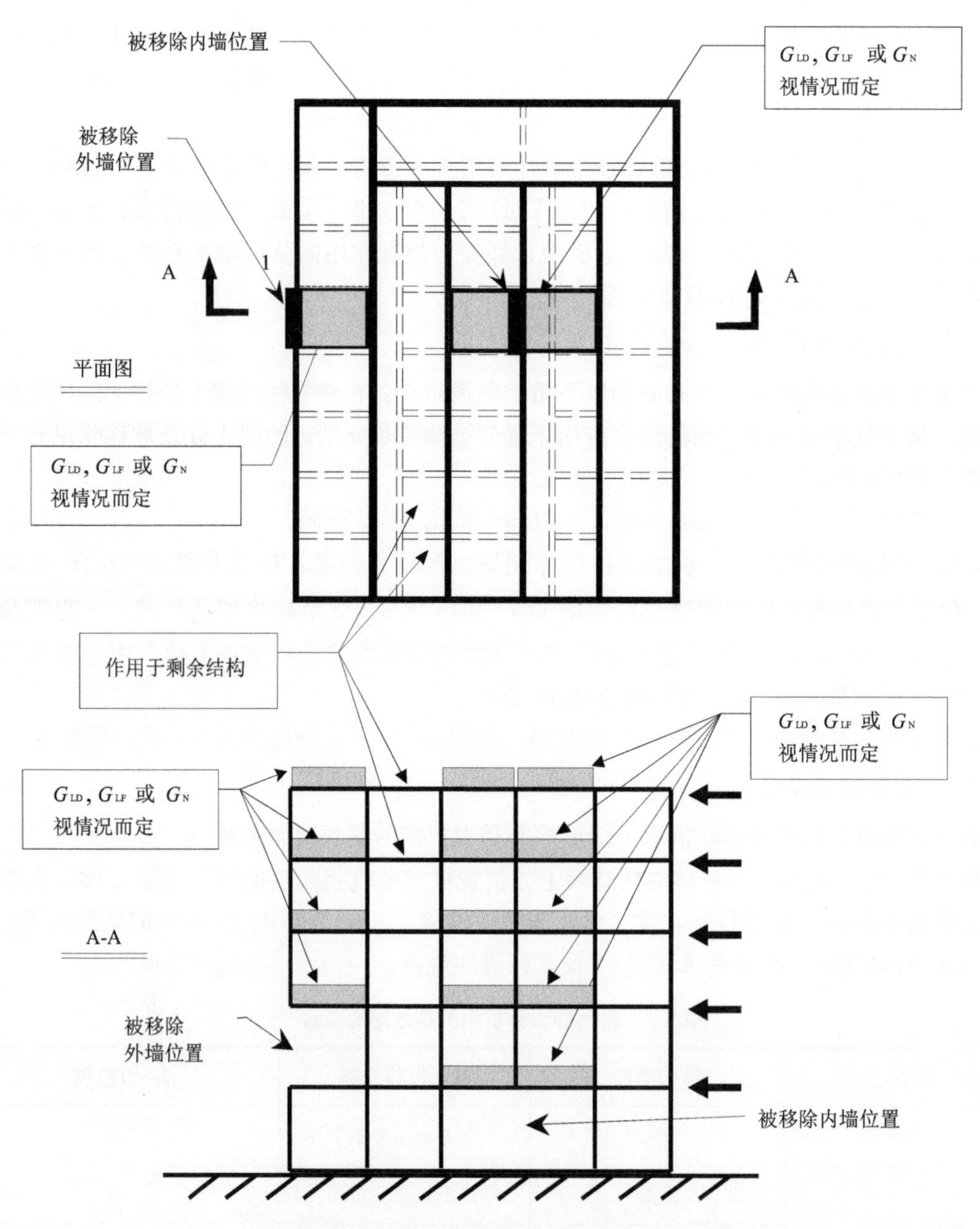

图 5-1　用于线性和非线性静态模型的内外墙拆除的荷载和荷载位置

5.2.4.5　力控制作用

对于所有主要和次要要素和组成部分的力控制作用：

$$\varphi Q_{CL} \geqslant Q_{UF} \tag{5-9}$$

式中，Q_{UF}为来自非线性静力模型的力控制作用；Q_{CL}为组件或元素的下限强度；φ为由相应的材料特定规范的强度折减系数Q_{CL}。下限强度应根据ASCE 41第5章至第8章规定的程序，在设计荷载条件下，通过考虑组件上的所有共存作用来确定。

5.3　钢筋混凝土装配式剪力墙结构平面外抗冲击性能

5.3.1　前言

在使用过程中钢筋混凝土建筑结构可能会遭遇冲击荷载作用，如煤气爆炸、车辆撞击建筑物和船舶碰撞桥梁或海上设施等。在冲击荷载作用下钢筋混凝土结构的行为是未被充分了解的研究领域，因此研究冲击荷载作用下钢筋混凝土结构的行为具有重要意义。目前研究中对于钢筋混凝土剪力墙的研究很少，钢筋混凝土剪力墙作为竖向承重的关键构件，一般设计中并未考虑平面外的受力，一旦墙体发生破坏可能造成严重后果。因此对钢筋混凝土剪力墙的平面外抗冲击性能的研究具有科研及工程应用意义。本节以此为研究背景，通过试验、有限元模拟和参数分析等方面对钢筋混凝土剪力墙平面外的抗冲击性能进行了研究。根据湖南大学土木工程学院结构工程试验室的条件设计并完成摆锤试验系统，利用摆锤进行现浇及装配式钢筋混凝土剪力墙的冲击试验，重点比较现浇及装配式墙体在冲击荷载作用下的差异，并对不同冲击能量、冲击质量下相同钢筋混凝土剪力墙的动态响应进行分析。

5.3.2　试件设计

本次试验共进行4个钢筋混凝土墙体试件的冲击试验，其中2个试件为现浇钢筋混凝土墙，2个试件为装配式钢筋混凝土墙。根据现浇和装配的区别，将现浇和装配分别记为A，B两组，所有墙的尺寸相同、配筋率相当，具体尺寸和配筋如下：宽度为1.1 m，高度为2.1 m，厚度为160 mm，保护层厚度为15 mm。A组现浇墙体纵向钢筋和分布钢筋直径均为8 mm，拉筋直径为6 mm，拉筋采用梅花形布置，纵向钢筋配筋率为0.251%，纵筋间距为250 mm，分布钢筋间距为300 mm；B组装配式墙体纵向钢筋直径为12 mm(拼缝钢筋)和6 mm(墙身纵筋)，分布钢筋直径为8 mm，拉筋直径为6 mm，拉筋采用梅花形布置，拼缝处纵向钢筋配筋率为0.236%，墙体纵向钢筋配筋率为0.295%，纵向钢筋间距为300 mm，拼缝钢筋和墙身纵筋错开梅花形布置，分布钢筋间距为300 mm。试验墙体的几何尺寸见图5-2，墙体的配筋情况见图5-3和图5-4。试验构件的混凝土目标强度为C30，拉筋采用强度等级为HPB300的光圆钢筋，其余所有钢筋均为HRB400的热轧带肋钢筋。试验中没有浇筑剪力墙的边缘构件，主要原因是边缘构件的设置对墙体平面内受力的影响很大；对于墙体平面外的受力，边缘构件主要改变了墙体边界条件，且不同形状的剪力墙边缘构件对墙体平面外受力的约束也不同。考虑到本次试验墙体长度较短，边缘构件对墙体性能影响很大，为了让试验边界条件清晰，试件设计时偏于安全地没有考虑边缘构件。

试验中4个构件的编号分别为A-1，A-2，B-1和B-2。A组和B组比较现浇墙体和装配式墙体在相同冲击质量和相同冲击速度情况下的动态响应。而1构件和2构件则比较相同冲击速度作用下不同冲击质量对动态响应的影响。每次试验中采用的冲击质量和摆锤下落高度见表5-2。

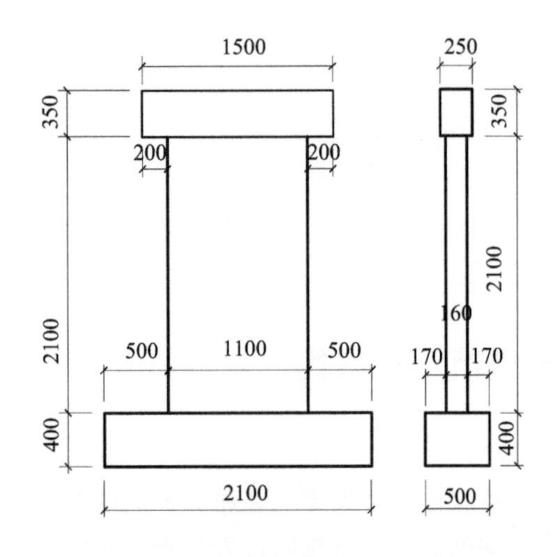

图 5-2　试验构件几何尺寸(单位：mm)

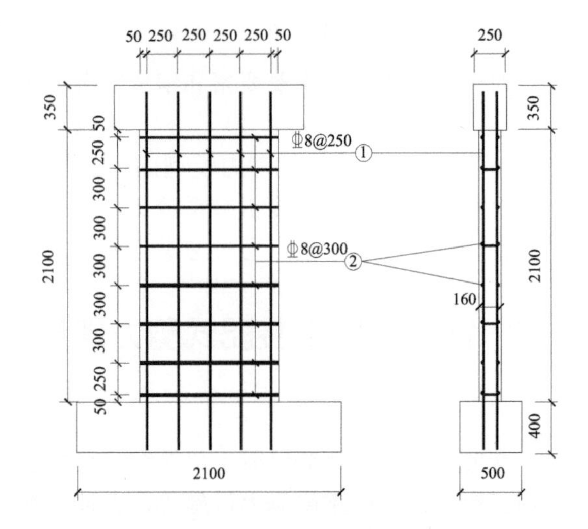

图 5-3　A组现浇钢筋混凝土墙体配筋图(单位：mm)

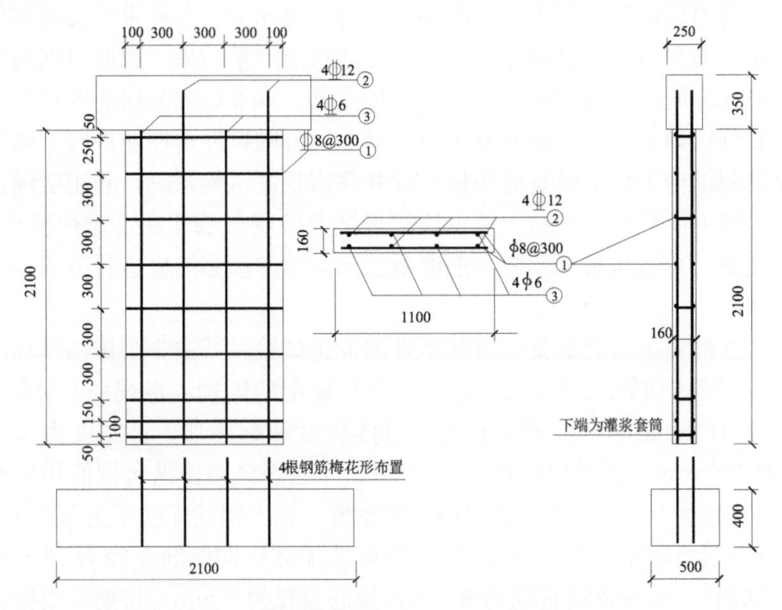

图 5-4　B组装配式钢筋混凝土墙体配筋图(单位：mm)

表 5-2　冲击质量和摆锤下落高度

试件编号	锤重/kg	下落高度/m	冲击能量/J
A-1	640	0.75	4704
A-2	1140	0.75	8379
B-1	640	0.75	4704
B-2	1140	0.75	8379

5.3.3　装配式钢筋混凝土墙的制作

本次试验的装配式钢筋混凝土墙体的钢筋采用半灌浆套筒连接，半灌浆套筒一端与预先加工好的带螺纹的钢筋连接，另一端通过高强自密实灌浆料在现场与预留的拼缝钢筋连接。

为了和实际工程的施工方法完全相同，在地梁中预留拼缝钢筋来表示下层剪力墙的预留钢筋，并在预制墙体中预埋连接半灌浆套筒的螺纹钢筋，并防止浇筑混凝土过程中混凝土堵塞套筒。预制墙体完成以后需要对结合面做键槽或粗糙面处理，试验中通过人工手段进行粗糙面处理。装配时将地梁中预留的拼缝钢筋插入半灌浆套筒中，在拼缝处抹上水泥砂浆防止灌浆过程中灌浆料沿拼缝流出，最后利用灌浆枪从灌浆套筒下侧孔洞缓慢灌入灌浆料。当上面的孔洞有灌浆料流出时证明灌浆料已经灌满，此时用木塞封堵上下两个灌浆孔，完成装配式钢筋混凝土墙体的拼装工作。装配式钢筋混凝土墙的设计与制作基本满足《装配式混凝土结构技术规程》(JGJ 1—2014)。试件的部分制作过程见图 5-5。

(a)预留拼缝钢筋

(b)预制墙体

(c)拼接灌浆

图 5-5　装配式钢筋混凝土墙体制作过程

在湖南大学结构实验室的 200 t 压力试验机下进行混凝土和灌浆料的抗压强度测试，根据《普通混凝土力学性能试验方法标准》(GB/T 50081—2002)将最终的混凝土抗压强度和高强灌浆料抗压强度列表，见表 5-3 和表 5-4。

表 5-3　混凝土和灌浆料试块抗压强度

编号	混凝土抗压强度 f_{cu} /MPa	灌浆料抗压强度 f_{cu} /MPa
A-1	30.7	—
A-2	31.8	—
B-1	27.2	81.0
B-2	29.9	83.6

表 5-4　混凝土和灌浆料试块钢筋屈服强度和极限强度

钢筋型号	钢筋屈服强度 f_y /MPa	钢筋极限强度 f_u /MPa
6 mm HPB300	345	523
8 mm HRB400	442	614
12 mm HRB400	470	621

5.3.4　冲击装置和试验方法

本次试验的试验装置采用自制的摆锤试验机进行，摆锤试验机见图 5-6(a)。试验机主要由摆锤、用于悬吊摆锤的钢架、自动脱钩器、手动葫芦等部分组成。钢架使用实验室现有的工字钢柱子和横梁通过螺栓连接组成，利用四根等长的钢绞线将摆锤和横梁连接。通过手葫芦和脱钩器将摆锤后面与墙上的挂钩相连。进行冲击试验之前，将脱钩器闭合并装上保险栓，利用手葫芦将摆锤提升至所需高度。进行冲击试验时，首先将脱钩器上的保险栓拔掉，接下来打开脱钩器，摆锤下落撞击墙体试件。冲击点位于墙体正中间，为了防止锤头和墙体单点接触而造成比较严重的局部破坏，在试件中部三分之一高度范围对钢筋网加密，即在设计的钢筋网格中增加一根 8 mm 直径的 HRB400 钢筋。此外还在试件冲击点处利用少量 AB 胶粘贴一块直径为 300 mm 厚 30 mm 的圆钢板，用胶量仅保证钢板不掉下来，而不起到加强混凝土板的作用。试验中冲击过程结束以后钢板掉落，表明钢板起到的作用与设计一致。

摆锤由钢箱和配重两部分组成，每块配重质量为 250 kg，通过将配重块加入钢箱的方式来改变摆锤重量。为了防止撞击过程中配重和钢箱脱离，通过两个直径为 20 mm 的螺栓将配重固定。钢箱前端预留螺孔用来和 TML(2MN)力传感器连接，在传感器前端再连接锤头，锤头做成直径为 500 mm 的球面形式，通过这种方式来减小冲击过程中摆锤轻微偏移的影响。安装好力传感器和锤头以后空箱质量为 390 kg。本次设计的摆锤最多可以加 6 个配重块，最大重量为 1890 kg。摆锤详图见图 5-6(b)(c)(d)。

(a)全景

(b)锤头及配重箱

(c)配重块

(d)配重箱

图 5-6　摆锤试验机现场图

设计的试件边界条件为下端固支，上端支座为只允许竖向位移的滑动支座。下端的固支直接用压梁将构件的地梁通过地脚螺栓固定在地槽上。构件设计时将地梁做成宽 500 mm、高 400 mm 的扁梁，可以较大程度地限制下部支座的转动。上端支座采用两个较大的工字钢将构件顶部的梁夹起来限制转动，并用 A 型框架将工字钢顶住限制其水平位移。

5.3.5　冲击装置和试验方法

试验中测量的数据包括：

(1)墙体选择测点的位移；

(2)锤头冲击力；

(3)选择测点的钢筋应变；

(4)受压位置混凝土应变；

(5)冲击过程中的高速摄像机视频。

墙体位移测点、混凝土应变片位置和钢筋应变片位置见图 5-7，其中 d 为位移测点，C 为混凝土应变片测点，其余均为钢筋应变测点。对于钢筋应变测点 1-X 表示墙体受到冲击一侧(前面)的钢筋应变，2-X 表示墙体受到冲击一侧背面(后面)的钢筋应变。图 5-7 中只画出了前面的测点布置，后面的应变片布置与之对应。

墙体位移的测量采用量程为 150 mm 的拉杆式线性位移传感器，锤头的冲击力采用量程为 2000 kN 的 TML 力传感器，钢筋和混凝土应变片均采用中航工业电测仪器股份有限公司的应变片，以上信号都使用 MGCplus 数据采集仪进行采集，采样频率为 2400 Hz。本次使用的 MGCplus 的通道包括 AP801 和 AP815 两种通道，位移传感器输出的电压通过 AP801 通道进行采集；力传感器通过 AP815 接全桥电路测量；钢筋和混凝土应变片也是采用 AP815

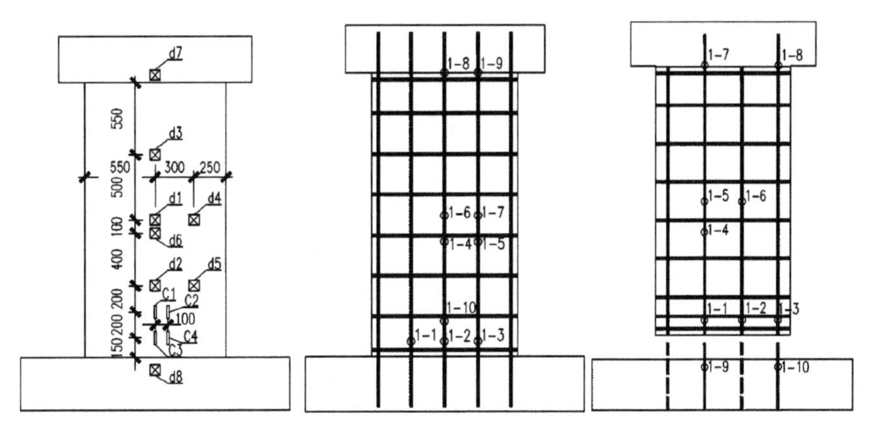

(a)砼应变及位移测点　　(b)钢筋应变测点(A 组)　　(c)钢筋应变测点(B 组)

图 5-7　墙体各测点的布置图

通道接四分之一桥电路测量。采用 FANSTCAM UX50 160K-M-16GB 高速摄像机记录冲击过程中裂缝的发展情况，高速摄像机的帧率设为 2000 帧每秒。

5.3.6　试验现象

本次冲击试验中冲击面的裂缝比较少，试件背面裂缝如图 5-8 所示，图中标记裂缝宽度的单位是 mm。

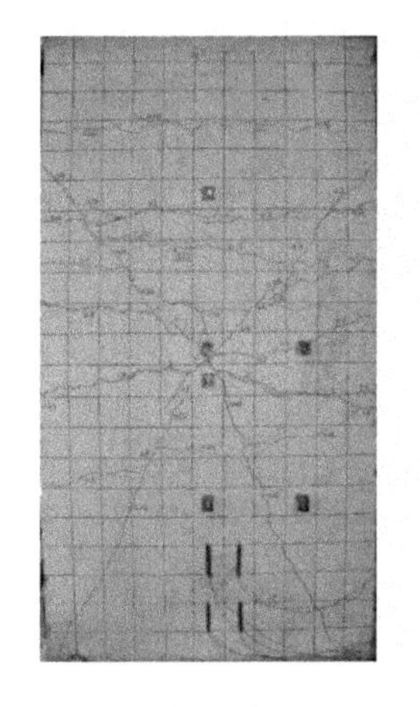

(a)A-1 背面裂缝图

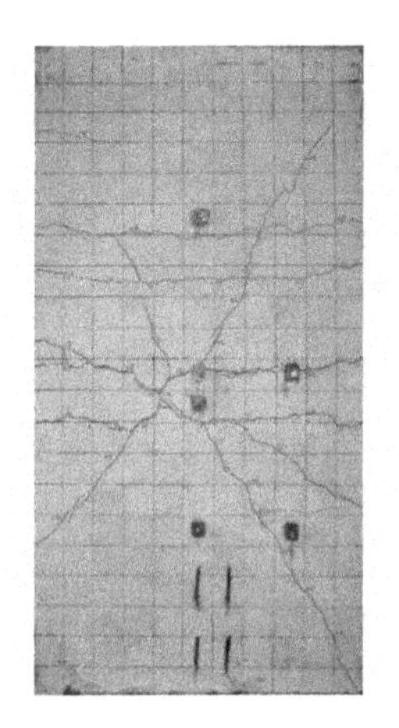

(b)B-1 背面裂缝图

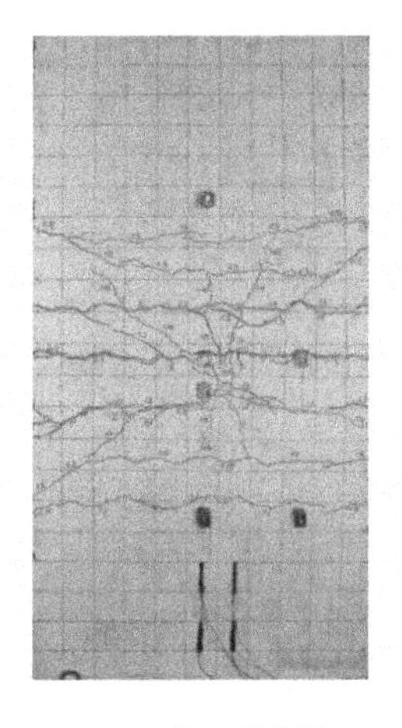

(c)A-2 背面裂缝图

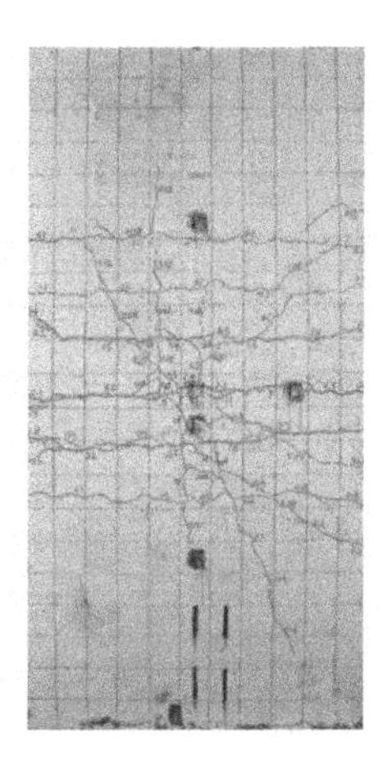

(d)B-2 背面裂缝图

图 5-8　试件背面裂缝图

通过对图 5-8 的比较可以发现，4 个试件的破坏模式比较接近，所有墙体背面裂缝分布均近似为以冲击点为中心的放射形分布，在上下两边约束的情况下横向裂缝的数量明显多于竖向裂缝的数量，即使是在局部冲击荷载作用的情况下墙板的裂缝也有类似于单向板受弯破坏的裂缝分布情况，在相同的冲击速度的情况下，冲击质量越大，横向的裂缝分布越密集。

试件 A-1 在冲击荷载作用下墙体背面裂缝的放射形分布最为明显，冲击点附近的裂缝最大为2.1 mm，裂缝宽度随着距离冲击点中心距离的减小而减小；墙体侧面的裂缝均不大，裂缝宽度最大的一条裂缝也仅为 0.8 mm。在墙体正面只有少数裂缝且宽度很小，墙体正面下部裂缝也很小。

试件 B-1 在冲击荷载作用下墙体背面裂缝和试件 A-1 相比要少很多，且冲击点附近的裂缝宽度也小一些，最大的裂缝宽度为 1.8 mm；侧面裂缝数量比试件 A-1 少，最宽的一条裂缝宽度为 1.2 mm。墙体的主要损伤集中在墙体的下端，在冲击荷载作用下整个墙体下部拼缝处破坏严重，墙体与地梁之间几乎脱开。后续对试件 B-1 检查发现，造成这种试验结果的主要原因是制作试件过程中灌浆套筒连接的灌浆料没有将所有灌浆套筒全部灌满，灌浆料流入拼缝导致钢筋连接不可靠。

试件 A-2 在冲击荷载作用下墙体侧面出现了肉眼可见的弯曲。墙体背面的裂缝放射形分布和试件 A-1 相比不十分明显，裂缝主要为横向裂缝，有少量放射形裂缝分布，3 条横向主裂缝的宽度均超过 1.5 mm，墙体背面中部最大裂缝宽度达到 3.5 mm；墙体侧面裂缝宽度最大为 2.5 mm；在墙体正面下端出现了明显的负弯矩裂缝，裂缝通长发展宽度为 5 mm。

试件 B-2 在冲击荷载作用下的破坏形式和试件 A-2 相似。在墙体背面出现 3 条横向主裂缝且裂缝宽度均超过 1.2 mm，墙体背面最大裂缝宽度为 3.5 mm，3 条横向主裂缝周围分布着裂缝宽度小于 1 mm 的放射形裂缝；墙体侧面最大裂缝宽度为 2.5 mm；在墙体正面下端有明显的通长裂缝，最大宽度为 5.5 mm。

试验中 A-1 和 B-1 的冲击能量相同，A-2 和 B-2 的冲击能量相同。比较 A-1 和 B-1(图 5-8(a)和图 5-8(b))可以发现 A-1 的裂缝分布相对 B-1 的裂缝分布更为均匀，且裂缝数量也更多。而比较 A-2 和 B-2[图 5-8(c)和图 5-8(d)]发现两个试件的裂缝分布和数量差别不大。

5.3.7 位移时程曲线

试件 A-1 各测点的位移时程曲线见图 5-9。防止单一测点造成的采集失败，测点 d1 和 d6 的布置都是为了捕捉墙体中部的位移时程曲线。试件 A-1 在冲击过程中由于墙体背面开裂，最大的一条裂缝正好穿过 d1 测点导致测点传感器脱离墙体，利用 d6 的时程曲线反映墙体中部的位移时程曲线。测点 d2 和 d3 分别是墙体上下四分之一墙高长度处的测点，结果发现墙体上部测点 d3 的峰值要比墙体下部测点 d2[见图 5-9(b)]的峰值要小 10 mm 左右，由此可知墙体上下两侧支座的支承刚度差距较大。

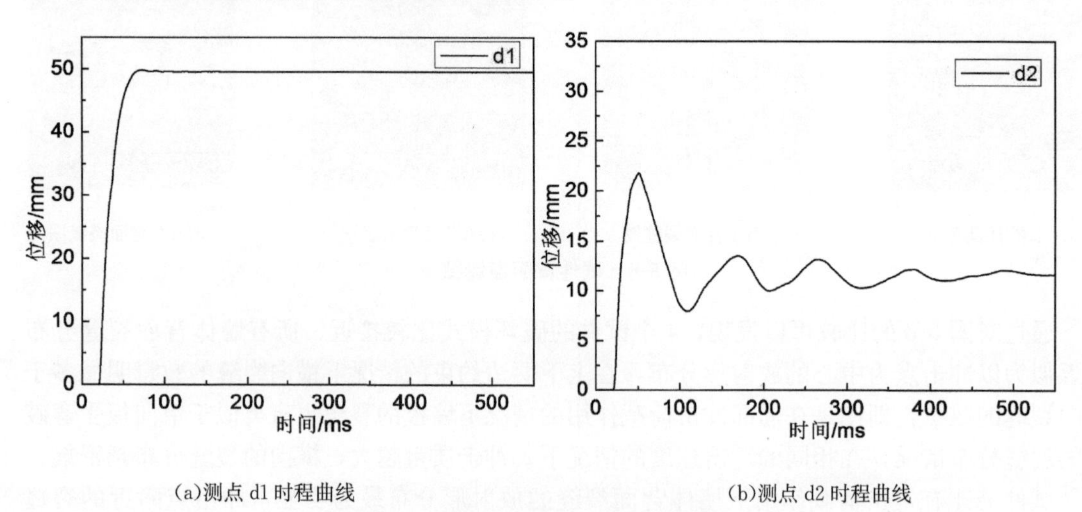

(a)测点 d1 时程曲线　　(b)测点 d2 时程曲线

图 5-9　试件 A-1 各测点位移时程曲线

试件 B-1 各测点的位移时程曲线见图 5-10。本次测量数据采集中测点 d1 结果良好，可以很好地反映出墙体中点的位移时程结果，下面不再列出测点 d6 的结果。增加测点 d7 以后，根据 d7 测点的时程曲线可以发现曲线最初出现轻微波动，此过程为墙体与支承从非完全接触变成完全接触的过程，接下来测点 d1 出现往复振动的现象，但是可以发现在冲击力方向上的最大位移为 5.8 mm，而回弹以后的最大位移为 9.6 mm，这说明“A”形框架在两个方向上的刚度不同，最终支座位移往复振荡后位移趋于初始状态。显然试件上端更接近弹性支承。试件 B-1 墙体中点最大位移为 37.4 mm，残余位移为 14.9 mm。相比试件 A-1 墙体中点最大位移增大了，而残余位移却减小了。这种现象再次验证了对试件破坏情况耗能的分析，试件 B-1 由于底部拼缝的破坏耗能导致墙体本身破坏情况比试件 A-1 小，因此残余位移反而小于试件 A-1。

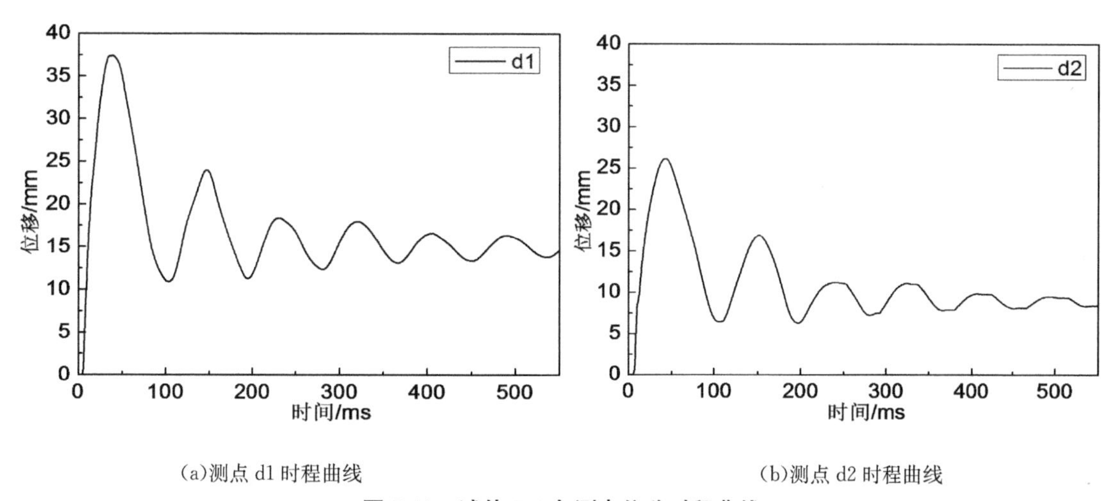

(a)测点 d1 时程曲线　　(b)测点 d2 时程曲线

图 5-10　试件 B-1 各测点位移时程曲线

试件 A-2 各测点的位移时程曲线见图 5-11，位移测点的选取同试件 B-1。试件 A-2 墙体中点最大位移为 57.5 mm，残余位移为 32.6 mm；试件 A-1 墙体中点最大位移为 33 mm，残余位移为 17.1 mm。试件 A-2 墙体中点最大位移与试件 A-1 的比值为 1.74；试件 A-2 墙体中点残余位移与试件 A-1 的比值为 1.91；试件 A-2 的冲击质量与试件 A-1 的比值为 1.78。3 个比值差别不大，说明冲击速度相同的情况下墙体中点最大位移和残余位移与冲击质量接近正比关系。

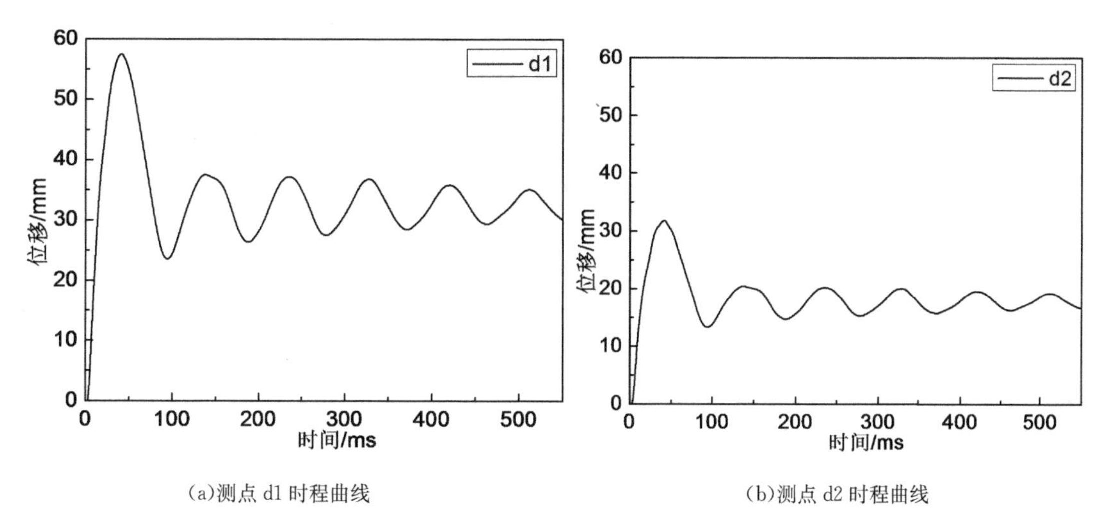

(a)测点 d1 时程曲线　　(b)测点 d2 时程曲线

图 5-11　试件 A-2 各测点位移时程曲线

试件 B-2 各测点的位移时程曲线见图 5-12。试件 B-1 试验结果表明装配式墙体在冲击荷载作用下墙体下端可能会发生比较严重的破坏，墙体和地梁之间出现肉眼可见的错动。试件 B-2 的试验中将测点 d5 移至墙体底部，以评估墙体底部相对于地梁的位移，其余测点位置的选取均同试件 B-1。

由测点 d5 的时程曲线可知墙体底部最大位移为 3.44 mm，残余位移约为 1.32 mm，在拼缝处墙体出现了较小的错动。比较试件 B-2 和试件 A-2 正面下部的裂缝图可以判断试件 B-2 在拼缝处的性能较好。试件 B-2 墙体中点最大位移为 53.1 mm，残余位移为 28.7 mm；试件 A-2 墙体中点最大位移为 57.5 mm，残余位移为 32.6 mm。试件 B-2 墙体中点最大位移与残余位移均小于试件 A-2，主要原因是试验中装配式墙体纵向非拼缝钢筋的存在使得墙身配筋率高于现浇墙体。综合试件 A-1 和试件 B-1 的结果可以推测：如果装配式墙体在拼缝处的连接性能可以做到与现浇效果相同，冲击荷载作用下墙体的动态响应也会比较接近。

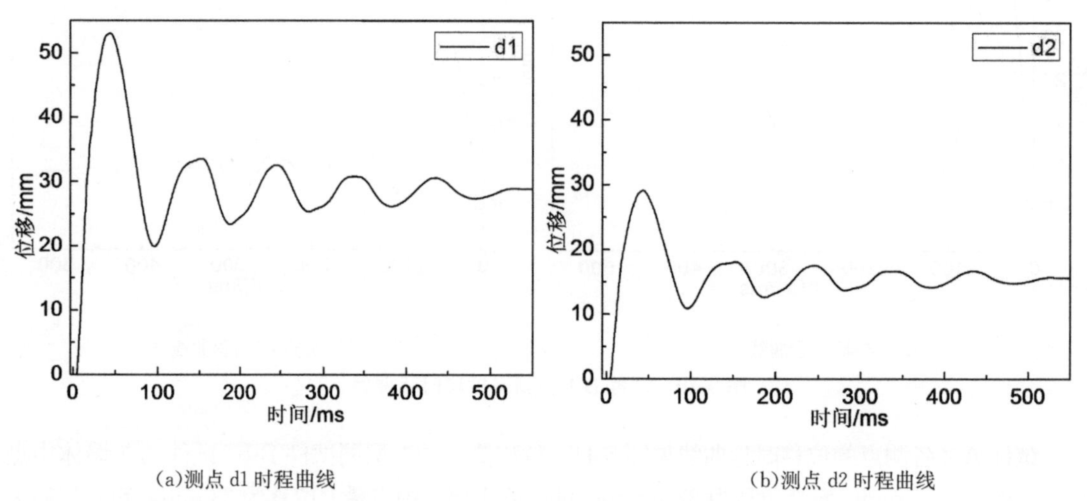

(a)测点 d1 时程曲线

(b)测点 d2 时程曲线

图 5-12　试件 B-2 各测点位移时程曲线

5.3.8　冲击力时程曲线

各个试件的冲击力时程曲线如图 5-13 所示。

根据已有研究可总结冲击力时程曲线的特点：由两个正弦半波组成，一个是临时波，另一个是主波。临时波峰值大持时短，而主波持时长而峰值小。图 5-13 中的 4 个试件的冲击力时程曲线均具有此特点。4 个试件的冲击试验过程中摆锤提起的高度相同，因此冲击速度几乎相同。经过比较可以发现除了试件 B-1 的冲击力峰值差距很大，其余 3 个试件的冲击力峰值都在 500 kN 附近。虽然试件 A-2 和试件 B-2 的摆锤质量要比试件 A-1 大，但是冲击力峰值却与试件 A-1 比较接近，可以推测锤重对冲击力峰值的影响不大，影响冲击力峰值的主要原因是接触刚度和冲击速度，试验中冲击速度相差不大使得冲击力峰值结果比较接近。比较试件 A-1，A-2 和 B-2 可以发现，在主波阶段试件 A-1 要比其他 2 个试件的主波持时短，而试件 A-2 和试件 B-2 的主波持时则比较接近，因此推测冲击重量可以影响冲击力时程曲线的主波持时。试件 B-1 冲击力峰值远小于其他 3 个试件的可能原因是试件 B-1 墙体的水平接缝明显错动，墙体整体位移，冲击能量瞬间转化为试件整体动能，接触刚度降低导致冲击力峰值大幅度减小。

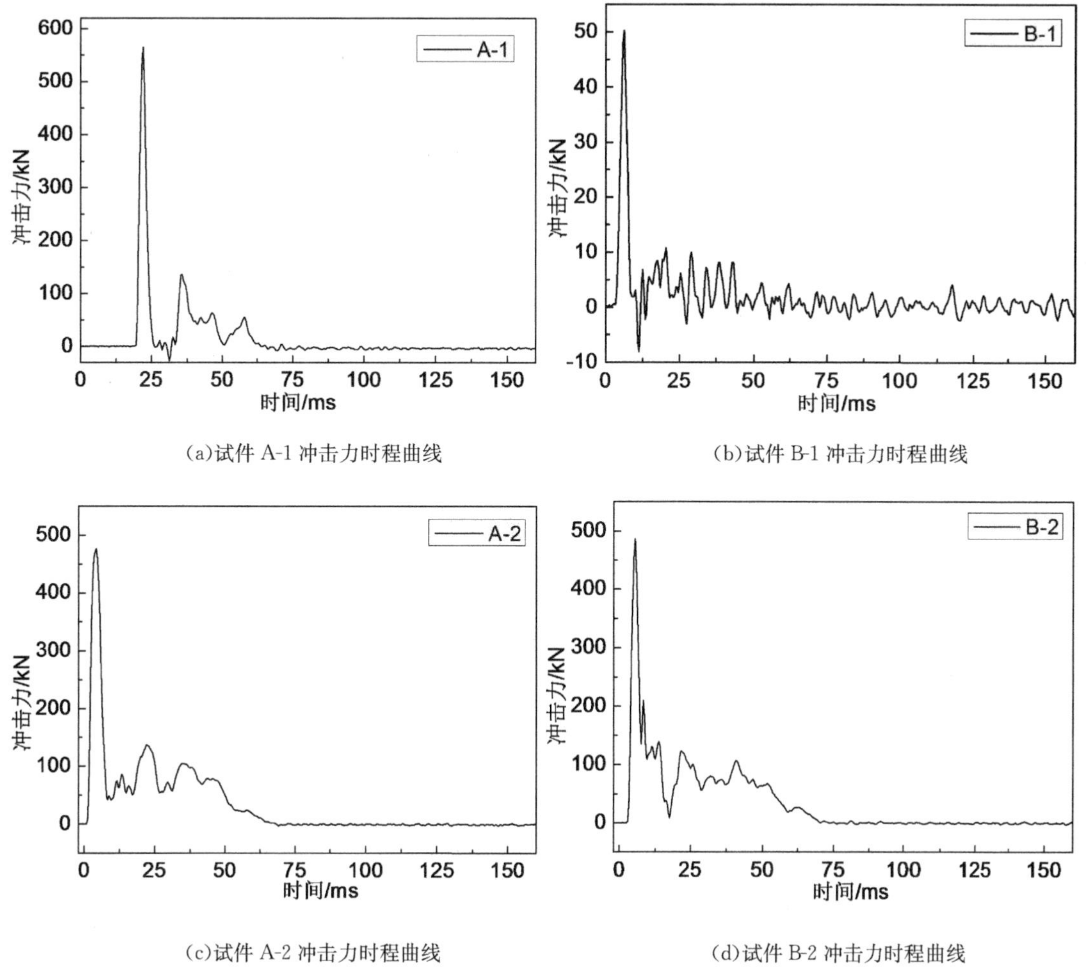

(a)试件 A-1 冲击力时程曲线　　(b)试件 B-1 冲击力时程曲线

(c)试件 A-2 冲击力时程曲线　　(d)试件 B-2 冲击力时程曲线

图 5-13　冲击力时程曲线图

5.3.9　小结

本小节从试件破坏形态和裂缝发展过程两方面描述了试验现象，将试件各关键位置的破坏形态及裂缝发展进行了详细的描述，并对测量数据进行了分析。通过对试验结果的分析得出了以下主要结论：

(1)由于灌浆套筒连接的工艺特点，灌浆时很难判断整个拼缝是否灌满，灌浆结束以后自密实灌浆料可能流入未灌满灌浆料的拼缝中导致灌浆套筒出现施工质量问题。施工过程中需要严格按照规程进行，确保施工质量。如果装配式墙体在拼缝处的连接性能可以做到与现浇效果相同，冲击荷载作用下的裂缝分布情况也会比较接近。

(2)在冲击荷载完全相同的情况下(包括冲击质量、冲击速度和作用区域都相同)，从能量的角度分析，冲击能量通过支承耗能、墙体变形耗能等方式将能量耗散，在支承刚度大的情况下，支承耗能减小，墙体变形耗能增加，墙体的最大位移可能减小，墙体损伤程度加大，残余位移反而有可能更大。

(3)在冲击荷载作用下，冲击力时程曲线的峰值对接触刚度比较敏感，接触刚度越大冲击力峰值越大。从试验结果可以发现在冲击速度相同的情况下，冲击质量的改变对冲击力时程曲线的峰值影响并不明显，但冲击质量可以影响冲击力时程曲线的主波持时，冲击质量越大主波持时越长。

(4)通过对受压区混凝土应变的测量可以发现，越靠近墙体背面下端的混凝土压应变越大；当冲击荷载增大时混凝土压应变峰值会减小，而峰值过后的受压应变持续时间增大。

5.4 算　例

5.4.1 前言

本节通过数值方法，检验清华大学建议的线性静力拆除构件法在应用于高层钢筋混凝土框架-剪力墙结构防连续倒塌设计时的安全性和经济性。首先，建立 15 层钢筋混凝土框架-剪力墙结构的数值模型，采用非线性动力拆除构件法检验该结构的初始防连续倒塌性能，然后对结构进行防连续倒塌设计，分析现有防连续倒塌设计方法的有效性和经济性。

模型的设计按照我国现行的《混凝土结构设计规范》(GB 50010—2010)执行，采用中国建筑科学研究院开发的 PKPM2010 软件，按照接近规范下限的要求进行设计。模型共 15 层，底层层高 4.5 m，其他层层高 3.6 m，总高度 54.9 m；抗震设防烈度为 7 度，地震分组为第一组，Ⅱ类场地，剪力墙和框架的抗震等级均为二级；各层均布恒载 7.0 kN/m^2，均布活载 2.0 kN/m^2；框架梁混凝土强度等级为 C30，框架柱和剪力墙的混凝土强度等级：1～10层为 C40，11～15 层为 C35；框架梁、框架柱以及剪力墙边缘约束构件纵筋均为 HRB400 级，箍筋采用 HPB235 级。框架梁截面尺寸为 250 mm×450 mm，框架柱截面尺寸为 600 mm×600 mm，连梁尺寸为 300 mm×700 mm，剪力墙厚 300 mm。模型平面结构布置图如图 5-14 所示。

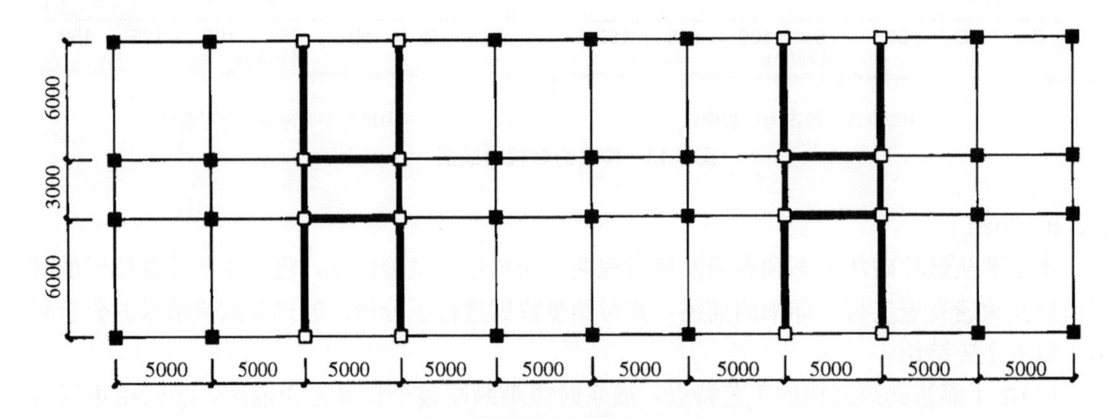

图 5-14　结构平面布置图(单位：mm)

有限元模型的建立采用通用有限元软件 MSC MARC，该软件具有强大的非线性分析以及二次开发能力，曾多次成功应用于连续倒塌问题的分析。

结构中的框架梁、框架柱和连梁采用清华大学开发的纤维梁模型 ThuFiber 进行模拟。该模型能够用于复杂受力状态下钢筋混凝土杆系构件的数值模拟分析[10]。剪力墙采用分层壳模型进行模拟，该模型能够考虑钢筋混凝土平面结构构件面内和面外的复杂力学行为，其中墙体边缘构件的钢筋采用桁架单元 Truss 模拟，仅考虑钢筋轴向受力的贡献。为简化分析，未建立楼板的模型，但是将楼板的荷载及楼板自重等效到相应的支撑梁上，这种处理方法不考虑楼板的贡献，计算结果偏于安全。文献[19]的研究表明，考虑楼板后结构的防连续倒塌能力会有所提高。

为模拟结构连续倒塌过程中构件的断裂破坏，在上述不同构件模型中加入了相应的失效准则，利用 MSC MARC 的“单元生死”技术删除达到失效准则的单元，释放失效单元的内力。通过这种方式，能够有效考虑构件失效在结构系统内引起的内力重分布，而该因素是影响连续倒塌发展的关键因素。

5.4.2 非线性动力拆除构件分析

参照 GSA 2003[41]和 DoD 2010[40]，防连续倒塌性能分析采用非线性动力拆除构件法。非线性动力拆除构件法能够同时考虑材料和几何非线性以及动力效应的影响，是目前最为准确的防连续倒塌分析方法。为了能够全面研究和评价整体结构的防连续倒塌能力，每层选取 4 个典型部位进行拆除构件分析，分别是角柱、长边中柱、短边中柱以及内部中柱。

参照 DoD 2010，非线性动力拆除构件法的分析步骤如下：

(1)结构在重力荷载作用下达到静力平衡状态；

(2)迅速拆除目标构件(在有限元模型中瞬间“杀死”相应单元)；

(3)对结构进行非线性动力分析直至结构破坏或达到稳定状态。

在本节的研究中，参照 DoD 2010 的规定，认为当被拆除柱顶点的竖向位移超过与之相连的框架梁最短跨度的 1/5 时，结构发生连续倒塌。后续的计算结果也表明，当被拆除柱顶点的竖向位移超过与之相连的框架梁最短跨度的 1/5 时，变形将继续发展不收敛，结构的倒塌过程不可逆。

第 1～15 层的计算结果相同，即拆除各层的短边中柱均未发生连续倒塌，在拆除各层角柱、长边中柱以及内柱时均发生了连续倒塌。以第 15 层角柱的拆除工况为例，拆除构件前后示意图如图 5-15(a)、图 5-15(b)所示。被拆除柱顶点竖向位移-时间曲线如图 5-15(c)所示。当竖向位移达到 1 m 时，结构发生连续倒塌，此后位移继续发展，不收敛，倒塌不可逆。

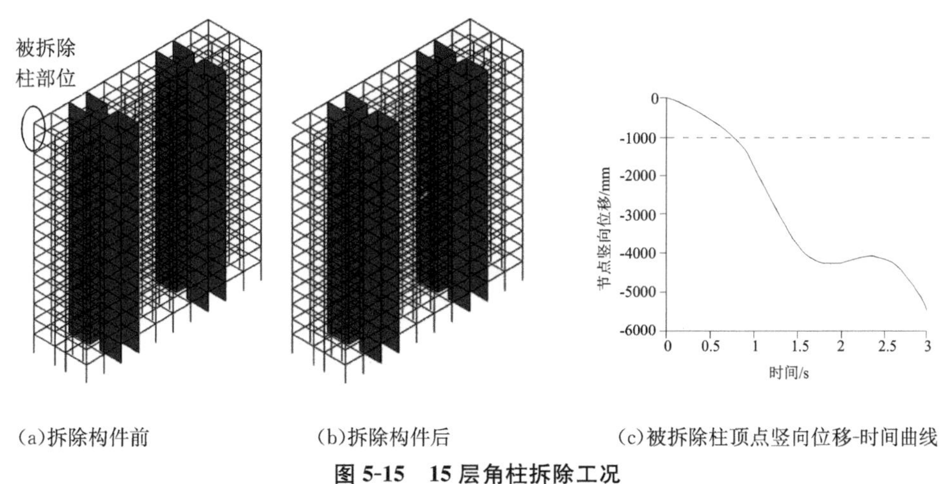

(a)拆除构件前　　(b)拆除构件后　　(c)被拆除柱顶点竖向位移-时间曲线

图 5-15　15 层角柱拆除工况

从各拆除工况的计算结果可以得出结论：当不考虑楼板刚度贡献时，按照我国规范下限设计的该 15 层 RC 框架-剪力墙结构防连续倒塌能力存在不足，需要进行专门的防连续倒塌设计。

5.4.2.1 设计流程

模型的防连续倒塌设计采用清华大学建议的线性静力拆除构件法。基本的设计流程如下[19]：

(1)建立结构的线弹性分析模型，从顶层到底层，逐层拆除每层4个典型部位的框架柱，每次分析仅拆除一根竖向柱。

(2)拆除构件后，对模型施加静力荷载，进线弹性静力计算。荷载效应组合值按式(5-10)确定。

$$S_{Ad}=A(S_{Gk}+\sum \psi S_{Qi,k}) \tag{5-10}$$

式中，A 为动力放大系数，与失效竖向构件直接相连以及位于其正上方的构件取 $A=2.0$，其他位置构件取 $A=1.0$。

(3)计算出线性动力设计值 S_{Ad} 后，再乘以内力修正系数 α，即可得到构件近似的非线性动力内力设计值 S_{Nd}。的表达式见(5-11)：

$$S_{Nd}=\alpha S_{Ad} \tag{5-11}$$

式中，α 取0.67。

(4)设计框架梁的配筋，使得构件的抗力 $R \geqslant S_{Nd}$。

5.4.2.2 设计结果

通过线性静力拆除构件法进行防连续倒塌设计后框架柱的配筋没有增加，框架梁的配筋增加量如表5-5所示。表5-5中同时列出了用非线性动力拆除构件法求得的结构防连续倒塌的最低配筋需求。通过两种设计方法配筋量的对比可以评价线性静力拆除构件法的经济性。非线性动力拆除构件法是目前最为准确的设计方法，可以通过增加框架梁配筋直至结构恰好不发生连续倒塌获得防连续倒塌最低配筋需求。

表5-5 线性静力拆除构件法设计的框架梁纵筋用量对比

层号	原结构纵筋用量/t	线性静力拆除构件法		非线性动力拆除构件法	
		纵筋用量/t	比原始结构增加/%	纵筋用量/t	比原始结构增加/%
15	2.415	2.632	9.00	2.478	2.61
14	3.001	3.187	6.17	3.086	2.83
13	3.001	3.169	5.57	3.086	2.83
12	3.004	3.189	6.13	3.092	2.93
11	3.004	3.200	6.52	3.092	2.93
10	3.121	3.326	6.59	3.215	3.01
9	3.121	3.333	6.82	3.215	3.01
8	3.121	3.344	7.17	3.215	3.01
7	3.121	3.357	7.59	3.215	3.01
6	2.714	3.023	11.37	2.751	1.36
5	3.031	3.298	8.79	3.107	2.51
4	2.721	3.032	11.43	2.840	4.37
3	2.721	3.049	12.05	2.840	4.37
2	2.721	3.068	12.76	2.840	4.37
1	2.598	2.983	14.81	2.718	4.62
总计	43.415	47.190	8.70	44.790	3.17

5.4.2.3　安全性评价

为了检验用线性静力拆除构件法设计后的结构是否具有防连续倒塌能力，对设计后的模型重新进行非线性动力拆除构件分析。计算结果表明，设计后的结构在拆除任一楼层的任一位置典型柱的工况均未发生连续倒塌。这说明，用线性静力拆除构件法对结构进行防连续倒塌设计后，该 15 层结构的防连续倒塌能力得到了明显提高，可以满足防连续倒塌的要求。以上分析即验证了线性静力拆除构件法用于该 15 层 RC 框架-剪力墙结构的防连续倒塌设计是安全可靠的。

5.4.2.4　经济性评价

用线性静力拆除构件法设计后框架梁的纵筋增加量约为防连续倒塌最低配筋需求增加量的 2.74 倍。在文献[19]中，陆新征等计算的 8 层 RC 框架结构算例，用线性静力拆除构件法设计后的框架梁纵筋变化量见表 5-6。从表 5-6 可以看出，线性静力拆除构件法用于 8 层 RC 框架结构的防连续倒塌设计，设计后配筋增加量约为最低配筋需求增加量的 1.83 倍。通过比较可以知道：线性静力拆除构件法用于本文的 15 层 RC 框架-剪力墙结构的防连续倒塌设计比将其用于文献[19]中 8 层 RC 框架结构经济性稍有降低。分析经济性降低的原因，可能有以下几点：

(1)本节 15 层 RC 框架-剪力墙结构的设计接近规范下限要求，能够抵抗连续倒塌的冗余配筋量本身较少，因此在进行防连续倒塌计算时，配筋增加量较大。而文献[19]中的 8 层框架结构并没有按照规范下限要求设计，防连续倒塌设计后配筋量增加百分比较小。

(2)在计算荷载效应组合时，动力放大系数 A 对所有被拆除柱正上方的构件均取 2。当拆除底部柱时，顶部动力放大效应较底部小，统一取值 $A=2$ 偏于保守。当结构层数增加时，计算结果的保守程度也会增加。

(3)在文献[19]中，内力修正系数 α 与延性系数 μ 有关，如式(5-12)所示。

$$\alpha=\frac{1}{2}\frac{\mu}{\mu-1} \tag{5-12}$$

取 $\mu=4$，则有 $\alpha=0.67$。但是不同结构的不同防连续倒塌部位延性存在差异，若实际结构的延性较好，使得 $\mu>4$，则防连续倒塌需求降低，相应的内力修正系数 α 可取较小值，将得到更加经济的设计结果。

表 5-6　线性静力拆除构件法设计的框架梁纵筋用量对比(8 层 RC 框架模型)

原结构	非线性动力拆除构件法		线性静力拆除构件法	
纵筋总量/t	纵筋总量/t	比原结构增加/%	纵筋总量/t	比原结构增加/%
30.8	31.56	2.47	32.20	4.54

本节通过建立 15 层 RC 框架-剪力墙结构的有限元模型，利用非线性动力拆除构件法研究了其防连续倒塌能力。研究表明在不考虑楼板刚度贡献条件下，按照我国规范设计的 15 层 RC 框架-剪力墙结构防连续倒塌能力存在不足，需要进行专门的防连续倒塌设计。本研究证明了清华大学所建议的线性静力拆除构件法能够安全可靠地应用于高层框架-剪力墙结构的防连续倒塌设计。

5.5 界定倒塌范围评定标准

在本研究中，利用有限元模型分析 15 层 RC 框架-剪力墙结构，根据中国的设计规范对防连续倒塌能力利用非线性动力替换路径方法进行了研究。该结构不能有效抵抗连续倒塌。利用线性静力学 AP 方法(GSA 2003)，并对设计方法的可靠性和有效性进行了评估。

对两座框架-剪力墙结构进行了研究，分别为模型 A 和模型 B，按照中国规范进行设计，共 15 层，底层层高 4.5 m，其他层层高 3.6 m，总高度 54.9 m；抗震设防烈度为 7 度，设计地震分组为第一组，峰值加速度 50 年 10%超越概率为 0.10 g；Ⅱ类场地，场地土类别Ⅱ类；剪力墙和框架的抗震等级均为二级；各层均布恒载 7.0 kN/m^2，均布活载 2.0 kN/m^2。剪力墙和框架柱的混凝土强度等级：第 1～10 层为 C40，第 11～15 层为 C35，框架梁混凝土强度等级均为 C30；框架柱及剪力墙边缘约束构件纵筋均采用 HRB400 级，箍筋采用 HPB235 级。不同的是模型 A 的框架梁、连梁尺寸以及剪力墙厚度均大于模型 B，主要构件的尺寸如表 5-7 所示；且钢筋等级不同，模型 A 框架梁纵筋采用 HRB335 级，模型 B 框架梁纵筋采用 HRB400 级。A 和 B 结构的主要区别在于 A 是弱墙-强框架结构，B 是强墙-弱框架结构。建筑 A 在框架梁和柱中具有较高的配筋率，建筑 B 在 RC 墙体中具有较高的配筋来防止地震。建筑模型平面图见图 5-16。

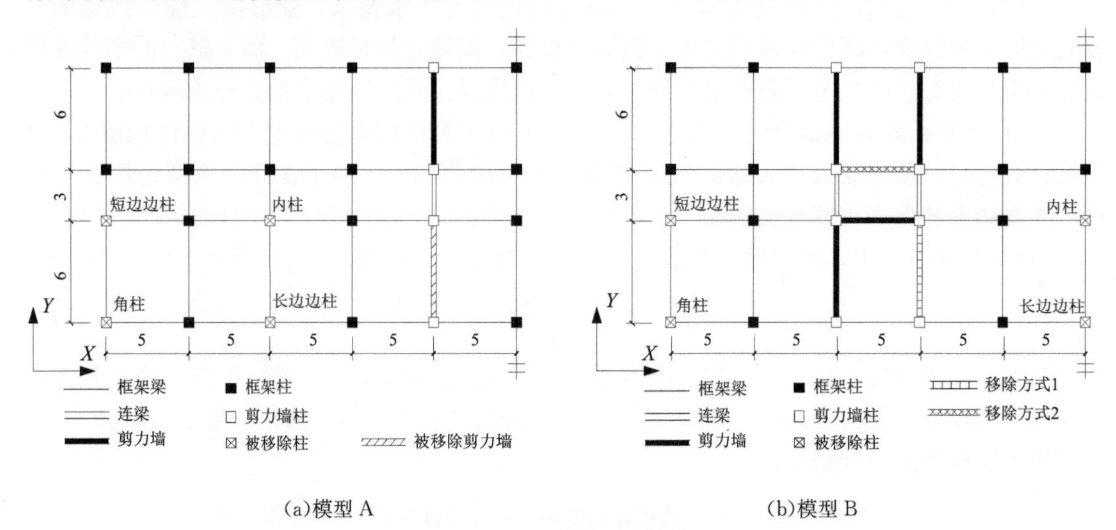

(a)模型 A　　(b)模型 B

图 5-16 建筑模型平面图

表 5-7 模型 A 和 B 的主要构件尺寸

构件	框架梁/(mm×mm)	框架柱/(mm×mm)	连梁/(mm×mm)	剪力墙厚度/mm	楼板厚度/mm
模型 A	300×600	600×600	400×700	400	120
模型 B	250×450	600×600	300×700	300	120

有限元模型的建立采用 MacNeal-Schwendler Corporation(MSC)MARC 软件，具有较好的非线性计算能力。结构中的框架梁、框架柱以及连梁采用清华大学开发的纤维梁模型 Thufiber 进行模拟。剪力墙采用分层壳模型进行模拟，该模型能够充分考虑钢筋混凝土平面结构构件面内和面外的复杂力学行为。墙体边缘构件中的钢筋采用桁架单元 Truss 模拟，

仅考虑钢筋轴向受力的贡献。为简化分析，有限元模型中未建立楼板的模型，但是将楼板自重及楼板的荷载等效到相应的支撑梁上，这种处理方法不考虑楼板的贡献，计算结果偏于安全。

根据纤维梁模型可以划分为 36 个混凝土纤维和 4 个钢筋纤维，不同的材料特性包括钢、混凝土保护层和核心混凝土纤维，采用 Legeron 等的本构关系考虑箍筋约束，钢筋纤维被定义为等效钢筋面积。对于每个梁柱框架单元被划分为 6 个梁单元来保证有效精度。用 Lew 等(2011)的柱子移除的倒塌试验结果来保障可行性。纤维梁模型见图 5-17。

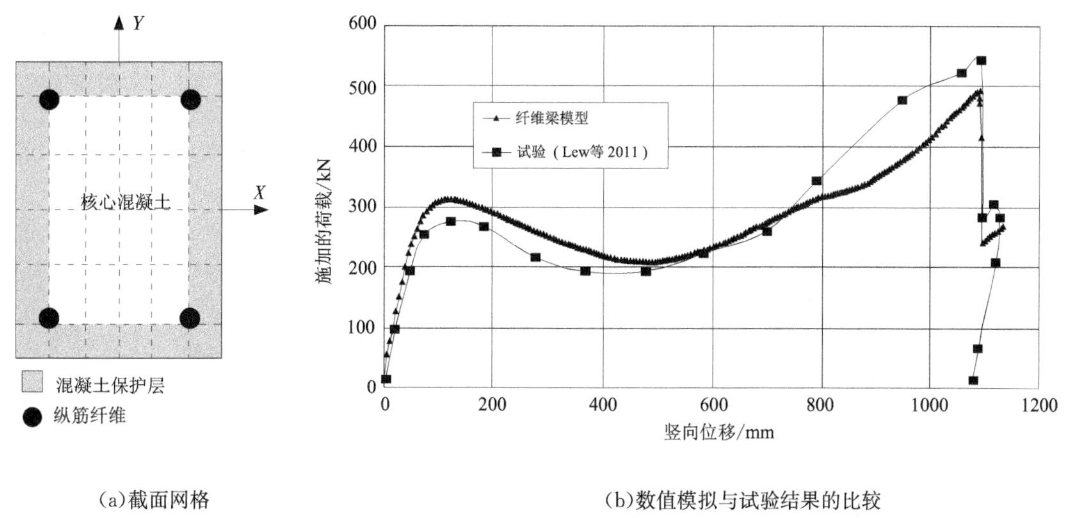

(a)截面网格　　　　(b)数值模拟与试验结果的比较

图 5-17　纤维梁模型

在各种防连续倒塌的设计方法中，线性静力拆除构件法较为简单，但需要对线弹性结果进行修正，以考虑实际倒塌过程中的非线性动力效应，其可靠性取决于修正方法的合理性。非线性动力拆除法能够同时考虑材料几何非线性及动力响应的影响，是目前较为准确的防连续倒塌分析方法。多层壳模型(multilayer shell model)被用来模拟剪力墙，其中附加钢筋以及边界单元用桁架单元模拟被嵌入到多层壳体中相应位置。多层壳模型被用一系列的混凝土和钢筋层表示，厚度和材料特性被分别定义。该模型已经通过校验。

非线性动力替换路径法分析(AP)是进行连续倒塌分析最精确的方法，因为它能考虑材料的几何非线性和动力效应。通过这种方法，RC 框架-剪力墙结构能被深入地研究。设立四种工况：角柱，长边柱，短边柱和内部柱移除。对于剪力墙结构 A 和 B，根据 DoD 2010 使用不同的移出方法。DoD 2010 规定每个承载墙体大于 $2H$，长度是两倍净层高 H 的墙体将被移出；如果墙体长度小于 $2H$，墙体的整个长度将被移除。如图 5-18(a)所示，整片墙在 Y 方向是 6 m，小于 $2H=7.2$ m 的要求。在建筑 B 中，三种移除内外墙的方法被执行，如图 5-18(b)所示。方法一类似于建筑 A，例如剪力墙整个 Y 方向被移除；方法二指移开 X 方向的整片墙体；方法三指墙体长度等于层高 H，在 X 和 Y 方向从内墙移开，其中一枝或双枝墙为承重墙。在研究中，剪力墙将从底部、中部和顶层(第 1 层、第 7 层和第 15 层)移除用来评估防连续倒塌反应。

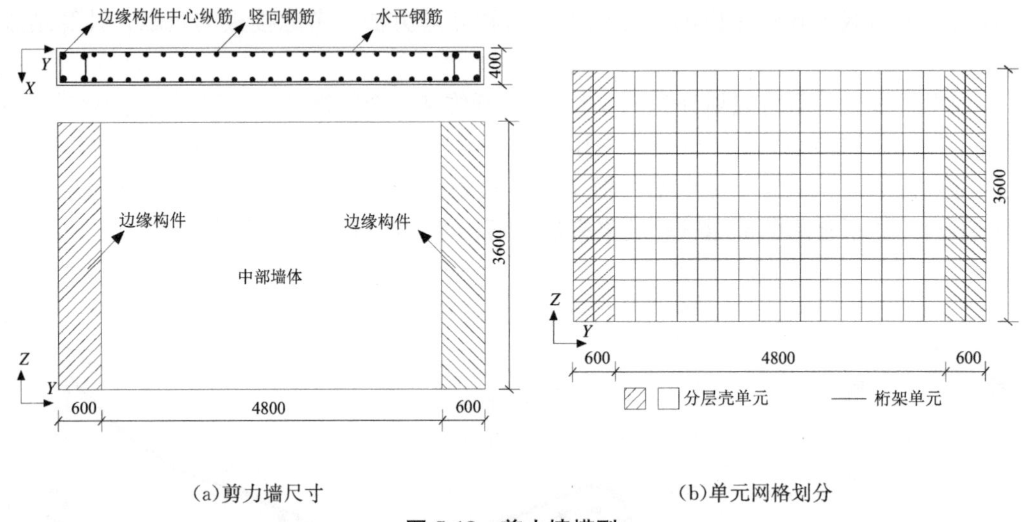

(a)剪力墙尺寸　　　　(b)单元网格划分

图 5-18　剪力墙模型

GSA 2003 和 DoD 2010，非线性动力 AP 方法的分析步骤如下：

(1)开始于 0 荷载，单调增加重力加速度从 0 到 g 直至整个模型内力平衡；

(2)在重力作用后达到内力平衡后，目标结构单元被快速移开，进行结构非线性动力反应分析达到一个新的稳定状态。

在 DoD 关于 RC 框架的倒塌标准中被用来判断结构的倒塌。在余下的分析中，发现节点的垂直位移超过限值，例如 1/5 的短跨长度，结构的连续变形能够发展没有收敛，这样证实了其合理性。

5.5.1　模型 A 第 1 层角柱拆除工况

图 5-19 给出了第 1 层移除角柱后的结构行为。为了更好地说明该建筑的整体变形情况，图 5-19(a)反映了变形放大系数为 20 的变形形态。图 5-19(b)表示所选层被移角柱顶部节点的垂直位移-时程响应。从图 5-19(b)可以看出，在三层不同的移动场景中，第 15 层柱的移动导致的位移最小。当从下一层移除柱时，柱内更大的轴向力随之释放，导致节点处(移除柱顶部)的垂直位移更大。可以观察到图 5-19(b)的最大垂直位移绝对值只有 37.8 mm，与梁的跨度相比要小得多。因为该建筑的梁端钢筋具有较高的冗余性，进而导致梁端抗弯能力提高，大大增强了 A 栋框架的渐进防倒塌能力。

结论：模型 A 在拆除任一典型位置柱后，结构均具有完备的替代传力路径，不会发生连续倒塌。

5.5.2　模型 B 第 7 层角柱拆除工况

对于建筑 B，当角落、长边或内部柱从任何层中移除时，就会触发倒塌。短边柱拆除后，连接梁抵抗的不平衡重力荷载量小于其他区域梁抵抗的不平衡重力荷载量。这意味着短边柱拆除方案下的渐进式防倒塌需求是最低的，这使得建筑在发生柱拆除灾难后能够保存下来。作为一个典型的例子，图 5-20 展示了 B 建筑长边柱拆除的场景。图 5-20(a)表示第 7 层柱拆除后的变形形态，在 7 层及以上发生渐进式倒塌。从图 5-20(b)可以看出，节点的垂直位移继续增大到大于 1 m 无收敛，发生不可逆坍塌过程。图 5-20(b)还显示了从第 1 层和第 15 层移除长边柱后的垂直位移-时程响应，也观察到类似的渐进塌陷现象。如前所述，建筑

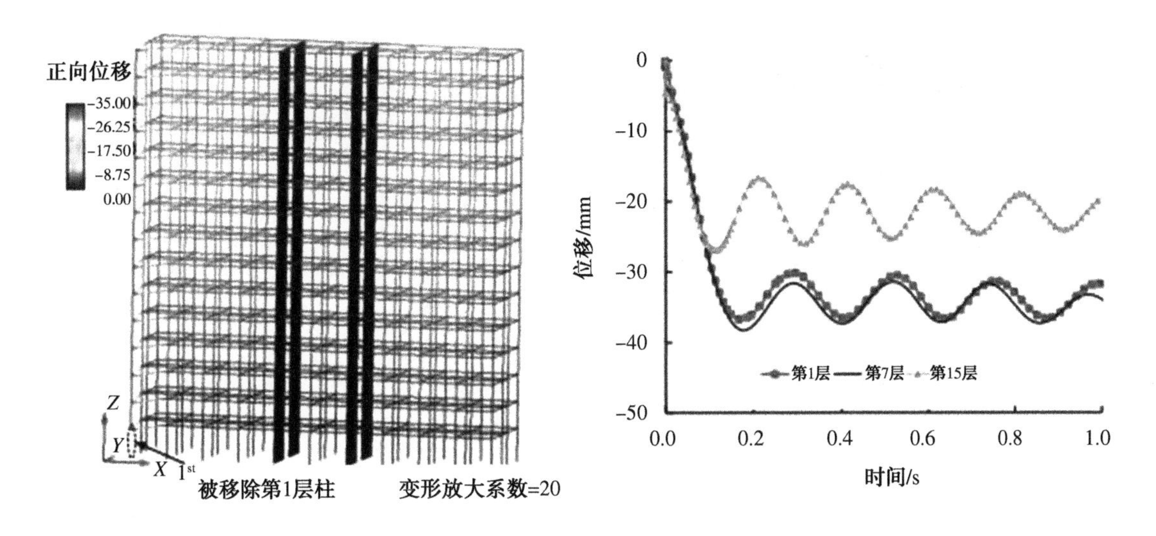

(a)第 1 层角柱拆除后(t=1.00 s/mm)　　(b)第 x 层被移角柱顶部节点的垂直位移

图 5-19　建筑物 A 中角柱的拆除

物 B 的框架比建筑物 A 的框架弱，因此防倒塌能力明显低于建筑物 A。

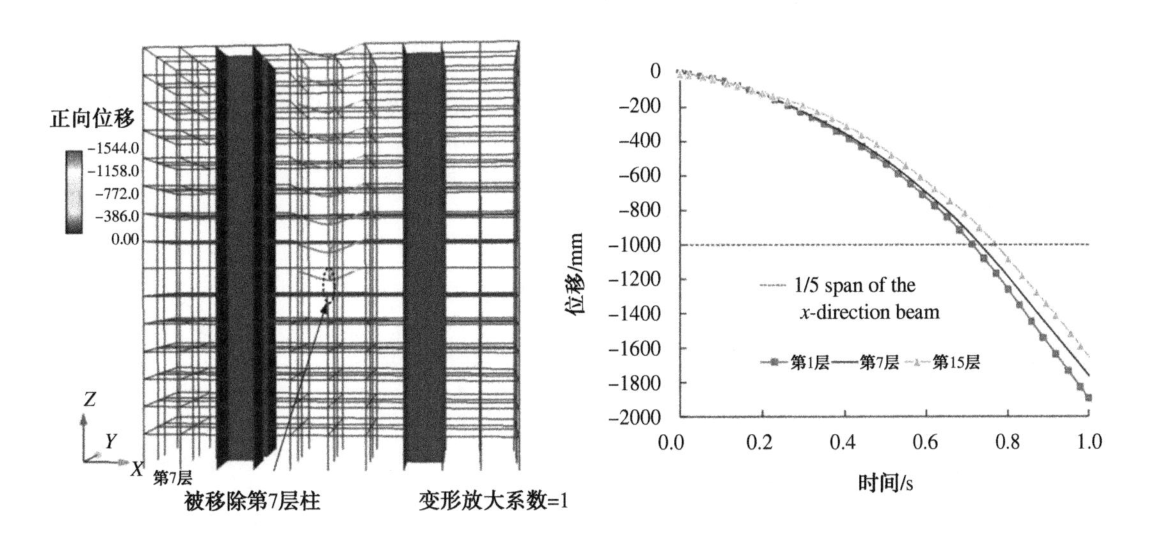

(a)移除第 7 层上的长边柱后的变形形态(t=0.83 s/mm)　　(b)第 x 层被移角柱顶部的关节的垂直位移

图 5-20　建筑物 B 中长边柱的移除

结论：模型 B 高层 RC 框剪结构主要通过剪力墙提供侧移能力，防连续倒塌能力存在不足，需要进行专门的防连续倒塌设计。

5.5.3　模型 A 第 1 层剪力墙拆除工况

对于建筑物 A，当剪力墙从任何有代表性的楼层(即第 1，7 和 15 层)移除时，不会发生渐进倒塌。图 5-21(a)为从第 1 层移除 Y 方向剪力墙后建筑物 A 的变形形态。图 5-21(b)为 x 层(x=1，7，15)剪力墙移开时(移开墙体顶部)节点的竖向位移-时程响应。底层剪力墙拆除后，节点位移较大，结构需要较长时间才能达到稳定状态。虽然观察到明显的位移，但结构可以达到新的稳定状态，不会发生渐进式塌陷。

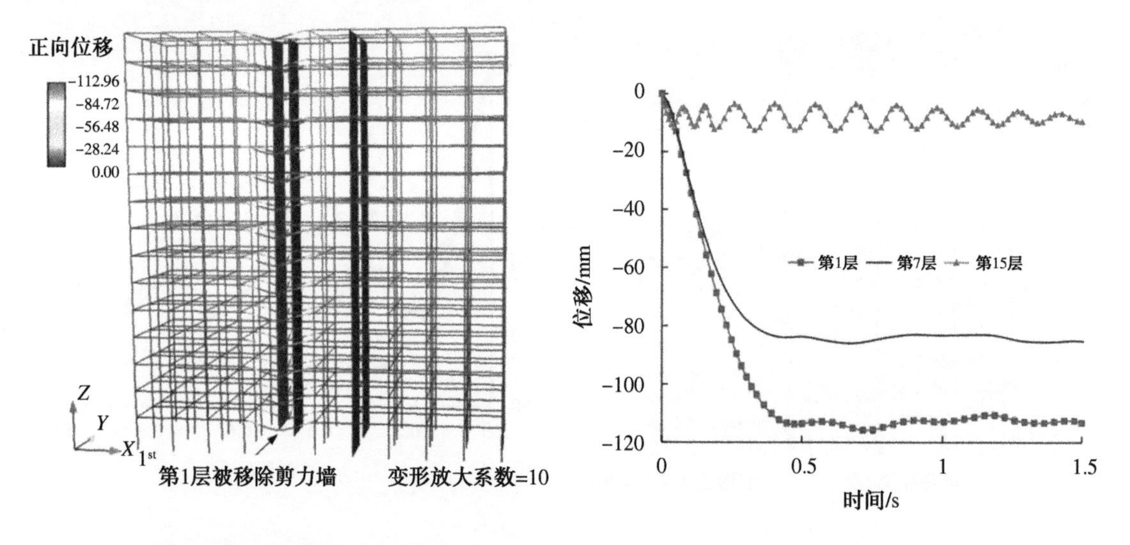

(a)第 1 层剪力墙拆除后($t=1.50$ s/mm)　　(b)第 x 层剪力墙拆除后节点的垂直位移

图 5-21　建筑物 A 中剪力墙的拆除

5.5.4　模型 B 第 1 层剪力墙拆除工况

对于建筑物 B，剪力墙的拆除考虑了三种不同的拆除方式。分析结果表明，无论采用哪种卸荷方式，该结构均能充分重新分配不平衡的重力荷载，防止剪力墙从任何具有代表性的楼层卸荷后发生渐进式塌陷。图 5-22(a)为部分互连剪力墙从第 1 层拆除后的变形形态。由图5-22(b)节点的垂直位移-时程响应所示可知结构变形非常小。

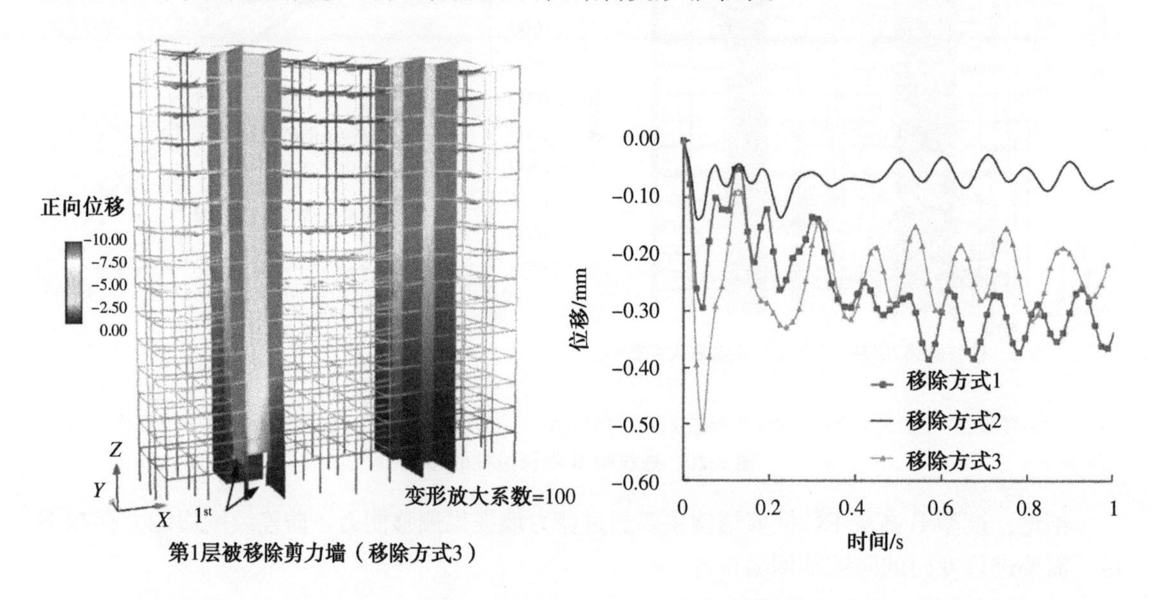

(a)拆除第 1 层剪力墙后(拆除方法 3)($t=1.00$ s/mm)　　(b)拆除第 1 层剪力墙后的竖向位移

图 5-22　建筑物 B 中 1 层剪力墙的拆除

结论：对于模型 A 和模型 B 分别拆除代表层剪力墙时，结构均未发生连续倒塌。

虽然建筑物 B 的框架设计冗余度远低于建筑物 A，但建筑物 B 在拆除第 x 层剪力墙后的竖向位移要小得多。这是因为建筑物 B 的剪力墙冗余较大，剪力墙相互连通形成 C 形。因此，建筑物 B 的挠度响应明显降低，使得其性能优于建筑物 A，而建筑物 A 中剪力墙只沿一个方向布置。对于建筑物 A 来说，虽然剪力墙的冗余度较低，但与已拆除剪力墙连接的框架具有较高的配筋率，可以作为抵抗渐进式倒塌的替代荷载路径。综上所述，在满足抗震要求的 RC 框架剪力墙结构中，剪力墙具有足够的抗递进倒塌能力。

尽管 A，B 两幢建筑在剪力墙拆除后均能抵抗渐进式倒塌，但其荷载路径的选择却存在较大差异。图 5-23(a)为 A 栋第 1 层剪力墙 Y 方向拆除后，柱支架处 F_Z的反力图，图 5-23(b)为建筑物 B 的拆除方式 1。注意，图 5-23 中每个结构构件旁边列出的三个数字分别代表剪力墙拆除前后的 F_Z和 F_Z的百分比差。在建筑物 A 中，内力的重新分布主要依赖于移开剪力墙附近的框架柱。相反，建筑物 B 的内力重新分布主要依赖于剩余的相互连接剪力墙。因此，建筑物 B 在墙体拆除场景下具有比建筑物 A 更高的防渐进倒塌能力，因为其 C 形墙体的冗余能力远远高于建筑物 A 中框架的冗余能力。

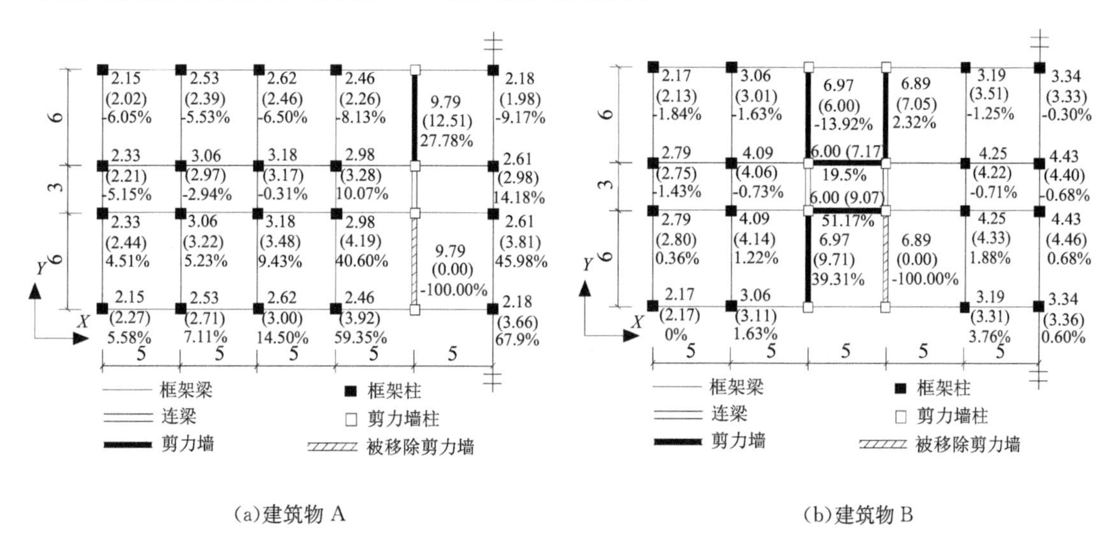

(a)建筑物 A　　　　(b)建筑物 B

图 5-23　柱支撑处反力 F_Z(单位：1000 kN)

5.5.5　小结

本节研究建立了两种典型的 15 层钢筋混凝土框架-剪力墙结构模型，其整体抗震性能相当。两栋建筑在抗侧力方面的结构布局大不相同：一栋是弱墙-强框架结构，另一栋是强墙-弱框架体系。基于通用有限元程序 MSCMARC 建立了三维有限元模型。采用非线性动力 AP 方法，对不同柱体(剪力墙)拆除方案下两种建筑模型的渐进防倒塌能力进行了评估。分析结果表明，如果钢筋混凝土框架-剪力墙建筑主要通过剪力墙来抵抗水平地震作用，那么框架的防倒塌能力往往不足，因此需要特殊的防倒塌设计。相反，如果框架作为主要的抗侧向构件，那么通过抗震设计可以提高整体防倒塌能力，并且反过来，可以充分地防止逐渐倒塌。此外，这项研究建议剪力墙应该在地板平面内互连，例如 C 形或管形。因为相互连接的剪力墙可以提供足够的替代加载路径，从而具有优越的防倒塌能力。此外，对于防倒塌能力不足的框架，给出了详细的防渐进倒塌设计程序。设计和分析结果也证实了 GSA 2003 中规定的线性静力 AP 法对于典型和具有代表性的高层钢筋混凝土框架-剪力墙结构的防渐进防倒塌设计是可靠和有效的。

第 6 章　RC 和 PC 剪力墙结构防连续倒塌分析

6.1 引　言

按剪力墙结构的整体稳固性分类，可以分为两类，一类是“旧”的大板建筑，另一类是整体稳固性相对较好的现代 RC 和 PC 剪力墙结构。本章主要内容是针对现代剪力墙结构，仅在概述部分对大板建筑的防连续倒塌性能做简要介绍。

6.1.1　大板建筑倒塌实例分析[71]

6.1.1.1　Ronan Point 公寓大楼倒塌事件

(1)结构概况。

Ronan Point 公寓住宅大楼位于伦敦，23 层，主体结构采用拉森-尼尔森装配式大板体系，实心混凝土墙板，单向空心楼板，横墙承重，现浇混凝土箱形基础。大楼长24.384 m (80 ft)，宽 18.288 m(60 ft)，高 64.008 m(210 ft)。底层为公共用房，其余 22 层为标准单元住宅，每层 5 户，共计 110 户(见图 6-1 和图 6-2)。全部预制构件之间的连接采用湿式接缝连接，如图 6-3 所示。1968 年 3 月建成交付使用。

(a)

(b)

图 6-1　Ronan Point 公寓大楼连续倒塌

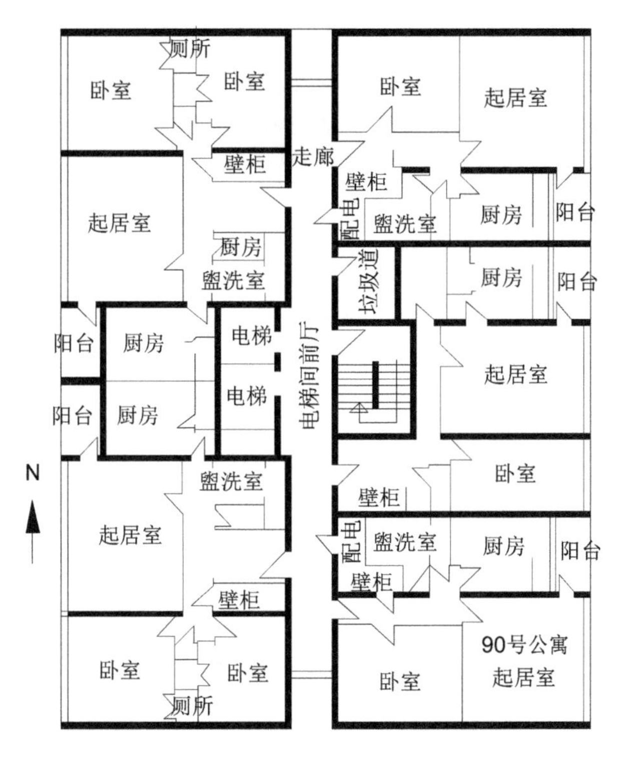

图 6-2　Ronan Point 公寓大楼标准层平面图

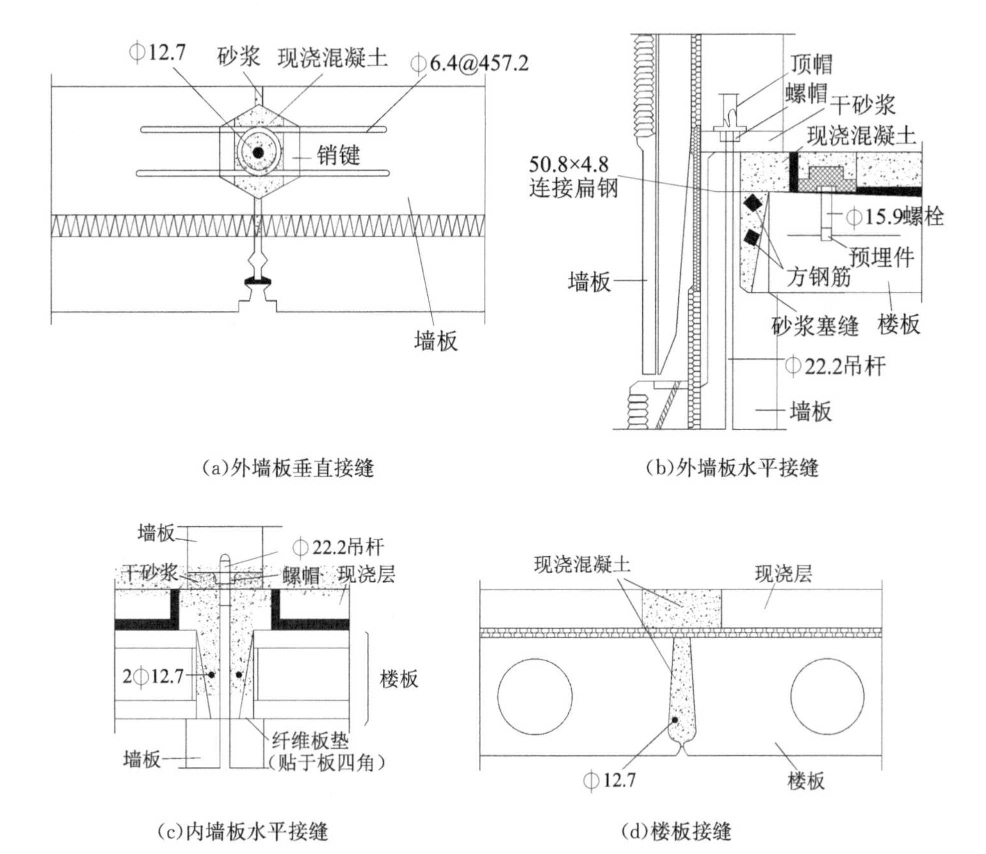

图 6-3　Ronan Point 公寓大楼接缝构造图

(2)坍塌经过。

1968年5月16日早上5点45分左右，位于大楼19层东南角的90号公寓发生了爆炸事故。炸毁了厨房和起居室的隔墙，炸掉了起居室和卧室的承重山墙(见图6-4)。接着，先是20～23层的楼板和山墙由下而上依次坍塌，后是由19层起，整个与90号公寓相应的东南角，从上而下，全部楼板和山墙逐层倒塌，直至基础标高(见图6-1)。此即震惊世界的高层建筑连续倒塌事故。这次爆炸倒塌事故，共计死亡5人，伤16人。

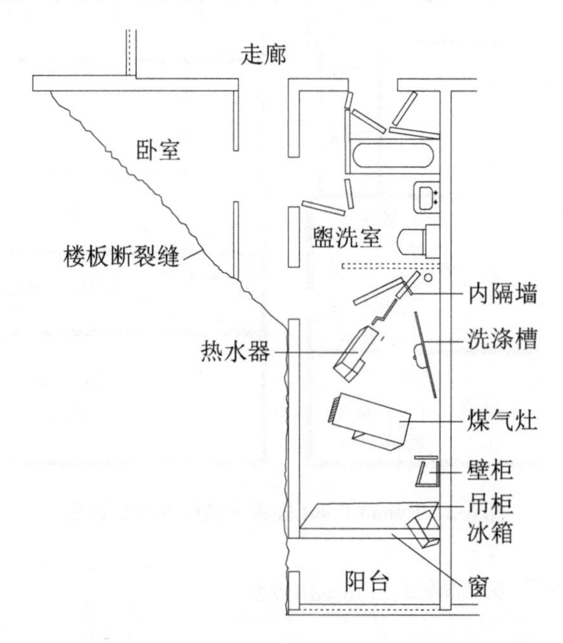

图6-4 Ronan Point公寓大楼90号公寓的破坏情况

(3)事故原因分析。

经专案调查，Ronan Point公寓大楼连续倒塌的直接原因是煤气爆炸。由于90号公寓煤气灶上煤气外溢使该公寓厨房、起居室及卧室的煤气含量达到爆炸浓度(20.7%～73.7%)。当户主点燃煤气灶时，即刻发生了爆炸。经模拟试验和计算，这次爆炸所产生的压力强度约为21 kPa～82 kPa。这样大的压力，它轻易地摧毁了公寓内的轻质隔墙，并甩走了公寓的承重山墙板。尽管爆炸破坏是局部的，但是，由于构件之间节点接缝缺乏必要的连续性和延性(图6-3)，结构整体性和超静定性大为降低，整个结构近于仅靠摩擦力联系起来的静定体系。这样，当第19层承重墙板破坏后，第20层楼板由于失去支承首先坍塌。接着，第20～23层的山墙和楼板，由下而上也相继坍塌。随后，因坍塌的上部结构重量连同部分活荷载全部压在第19层楼板上，致使第19层楼板严重超载而坍塌。相应，第18层墙板顶端由于失去了楼板的侧向支撑而成为独立结构，并在上部结构坍塌过程所产生的侧向力作用下，也随即倒塌。结果又形成了从上到下，一层接着一层，依次的连续倒塌，直至基础标高(见图6-5)。

经全面检查分析认为，Ronan Point公寓大楼的设计、构件制作及安装质量完全符合当时英国的标准和规范要求。问题在于当时英国规范并未涉及建筑结构连续倒塌这一新的概念，谈不上大板结构防止连续倒塌的具体规定。

6.1.1.2 苏尔古特大板住宅倒塌事故

(1)结构概况。

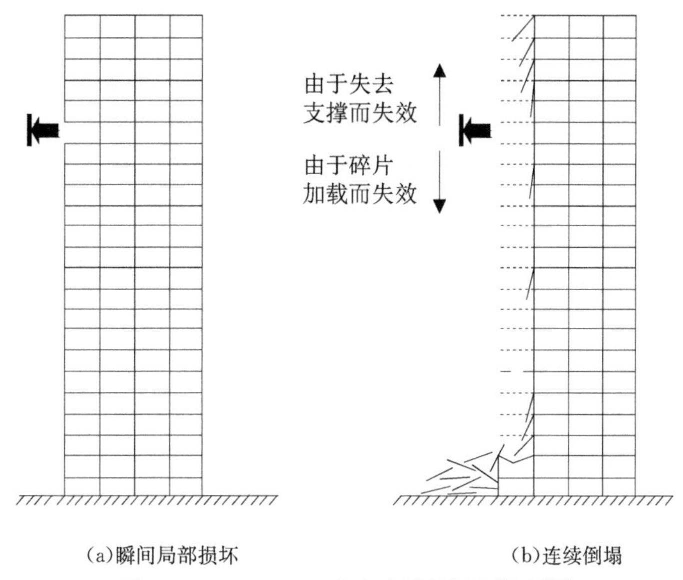

图 6-5　Ronan Point 公寓大楼的倒塌模式[72]

该住宅在苏联苏尔古特市，是一幢新建 1-467 A 标准型全装配大板住宅。地上五层，地下一层(为框式墙板)，八单元，长 128 m，宽 9.8 m。桩基，横墙承重，预制空心楼板。湿式接缝，冬季安装，冻结法施工。主体结构已安装完毕。

(2)倒塌经过。

1975 年春某日，住宅中部偏左区段，承重横墙、内纵墙、楼板、隔墙及卫生间等所有内部结构，五层全部一塌到底。倒塌经历了两个阶段，首先倒塌的是 A，B 纵轴与 24～30 横轴所围成的区段(即图 6-6 中的第Ⅰ区段)；其后倒塌的是 B，B 纵轴与 24～29 横轴所围成的区段(即图 6-6 中的第Ⅱ区段)。

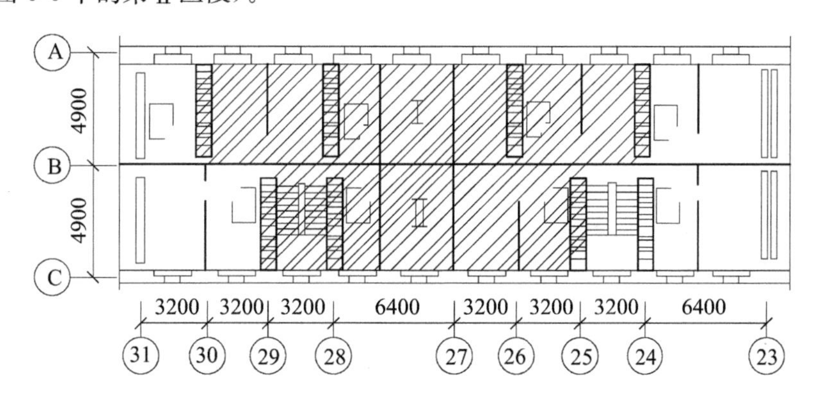

图 6-6　苏尔古特大板住宅倒塌平面图(左半部)(单位：mm)

(3)倒塌原因分析。

对未损坏的结构进行检查发现，楼板支承在墙板上的砂浆层厚度过大，为 3～5 cm。这是因为楼板厚度不一，墙板安装高低不齐，必须用较厚的砂浆才能找平。解冻时，砂浆强度近似为零，加之预制楼板板端孔洞未用混凝土填实，致使水平接缝承载能力严重不足，直接造成楼板支承处结构的局部破坏。由于压力作用下砂浆被挤出，楼板逐渐失去了对墙板的侧向支撑作用，结果整片横墙沿高度方向呈拐折线形连续倒塌，直至地下室底板(见图 6-7)。

6.1.1.3　阿尔及利亚政府大楼

阿尔及利亚政府大楼系全装配高层大板建筑，遭受了强烈炸弹爆炸，致使大楼角部一、二层承重墙板被炸飞。但二层以上的结构安然无恙，整个大楼并未引起连锁破坏反应，如图6-8所示。经调查，大楼主体结构用了足够的钢材，节点接缝连接较强，连续性较好，平面布置较为合理，结构整体性较强。

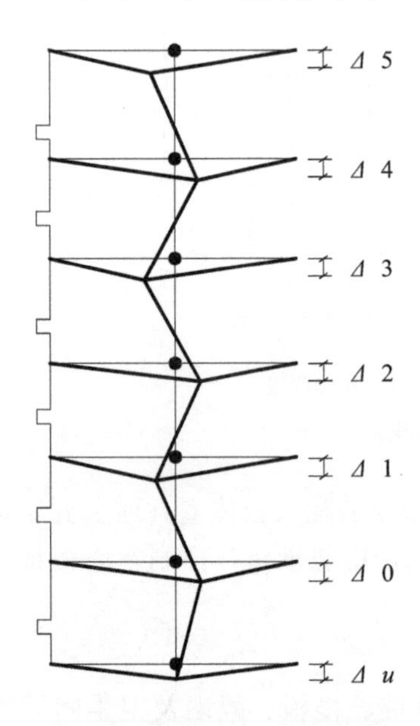

图 6-7　承重内墙失稳示意图

图 6-8　阿尔及利亚政府大楼被炸掉一角仍安然无恙

6.1.2　我国装配式大板建筑的结构特点

(1)结构空间尺度小。

国外，由于普遍采用轻质隔断，大板建筑由承重墙板所分隔的房屋空间一般较大。欧洲墙体常用间距为4.6～6.1 m，而美国标准间距为6.7～12.2 m。我国大板建筑房间尺度较小，四周完全为承重板材所封闭；层高为2.7～3.0 m；开间为2.4～3.3 m，个别最小2.0 m，最大3.9 m；进深为3.6～5.1 m，个别最小3.3 m，最大5.4 m。由于房间小，板材尺寸一般与房间等大(见图6-9)。

(2)结构布置均匀闭合。

我国大板建筑体型较为匀称，尤其是北方地震区，立面整齐划一，墙板上下完全对正贯通，无错层，层高相等，平面布置纵横墙相互封连，无开口，墙体基本对正贯通，很少错断(见图6-9)。

(3)节点接缝连接构造较弱。

与国外大板建筑相比，我国大板建筑节点接缝连接用钢量较少，构件制作与安装精度较低，混凝土浇灌质量较差。我国大板建筑节点接缝主要采用湿式连接，即构件之间采用钢筋连接，缝中灌以混凝土。如图6-9所示，竖缝剪力一般由混凝土销键承担，水平缝剪力则由摩擦力和混凝土销键共同传递，但低烈度地震区多不设销键，尤其是南方混凝土空心大板水平接缝。不过在地震区，为保证水平缝具有足够的延性和较高的剩余强度，新的大板设计施工规程，对横跨接缝的剪切摩擦钢筋配筋率做了规定：对于高层，不得小于0.22%，对于多层，不得小于 0.12%。

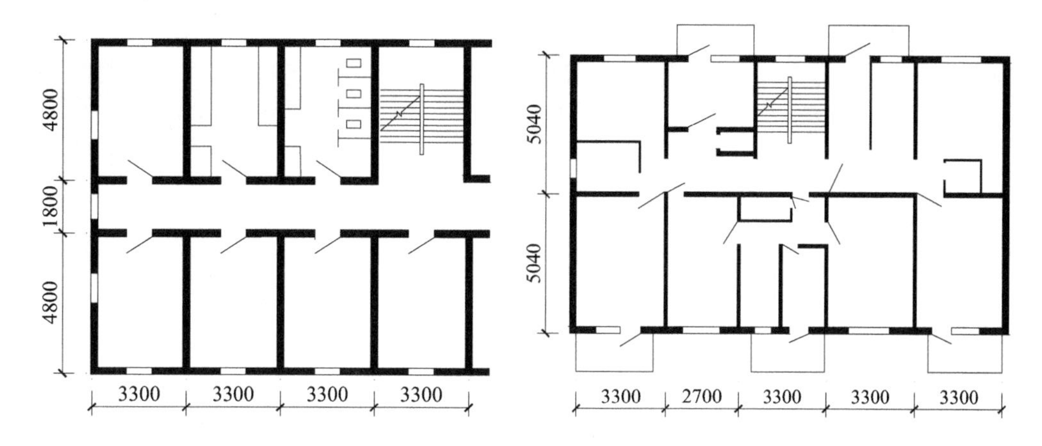

(a)宝鸡强化粉煤灰大板多层宿舍(层高 2.96 m)　　(b)北京 76 板住 1 甲型多层住宅(层高 2.9 m)

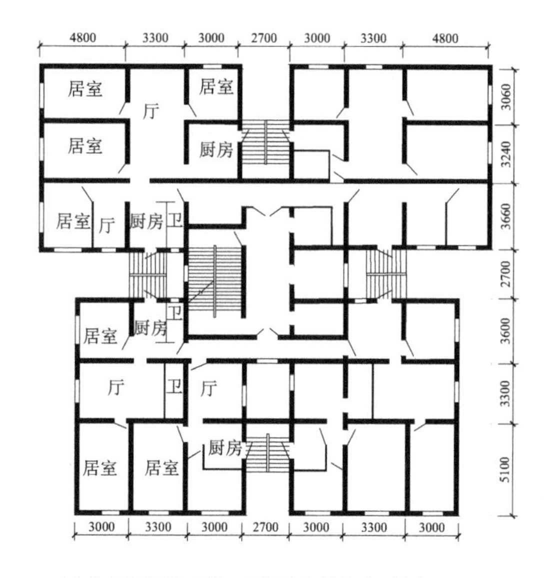

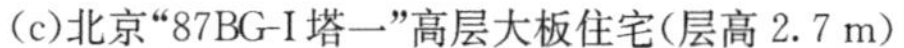

(c)北京“87BG-I 塔一”高层大板住宅(层高 2.7 m)

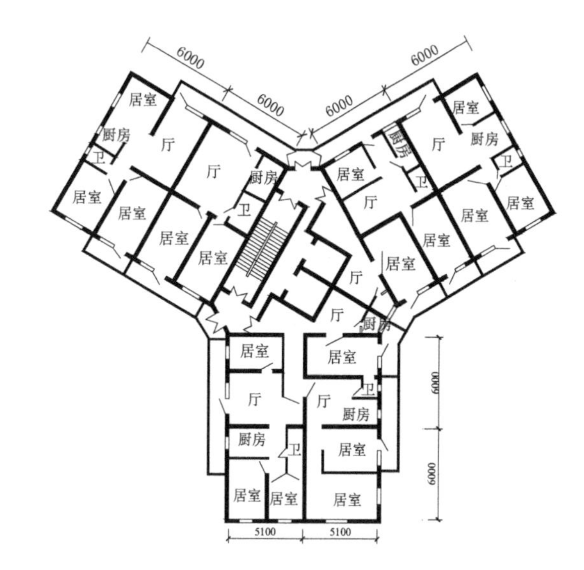

(d)北京“87BG-I 塔六”高层大板住宅(层高 2.7 m)

图 6-9　我国装配式大板建筑(单位：mm)

6.1.3　针对现代剪力墙结构的防倒塌性能的试验与数值模拟

苏宁粉等将增量动力分析和模拟地震振动台试验两种方法相结合，对一缩尺比为1∶5的12 层钢筋混凝土剪力墙结构进行 3 条地震波(其中包括 EI Centro-Ew 波)输入下的振动台试验，并将传统振动台试验的多级加载进一步细分至 15 个水准，以峰值加速度为地震动强度参数(IM)，以各楼层的最大层间位移角为工程需求参数(EDP)，绘制 IM-EDP 曲线[73]。借鉴增量动力分析曲线簇的处理方式，将曲线上的某些特征点与结构性能的变化相联系定义极限状态；在曲线上求取多遇、基本和罕遇地震作用下结构的响应值，结合试验现象，对结构进行确定性的抗震性能评估。采用 Abaqus 建模并对结构进行增量动力分析和基于振动台试验加载顺序的连续计算，对比 IM-EDP 曲线及其 50%分位数曲线可知，试验 IM-EDP 曲线基本为 IDA 曲线簇的下限，即通过振动台试验所得 IM-EDP 曲线进行基于概率的抗震性能评估时，将偏于保守；连续计算结果与试验结果吻合较好，能有效考虑试验中损伤的累积，如图 6-10 所示。

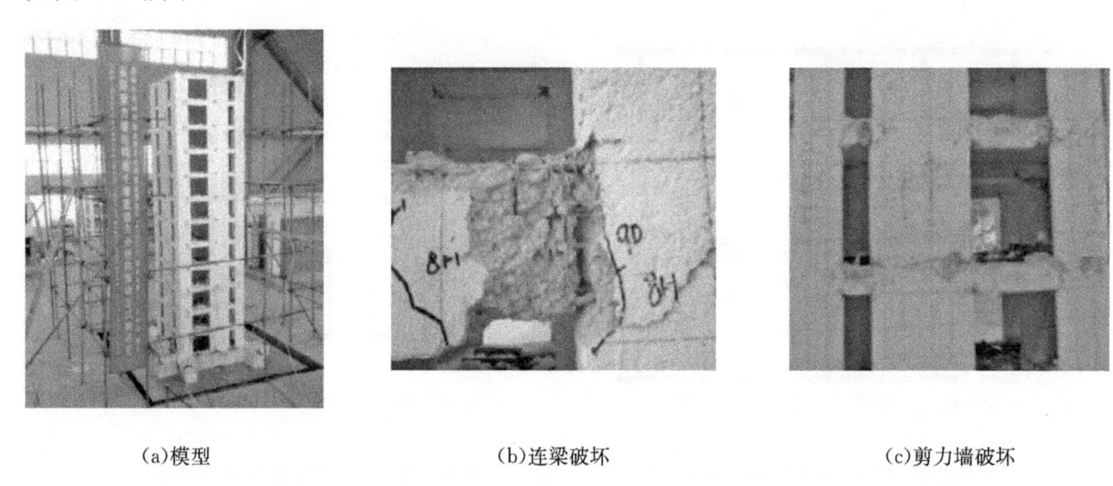

(a)模型　　(b)连梁破坏　　(c)剪力墙破坏

图 6-10　El Centro-Ew 波输入后模型破坏(Apg=0.8g)

Pekau O A 等对离散单元法(DEM)程序进行了改进，建立了预制剪力墙模型，给出了预制墙板局部失效的倒塌时间的影响[74]。针对某 12 层三开间预制剪力墙结构在地震及连续倒塌不同条件下的延性要求，进行了整体性分析，模拟了不同条件下结构整体连续倒塌过程(见图 6-11)。

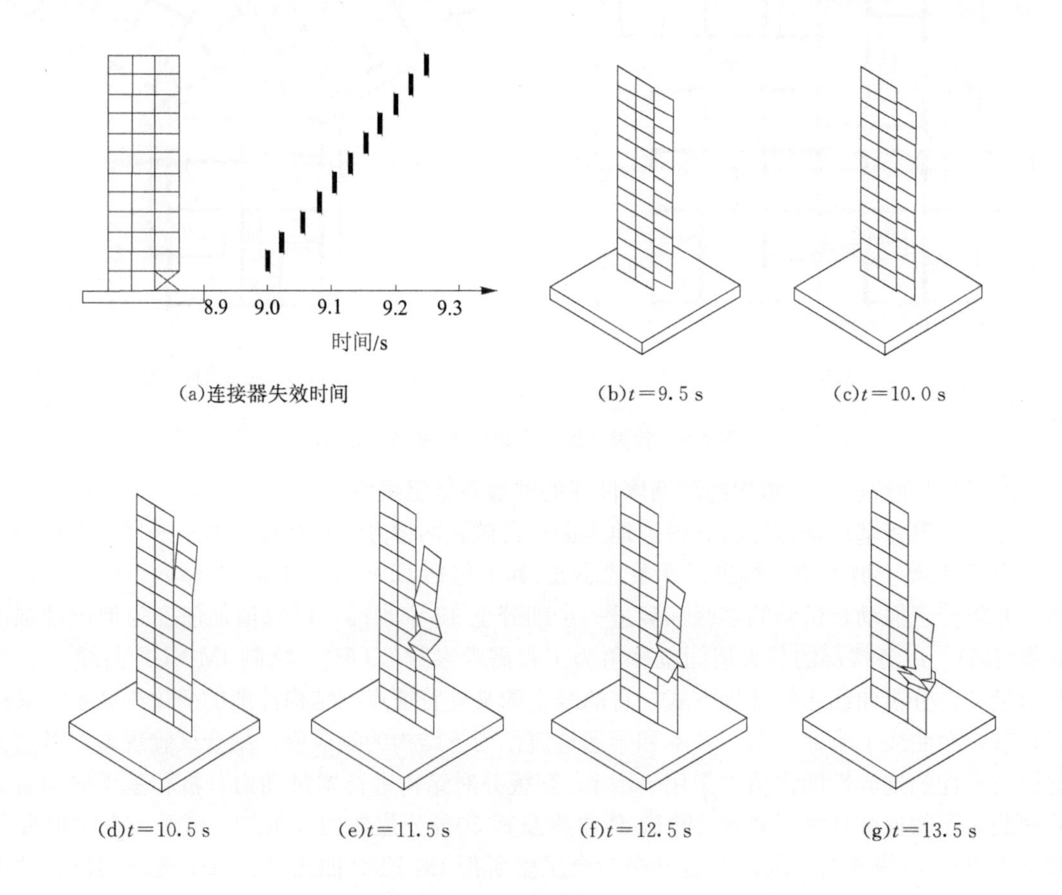

(a)连接器失效时间　　(b)t=9.5 s　　(c)t=10.0 s

(d)t=10.5 s　　(e)t=11.5 s　　(f)t=12.5 s　　(g)t=13.5 s

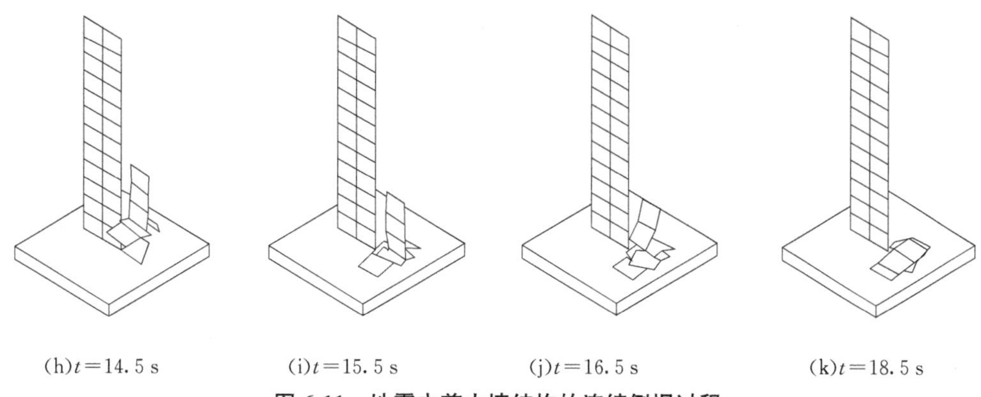

(h)t=14.5 s　　(i)t=15.5 s　　(j)t=16.5 s　　(k)t=18.5 s

图 6-11　地震中剪力墙结构的连续倒塌过程

王磊对短肢剪力墙结构的防倒塌设计进行了分析[75]。基于 OpenSees 程序中的分层壳单元以及端部塑性铰单元构建了端部带附属节点的短肢剪力墙结构模型，通过对不同墙体参数的 8 层短肢剪力墙结构模型的 IDA 分析，研究了短肢剪力墙配筋率、轴压比、高厚比对防倒塌性能的影响。分析结果表明：结构防倒塌能力随着短肢剪力墙轴压比的增大逐渐降低，短肢剪力墙结构轴压比大于 0.6 时无法满足抗震要求，当有提高一级抗震等级要求时，轴压比不应大于 0.5。结构防倒塌能力随着短肢剪力墙纵向配筋率的增大而逐渐增大，墙肢纵向配筋率为 0.5%和 0.8%时在罕遇地震下倒塌率分别达到了 13%，7%；墙肢纵向配筋率为 1%和 1.2%时在特大地震下倒塌率分别达到 15%，7%，设计时配筋率应符合规范限值。结构防倒塌能力随着短肢剪力墙截面高厚比的增大而逐渐增大，但增加趋势随着墙肢截面高厚比的增加而趋缓。

陆新征等[18]通过工程分析结果认为，目前我国的钢筋混凝土框架-剪力墙/核心筒结构具有一定的防连续倒塌能力，一般不需专门设计即可满足防连续倒塌性能要求。

若要针对现代剪力墙结构开展防连续倒塌专门设计，可依据 FEMA P695 标准[76]开展地震下的倒塌分析，或者根据 DoD 2016 标准[77]进行不考虑具体荷载的倒塌分析。本章后续重点介绍基于 DoD 2016 规范的剪力墙结构防连续倒塌设计流程。

6.2　抗震倒塌设计流程

FEMA 规范中采用增量动力分析法(简称 IDA)对剪力墙结构进行抗震倒塌设计。IDA 作为一种参数分析方法，能反映出结构在未来可能遇到的不同强度地震动作用下的抗震性能，能较好地反映出结构在强震作用下的刚度、承载力以及变形能力的变化过程[72,76]。

6.2.1　IDA 方法基本步骤

增量动力分析方法的具体实施步骤：

(1)建立可用于结构弹性分析和弹塑性分析的计算模型。

(2)选择代表结构所处场地地震危险性的地震动记录。

(3)对地震动记录进行单调调幅，得到一系列地震动记录。

(4)单记录 IDA 曲线分析。选择一个小调幅地震动记录，进行结构的弹性时程分析，得到第一个 IM-EDP 点，记作 Δ_1；将原点与 Δ_1 之间连线的弹性斜率记作 K_e；继续计算下一调幅地震动记录下的动力反应，得到第二个 IM-EDP 点，记作 Δ_2，连接 Δ_1 和 Δ_2，如果该

线段斜率大于 $0.2K_e$，继续进行下一调幅地震动下的弹塑性时程分析，直至 Δ_i 和 Δ_{i+1} 连线斜率小于 $0.2K_e$，认为结构将发生倒塌，Δ_{i+1} 是 EDP 的极限值；若 $\Delta_{i+1} \geqslant 0.1$，则认为 EDP 限值为 0.1；所有点的连线即为 IDA 曲线。

(5)变换原始地震动记录，重复步骤(3)～(4)，得到多条 IM-EDP 曲线，即 IDA 曲线簇，按照一定的方法进行统计分析得到具有统计意义的 IDA 曲线。

6.2.2 IDA 参数的选取

增量动力分析方法通过地震动强度参数和工程需求参数的关系即 IDA 曲线(簇)，进行结构抗震性能评估。

地震动强度参数是表征地震动强度的指标，其确定原则是要能真正反映该场地未来可能发生的地震动对工程结构可能的破坏效应，同时也要使因不同地震动输入而引起的工程需求参数变异较小。根据新一代 PBEE 概率框架要求，地震动强度参数应具有比例调整鲁棒性、有效性、充分性和地震危险性的可计算性。

目前，在结构抗震分析和设计中最常用的有峰值加速度 Apg 和结构基本周期对应的弹性加速度反应谱 SA(T1，ξ)。工程需求参数 EDP 是表征结构在地震作用下动力响应的参数，选择 EDP 的基本原则是要与结构构件、非结构构件以及内部设施的损伤有较好的相关性。常用的 EDP 有结构最大基底剪力、节点转角、楼层最大层间位移角、结构顶点位移以及各种能描述结构损伤的参数等。最大层间位移角能反映楼层的变形能力，是目前最常用的工程需求参数。

6.3 防连续倒塌设计流程

DoD 2016 规范采用与荷载无关的方法对剪力墙结构进行防连续倒塌设计。

6.3.1 风险类别

根据 DoD 2016 和《结构工程》(UFC 3-301)指南，通过使用表 6-1 确定与建筑物最匹配的情况，确定特定结构的风险类别(risk category，简称 RC)。风险类别水平可以被视为衡量连续倒塌事件后果的指标，并且基于两个主要因素：占用水平和建筑功能或关键性。

表 6-1 建筑物和其他结构的风险类别

风险类别	使用性质
Ⅰ	在发生故障时对人类生命构成低危害的建筑物和其他结构，包括但不限于： • 农业设施 • 某些临时设施 • 小型储存设施 • 低占用率建筑物① • 除风险类别Ⅱ，Ⅲ，Ⅳ之外的建筑物和其他结构② • 低于 50 人的居住建筑物，主要的聚集建筑物，平房和高占用率的家庭住房②

续表

风险类别	使用性质
Ⅱ	对生命构成重大危害或者在发生故障时造成重大经济损失的建筑物和其他结构，包括但不限于： •主要使用为公共集会且使用人数超过 300 的建筑物和其他结构 •包含小学、中学或托儿所的建筑物和其他结构，其使用人数大于 250 •包含成人教育设施的建筑物和其他结构，例如学院和大学，其使用人数大于 500 •Ⅰ-2 组居住者，居住者负荷为 50 名或 50 名以上住院医护人员，但没有外科手术或急救设施 •Ⅰ-3 组占有率 •占用者载荷超过 5000 的任何其他人员 •发电站；饮用水处理设施、废水处理设施和其他不属于风险类别Ⅲ和Ⅳ的公用事业设施 •不属于风险类别Ⅳ的建筑物和其他结构，它们含有足够数量的有毒、易燃或爆炸材料，这些材料包括：超过 NFPA 1《防火规范》或根据《防火法规》规定的每个控制区域或每个室外控制区域的最大允许数量，如果释放，足以对公众构成威胁 •AHJ 指定的具有高价值设备的设施
Ⅲ	设计为必要设施的建筑物和其他结构，包括但不限于： •Ⅰ-2 组有手术或急救设施 •消防、救援、派出所和应急车辆车库 •指定的地震、飓风或其他紧急避难所 •指定应急准备、通信和操作中心以及应急响应所需的其他设施 •发电站和其他公用设施作为第Ⅳ类风险结构的紧急后备设施 •建筑物和其他含有大量高毒性物质的结构：超过根据 NFPA 1《消防规范》规定每个控制区域或每个室外控制区域的最大允许数量，如果释放，足以对公众构成威胁 •空中交通管制塔(ATCT)、雷达进近管制设施(RACF)和空中交通管制中心，除非 AHJ 确定该设施属于非必要设施，并且地震后作业不需要[即小设施、备用(ATCC)设施的可用性]的临时控制设施、辅助离场等，与 AHJ 联系以获得额外的指导 •应急飞机库，存放地震后应急反应所需的飞机(如果没有适当的后备设施) •不属于风险类别Ⅴ的建筑物和其他结构，具有国防部的基本任务——指挥、控制、主要通信、数据处理和情报功能，这些功能在地理上分开的地点没有重复，如使用机构所指定的 •需要保持水压灭火的蓄水设施和水泵站
Ⅳ	设计为国家战略军事资产的设施，包括但不限于： •AHJ 指定的重要国防资产(例如国家导弹防御设施) •参与导弹控制、发射、跟踪或其他重要防御能力的设施 •Ⅴ类占用初级电源所需的应急备用发电设施 •如果没有应急备用发电设施，那么发电站和其他公用事业设施是Ⅴ类居住所需的一次电力 •涉及储存、处理或加工核、化学、生物或辐射材料的设施，如美国原子能委员会所指定的，这些设施的结构失效可能具有广泛的灾难性后果

注：①由 UFC 4-010-01 美国国防部最低反恐标准定义；

②风险类别Ⅱ是这些建筑物的最低占用类别，因为它的人口或功能可能需要指定为风险类别Ⅲ，Ⅳ或Ⅴ；

③国际建筑规范(IBC)中规定的多重占用适用于确定风险类别，包括关于结构分隔的规定。

6.3.2 倒塌范围

考虑水平传递：①外部，楼板上方的破坏不小于 70 m^2 或楼板总面积的 15%；②内部，破坏不小于 140 m^2 或楼板总面积的 30%，破坏不能沿附属结构向失效单元、楼板或移除单元传递。

考虑竖向传递：破坏单元正下方的楼板不能破坏。

6.3.3 荷载组合

备用荷载路径法的荷载组合，对于静力分析，荷载组合采用 2[(0.9 或 1.2)D+(0.5L 或 0.2S)]+0.2W，其中 D 和 L 分别代表恒载和活载、S 代表雪荷载、W 代表风荷载；对于动力分析，荷载组合采用[(0.9 或 1.2)D+(0.5L 或 0.2S)]+0.2W。

6.3.4 评定标准

6.3.4.1 线性静力和动力分析

剪力墙的墙肢和连梁应归类为变形控制或力控制。变形控制作用分为弯曲变形或剪切变形。所有其他作用应视为受力控制。

有关力控制和变形控制作用，用如图 6-12 所示的构件的力与变形曲线将所有作用分类为变形控制或力控制。变形和力控制作用的示例列于表 6-2 中。注意，一个构件可能同时具有力和变形控制的作用。此外，作为力控制或变形控制作用的分类不取决于用户的判断，必须遵循规范给出的指导。

如果一个主要构件的作用是类型 1 曲线，且 $e \geqslant 2g$，或者是类型 2 曲线，且 $e \geqslant 2g$，则将其定义为变形控制作用。如果一个主要构件的作用是类型 1 或类型 2 曲线，且 $e<2g$，或者是类型 3 曲线，则将其定义为力控制作用。

如果一个次要构件的作用对任何 e/g 比率都是类型 1 曲线或为类型 2 曲线，且 $e \geqslant 2g$，则将其定义为变形控制作用。如果该次要构件的作用是类型 2 曲线，且 $e<2g$，或者其为类型 3 曲线，则将其定义为力控制作用。

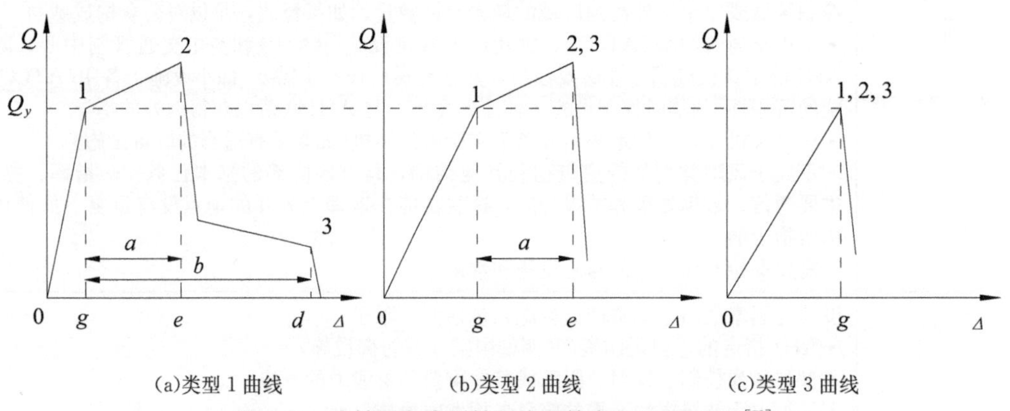

(a)类型 1 曲线　　(b)类型 2 曲线　　(c)类型 3 曲线

图 6-12　力控制和变形控制作用的定义(ASCE 41)[78]

表 6-2　变形控制和力控制作用的实例(ASCE 41)[78]

构件	变形控制作用	力控制作用
剪力墙	M，V	P

变形控制，应满足公式(6-1)。力控制，应满足公式(6-2)。

$$m\kappa Q_{\mathrm{CE}} > Q_{\mathrm{UD}} \tag{6-1}$$

$$\kappa Q_{\mathrm{CL}} > Q_{\mathrm{UF}} \tag{6-2}$$

其中，m 因子在表 6-4 和表 6-5 中查，κ 在表 6-3 中查，Q 为强度。

表 6-3　数据收集要求

数据	知识水平						
	最小			常规		综合	
性能水平	生命安全或更低			生命安全或更低		高于生命安全	
分析过程	LSP，LDP			所有		所有	
试验	无			常规试验		综合试验	
图纸	设计图或等代物		无图	设计图或等代物		施工资料或等代物	
条件评定	可视	可视	综合	可视	综合	可视	综合
材料性能	缺省值	设计图值	缺省值	设计图值或实测值	常规实测值	归档值或实测值	综合实测值
知识系数 κ	0.75	0.90	0.75	1.00	1.00	1.00	1.00

注：LSP 表示线性静力分析；LDP 表示线性动力分析。

表 6-4　线性过程的数值验收准则——弯曲控制的钢筋混凝土剪力墙及相关构件

条件			系数 m[a]				
			性能水平				
			—	构件类型			
				主要		次要	
i. 剪力墙和墙段			IO	LS	CP	LS	CP
$\frac{(A_s-A'_s)f_y+P}{t_w l_w f'_c}$[b]	$\frac{V}{t_w l_w \sqrt{f'_c}}$[c]	约束边界[d]					
≤0.1	≤4	是	2	—	—	—	—
≤0.1	≥6	是	2	3	4	4	6
≥0.25	≤4	是	1.5	3	4	4	6
≥0.25	≥6	是	1.25	2	2.5	2.5	4
≤0.1	≤4	否	2	2.5	4	4	6
≤0.1	≥6	否	1.5	2	2.5	2.5	4
≥0.25	≤4	否	1.25	1.5	2	2	3
≥0.25	≥6	否	1.25	1.5	1.75	1.75	2
ii. 剪力墙连梁[e]			IO	LS	CP	LS	CP
纵筋和横向钢筋		$\frac{V}{t_w l_w \sqrt{f'_c}}$[c]					
常规纵筋和约束横向钢筋		≤3	2	4	6	6	9
		≥6	1.5	3	4	4	7

续表

条件		系数 m^a				
		性能水平				
		—	构件类型			
			主要		次要	
常规纵筋和无约束横向钢筋	≤3	1.5	3.5	5	5	8
	≥6	1.2	1.8	2.5	2.5	4
斜向钢筋	—	2	5	7	7	10

注：①表中允许线性插值，分别达到防塌(CP)、生命安全(LS)和立即入住(IO)的目标建筑性能水平。

②P 是构件的设计轴向力，或使用基于极限状态分析确定的轴向载荷。

③V 是根据使用极限状态分析计算的设计剪力。

④当横向钢筋超过 ACI 318 中规定要求的 75%并且横向钢筋间距不超过 $8db$ 时，应考虑限制边界单元。如果边界单元至少有 ACI 318 中规定的 50%的要求，并且横向钢筋间距不超过 $8db$，则允许将建模参数和验收标准作为 80%的约束值。否则，边界单元不应被认为是有效约束。

⑤对于跨度<2.4384 m，底部钢筋连续进入支撑壁的次级连梁，次级值应允许加倍。

⑥常规纵筋由平行于连梁纵向轴线的顶部和底部钢筋构成。横向钢筋包括：(a)间隔≤$d/3$ 的连梁的整个长度上的闭合箍筋；(b)闭合箍筋的强度 V_s≥连梁所需剪切强度的 3/4。

表 6-5　线性过程的数值验收准则——剪切控制的钢筋混凝土剪力墙及相关构件

条件		系数 m^a				
		性能水平				
		—	构件类型			
			主要	次要		
i. 剪力墙和墙段[a]		IO	LS	CP	LS	CP
$\frac{(A_s-A'_s)f_y+P}{t_w l_w f'_c}\leqslant 0.05$		2	2.5	3	4.5	6
$\frac{(A_s-A'_s)f_y+P}{t_w l_w f'_c}>0.05$		1.5	2	3	3	4
ii. 剪力墙连梁[b]		IO	LS	CP	LS	CP
纵筋和横向钢筋[c]	$\frac{V}{t_w l_w\sqrt{f'_c}}$[d]					
常规纵筋和约束横向钢筋	≤3	1.5	3	4	4	6
	≥6	1.2	2	2.5	2.5	3.5
常规纵筋和无约束横向钢筋	≤3	1.5	1.5	3	3	4
	≥6	1.2	1.2	1.5	1.5	2.5

注：①剪力应视为剪力墙的力控制作用，其中非弹性行为受剪力控制，设计轴向载荷大于 $0.15Ag\ f'_c$。允许基于极限状态分析计算轴向载荷。

②对于跨度<2.4384 m 的次级连梁，底部钢筋连续进入墙肢，次级值应允许加倍。

③传统的纵筋由平行于连梁纵向轴线的顶部和底部钢筋构成。横向钢筋包括：(a)在连梁的整个长度上间隔≤$d/3$ 的闭合箍筋；(b)闭合箍筋的强度 V_s≥耦合梁所需剪切强度的 3/4。

④V 是根据使用极限状态分析计算的设计剪力。

6.3.4.2　非线性静力和动力分析

对于不同的性能等级，分析结果中，塑性铰最大转角、层间位移或转角不得超过表 6-6 和表 6-7 给出的值。

表 6-6　模型参数和非线性过程的数值验收准则——弯曲控制的钢筋混凝土剪力墙及相关构件

条件			塑性铰转动（弧度）		残余强度比	可接受的塑性铰转动[a]（弧度）		
						性能水平		
			a	*b*	*c*	IO	LS	CP
i. 剪力墙和墙段			0.015	—	—	—	—	—
$\frac{(A_s-A'_s)f_y+P}{t_w l_w f'_c}$	$\frac{V}{t_w l_w \sqrt{f'_c}}$	约束边界[b]						
≤0.1	≤4	是	0.010	0.020	0.75	0.005	0.015	0.020
≤0.1	≥6	是	0.009	0.015	0.40	0.004	0.010	0.015
≥0.25	≤4	是	0.005	0.012	0.60	0.003	0.009	0.012
≥0.25	≥6	是	0.008	0.010	0.30	0.0015	0.005	0.010
≤0.1	≤4	否	0.006	0.015	0.60	0.002	0.008	0.015
≤0.1	≥6	否	0.003	0.010	0.30	0.002	0.006	0.010
≥0.25	≤4	否	0.002	0.005	0.25	0.001	0.003	0.005
≥0.25	≥6	否	0.002	0.004	0.20	0.001	0.002	0.004
ii. 剪力墙连梁[c]			—	0.050	—	—	—	—
纵筋和横向钢筋[d]		$\frac{V}{t_w l_w \sqrt{f'_c}}$[c]						
常规纵筋和约束横向钢筋		≤3	0.025	0.040	0.75	0.010	0.025	0.050
		≥6	0.020	0.035	0.50	0.005	0.020	0.040
常规纵筋和无约束横向钢筋		≤3	0.020	0.025	0.50	0.006	0.020	0.035
		≥6	0.010	0.050	0.25	0.005	0.010	0.025
斜向钢筋		—	0.030	0.050	0.80	0.006	0.030	0.050

注：①允许在表中列出的值之间的线性插值。

②当横向钢筋超过 ACI 318 中要求的 75%并且横向钢筋间距不超过 8*db* 时，边界单元应视为受约束的。如果边界单元至少有 ACI 318 中规定的 50%的要求，并且横向钢筋间距不超过 8*db*，则允许将建模参数和验收标准作为 80%的约束值。否则，边界单元不应被认为是受约束的。

③对于跨度<2.438 m，底部钢筋连续进入支撑墙的连梁，对于 LS 和 CP 性能，验收标准值应允许加倍。

④传统的纵向钢筋由顶部和底部钢平行于连梁的纵向轴线组成。横向钢筋包括：(a)间隔≤$d/3$ 的连梁的整个长度上的闭合箍筋；(b)闭合箍筋的强度 V_s≥连接梁所需剪切强度的 3/4。

表 6-7　模型参数和非线性过程的数值验收准则——剪切控制的钢筋混凝土剪力墙及相关构件

条件		总位移角(%)或弦转动(弧度)			强度比		可接受的总位移角(%)或弦转动(弧度)[a]		
							性能水平		
		d	e	g	c	f	IO	LS	CP
i. 剪力墙和墙段[b]									
$\frac{(A_s-A'_s)f_y+P}{t_w l_w f'_c}\leqslant 0.05$		1.0	2.0	0.4	0.2	0.6	0.4	1.5	2.0
$\frac{(A_s-A'_s)f_y+P}{t_w l_w f'_c}>0.05$		0.75	1.0	0.4	0.0	0.6	0.40	0.75	1.0
ii. 剪力墙连梁[c]									
纵筋和横向钢筋[d]	$\frac{V}{t_w l_w \sqrt{f'_c}}$	—	—	—	—	—	—	—	—
常规纵筋和约束横向钢筋	≤3	0.020	0.030	—	0.60	—	0.006	0.020	0.030
	≥6	0.016	0.024	—	0.30	—	0.005	0.016	0.024
常规纵筋和无约束横向钢筋	≤3	0.012	0.025	—	0.40	—	0.006	0.010	0.020
	≥6	0.008	0.014	—	0.20	—	0.004	0.007	0.012

注：①对于墙段，使用层间位移；对于连梁，使用转角；参见图 6-13 和图 6-14。

②对于墙段，其非弹性行为受剪切变形控制，构件上的轴向载荷必须≤$0.15Af'_c$；否则，构件必须作为力控制构件处理。

③传统的纵向钢筋由平行于连梁纵向轴线的顶部和底部钢筋构成。横向钢筋包括：(a)在连梁的整个长度上以间隔≤$d/3$ 的闭合箍筋；(b)闭合箍筋的强度 V_s≥连梁所需剪切强度的 3/4。

④对于跨度<2.4384 m，底部钢筋连续进入墙肢的连梁，LS 和 CP 性能的验收标准值应允许加倍。

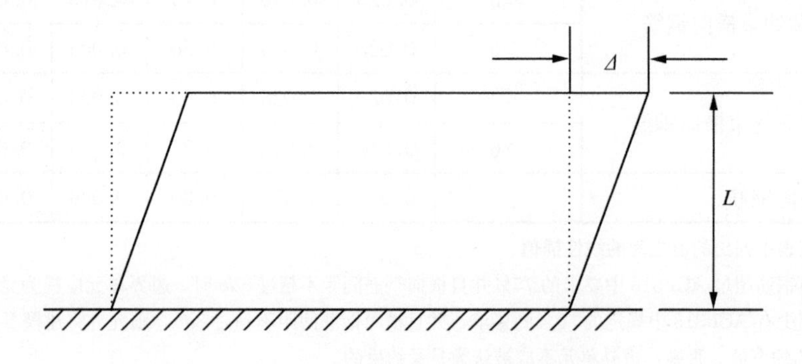

图 6-13　剪切变形为主的剪力墙的层间位移

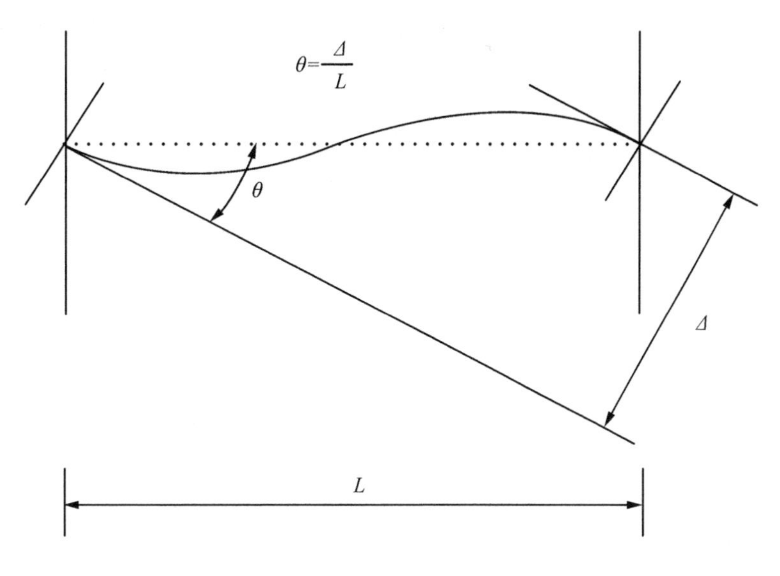

图 6-14 剪力墙连梁的转角

6.4 算 例

6.4.1 概述

承重/剪力墙体系是一种不含专门用来承受竖向荷载的空间框架的结构体系。承重墙自身扮演着双重角色，为全部或几乎全部重力荷载提供支撑。同时充当剪力墙来抵抗侧向荷载。根据 ASCE 7-02 表 9.5.2.2 的规定，由普通钢筋混凝土剪力墙组成的承重墙结构体系只可以用来作为低或中抗震设计等级(SDC)(即 SDC A，B 或 C)结构的抗震体系。而对那些被指定为 SDC D，E 或 F 的结构必须要用含有 ASCE 7-02 表 9.5.2.2 注明限定的特种钢筋混凝土剪力墙的承重墙结构体系。

本节将用 DoD 导则对一被指定为抗震设计等级 A(SDC A)的承重墙结构进行渐次倒塌控制的评估。用抗拉束缚力和候补传力途径这两种方法来进行验算示范。

对两座相同的建筑物进行分析，其中一座是被指定为低防御等级(LLOP)，而另一座却是被指定为中防御等级(MLOP)。根据建筑物所被指定的防御等级(LOP)来选择相对适宜的分析方法。对这两种防御等级的建筑物来讲，这抗拉束缚的处理方法是强制性的；不过，对中防御等级(MLOP)的建筑物必须用候补传力途径来分析，在候补传力途径的分析中仅考虑外部构件的失去。由于这种类型的 DoD 住宅楼是不可能有诸如地下停车库或空旷首层公共场所所存在的这种内部威胁的，所以这只是一种现实的假定。

下文的例题是用 DoD 导则的要求条件来评估一栋 7 层住宅楼的渐次倒塌潜在可能性。建筑物的结构是按照 2000 IBC 所规定的重力、风力和地震力的组合作用来进行设计和出施工样图的，应该特别指出的是，要将这个工程实例更新成能满足现行的 2003 IBC 国际建筑规范的要求条件是不会对这现有的总体结构设计产生明显影响的。正因为如此，本节所提供的渐次倒塌控制分析总体来讲都能同时适应 2000 IBC 和 2003 IBC 这两个规范。下文例题建筑物的细部设计资料是从 *Seismic and Wind Design of Concrete Buildings*[79] 这本书的第

5.2 节搜集来的①。为了简单明了，楼盖结构和墙的截面特征在整个建筑物的高度范围内都是按固定不变来考虑的。

6.4.2 设计的资料与数据

图 6-15 显示了 7 层住宅楼的平面图与立面图。横墙式的结构在东-西方向有 5 跨 8.53 m (28ft)的开间。这个横墙(即沿轴线①～⑥的横向墙)承担着绝大部分的重力荷载，并提供阻抗南-北方向的侧力。在南-北方向有 2 个被 1.83 m(6ft)宽的走廊分隔出来的 8.53 m 开间。这里平行于走廊布设的内墙提供阻抗东-西方向的侧力。标准的层间高度是 3.047 m(10 in)。这种构造形式通常是用于被划分成独立单元的建筑物，诸如部队的单身寓所等。

楼盖结构主要是沿着东-西方向布设、跨越横墙之间的单向密肋体系。统一规定的标准单向密肋体系是[12+4.5×5+30](in)，其总的截面高度为 419.1 mm(16.5 in)，肋间距为 889 mm(35 in)。在走廊部位用的是 152.4 mm(6 in)厚的现浇混凝土板。

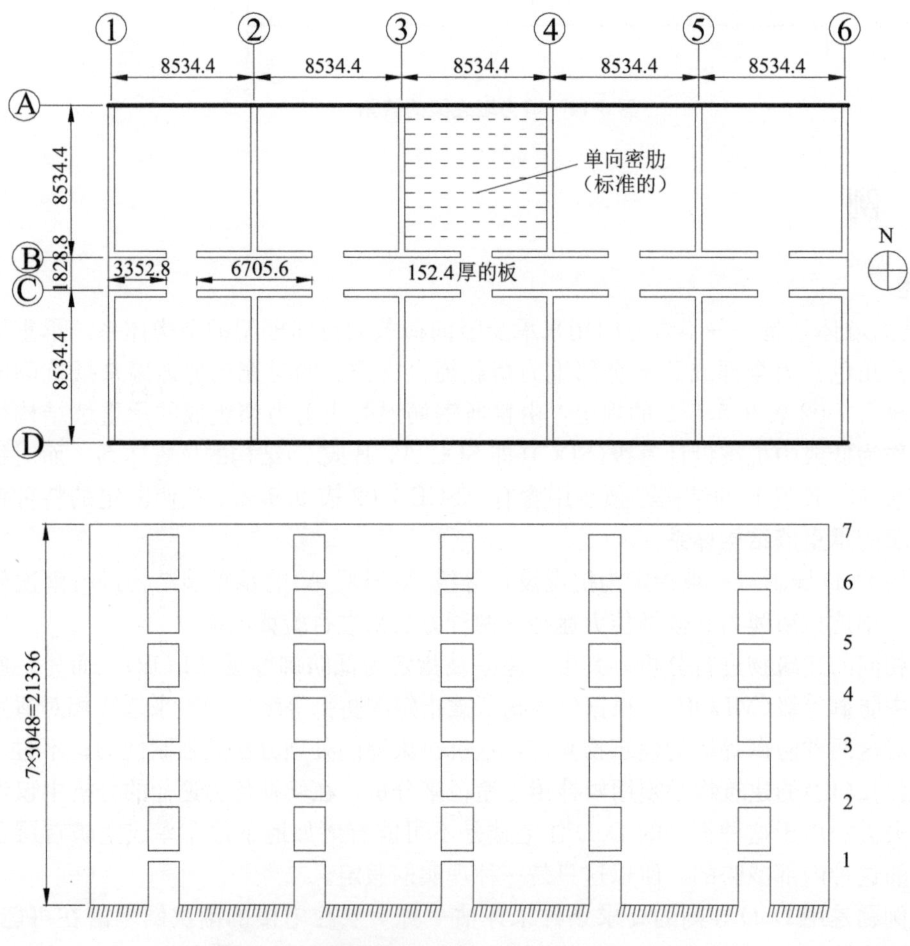

图 6-15 例题建筑物的平、立面图(单位：mm)

(1)建筑物所在地点：佛罗里达州迈阿密。

(2)材料性能：

---

① 建筑物的细部设计资料，是从 *Seismic and Wind Design of Concrete Buildings* 这本书搜集来的，本书后文具体的计算过程中用英制单位，最后的计算结换算成国际单位。

①混凝土：$f'_c = 27.6\ N/mm^2$（为圆柱体抗压强度）；$w_c = 23.6\ kN/m^2$；

②钢筋：$f_y = 414.0\ N/mm^2$。

(3)使用重力荷载：

①活荷载：

a. 屋面＝0.96 kN/m^2；

b. 楼面＝1.92 kN/m^2；走廊＝4.8 kN/m^2。

②附加恒载：

a. 屋顶＝0.48 kN/m^2；

b. 楼盖＝1.44 kN/m^2，其中 0.96 kN/m^2 为永久性隔墙，0.48 kN/m^2 为吊顶等。

(4)抗震设计数据：

①$Ss = 0.065g$，$S_1 = 0.024g$；

②场地类别 D；

③抗震功能分类 I，$I_E = 1.0$。

(5)抗风设计数据：

①基本风速＝145 m/h；

②暴露状况 B；

③建筑物类型 I，$I_w = 1.0$。

(6)构件尺寸：

①密肋：3.93 kPa；

②墙厚：152.4 mm。

结构在进行抗重力、风力和地震力的设计中用的就是上述的这些设计资料数据。

6.4.3 现有的配筋情况

本节重点介绍现有的相关配筋情况，完整的论述可见文献[79]。

(1)单向密肋。

楼盖的单向密肋被指定用 64.5(12＋4.5×5＋30)in，其代表了一种 304.8 mm(12 in)高的肋＋114.3 mm(4.5 in)厚的顶板[总截面高度＝419.1 mm(16.5 in)]的标准单向密肋楼盖的做法。下面的肋宽 127 mm(5 in)，间距 889 mm(35 in)中-中[即 127 mm(5 in)的肋宽＋762 mm(30 in)的净间距]。*Seismic and Wind Design of Concrete Buildings* 这本书中仅规定了单向密肋楼盖的尺寸，并没有具体去设计这所需要的钢筋。

为了确定密肋所需的配筋，参照《CRSI 设计手册》(2002)第 8 章的极限设计承载能力一览表。对于标准内跨，将下列的数据资料对照极限设计承载能力一览表来取值。

净跨＝28－0.5＝27.5 ft＝8 382 mm

设计附加荷载＝1.4 × 30 ＋ 1.7 × 40 ＝110 psf＝5.27 kPa

经对照，表上所列示的所需钢筋为：

①内跨：

a. 顶部钢筋：No. 4@215.9 mm 中-中；

b. 底部钢筋：1 根 No. 4＋1 根 No. 5。

②边跨：

a. 顶部钢筋：No. 5@304.8 mm 中-中；

b. 底部钢筋：1 根 No. 5＋1 根 No. 6。

除此之外，ACI 建筑规范(ACI Building Code)还含有对密肋楼盖的结构整体性的规定条文。ACI 318 —02 第 7.13.2.1 条规定，至少应该有 1 根底部钢筋是连续贯通的，或应该用 A 级(Class A)受拉搭接接头或满足第 12.14.3 条要求的机械连接或焊接接头来进行连接。而且，在非连续支座部位，至少应该有 1 根底部钢筋的末端是配有标准弯钩的。在本例题中，假定 No.5 的底部钢筋是连续的或按 ACI 的要求条件来进行连接的。

(2)板。

肋上面的板是 114.3 mm(4.5 in)厚。在密肋楼板的横断面方向，抗温度和收缩应力的钢筋必须要满足 ACI 318—02 第 7.12.2 条所规定的要求条件。假定提供 No.3@304.8 mm 中-中的钢筋来满足这个要求。

(3)墙。

标准墙的配筋是：No.4@457.2 mm 中-中(竖向)；No.4@406.4 mm 中-中(水平)。

6.4.4 DoD 的处理方法

DoD 处理渐次倒塌控制的方法是随建筑物被指定的防御等级(LOP)而变化的。有两种分析的方法——抗拉束缚法和候补传力途径法，但两者是通过不同的结构反应模式来达到阻抗渐次倒塌的目的。对整体进行抗拉束缚可以借助在倒塌之前所发挥的悬链作用来补强结构的整体性。而恰恰相反的是，候补传力途径法是提供足以跨越被假设去掉构件的抗弯承载能力。无论是被指定为极低防御等级(VLLOP)还是低防御等级(LLOP)的建筑结构，都只需满足这抗拉束缚力的要求就可以了。而被指定为中防御等级(MLOP)和高防御等级(HLOP)的建筑结构必须要同时满足抗拉束缚和候补传力途径两者的要求。

大多数的 DoD 设施不是被指定为 VLLOP 就是被指定为 LLOP，因此只需要对它们执行抗拉束缚的方法即可。钢筋混凝土建筑物中的抗拉束缚系材均由板、梁、柱和墙里的钢筋所组成。一般来讲，这是借助那些为抵抗其他的力(如抗剪与抗弯)所提供的钢筋来全部或部分地满足束缚力的要求的。在用这种束缚钢筋的地方，通过合理的钢筋连接与锚固来确保整体连续性是最关键重要的。

对第一个算例，假定建筑结构已被指定为低防御等级(LLOP)，因此只需要对其进行抗拉束缚方法的分析。

6.4.4.1 抗拉束缚力的算例

与这个例题有关的设计要求条件如下：

①D=标准恒荷载=82+30=112 psf=0.57 kPa。

②L=标准活荷载=40 psf=1.92 kPa(和先前的带柱支撑的例题不同的是，这个例题中的活荷载是保守地假定不被折减的，因为墙构件的附属面积的宽度不管是取 3048 mm，还是取墙的全长都是根据工程判断来决定和取值的，所以才做了这样一个假定)。

③ l_r= 束缚方向柱子(或其他支撑)之间的最大距离=8534.4 mm(东-西方向的束缚系材)。

④ F_t=下列之较小者：

a. $4.5+0.9n_0=4.5+0.9\times7=10.8$ kips=48.0 kN←取值

式中，n_0=楼层数量

b. 13.5 kips=60.1 kN

⑤ h_s=10 ft=3048 mm

(1)内部束缚钢筋。

内部束缚钢筋必须要计算所得值之较大者的所需抗拉承载力。

① $\frac{(1.0D+1.0L)}{156.6}\ \frac{l_r}{16.4}\ \frac{1.0}{3.3}\ F_t=\frac{(112+40)}{156.6}\times\frac{28}{16.4}\times\frac{1.0}{3.3}\times 10.8=5.4\ \text{kips/ft}=$ 78.8 kN/m ← 取值

② $\frac{1.0}{3.3}F_1=\frac{1.0}{3.3}\times 10.8=3.3\ \text{kips/ft}=48.2\ \text{kN/m}$

a. 东-西方向。

在东-西方向，用单向密肋里的连续底部钢筋来提供内部抗拉束缚钢筋。如 6.3 节所说明的那样，在每一根密肋里应该有 1 根 No.5 的底部钢筋是连续的。这 1 根 No.5 钢筋所能提供的束缚力为

$$\varphi T_n=\varphi A_s f_y=0.75\times 0.31\times\frac{12}{35}\times 75=6.0\ \text{kips/ft}=87.6\ \text{kN/m}$$

由于所提供的束缚力 87.6 kN/m 大于所需要的束缚力 78.7 kN/m，所以认定 No.5 的底部钢筋就足以满足要求了。在 No.5 钢筋不连续的部位(即终端位置)应该用 A 级搭接接头来连接。受拉搭接接头的最小搭接长度计算如下：

按照 ACI 318—02 第 12.2.2 条的规定，对于 No.6 和小于 No.6 的钢筋，在这些被搭接钢筋之间的净间距不小于 $2d_b$ 和保护层不小于 d_b 的情况下，搭接长度为

$$l_d=\left(\frac{f_y\alpha\beta\lambda}{25\sqrt{f'_c}}\right)d_b$$

式中，α 为钢筋位置系数，取 1.0(搭接接头末端位于二次浇灌混凝土的 304.8 mm 厚度之内)；β 为涂层系数，取 1.0(为无涂层钢筋)；λ 为轻质集料混凝土系数，取 1.0(常规重量混凝土)。

$$l_d=\left(\frac{75000\times 1.0\times 1.0\times 1.0}{25\sqrt{5000}}\right)\times 0.625=26.5\ \text{in}=673.1\ \text{mm}，(\text{取 } 27\ \text{in}=685.8\ \text{mm})$$

如 DoD 2005 第 4.2.4 条所要求的那样，所有位于建筑物边缘或端墙内的内部束缚钢筋的末端都必须要用抗震弯钩来进行锚定。

内部束缚钢筋的间距 889 mm(35 in)远远小于 $1.5l_r$(1.5×28=42 ft=12801.6 mm) 的最大容许间距。

b. 南-北方向。

在南-北方向，内部束缚钢筋只能靠 114.3 mm(45 in)厚混凝土板里的这些抗温度和收缩应力的钢筋来提供。如 6.3 节所说明的那样，单向密肋正交铺设的温度与收缩钢筋为 No.3 @304.8 mm 中-中。由这种钢筋所提供的束缚力为

$$\varphi T_n=\varphi A_s f_y=0.75\times 0.11\times 75=6.2\ \text{kips/ft}=90.5\ \text{kN/m}$$

由于所提供的束缚力 90.5 kN/m 大于所需要的束缚力 78.8 kN/m，所以认定就这些温度与收缩钢筋足以满足要求了。在这些 No.3 钢筋的终端位置必须用 A 级受拉搭接接头或满足 ACI 318—02 第 12.14.3 条要求的机械接头或焊接接头来进行连接。如果采用 A 级受拉搭接接头，最小搭接长度为

$$l_d=\left(\frac{f_y\alpha\beta\lambda}{25\sqrt{f'_c}}\right)d_b=\left(\frac{75000\times 1.0\times 1.0\times 1.0}{25\times\sqrt{5000}}\right)\times 0.375=15.9\ \text{in}$$

$$=403.9\ \text{mm}(\text{取 } 16\ \text{in}=406.4\ \text{mm})$$

式中，α，β 的取值是和东-西方向一样的。

和东-西方向的要求一样，所有位于建筑物边缘或端墙内的内部束缚钢筋的末端都必须

用抗震弯钩来进行锚定。

内部束缚钢筋的间距 304.8 mm(12 in)远远小于 $1.5\,l_r$($1.5\times 28=42$ ft=12 801.6 mm)的最大容许间距。

(2)周边外围束缚钢筋。

位于该建筑物外边缘的周边外围束缚钢筋应该能提供至少 $1.0\,F_t=1.0\times 10.8=10.8$ kips=48.0 kN 的束缚力。束缚钢筋必须设置在建筑物外边缘的 1 188.72 mm(3.9 ft)的宽度范围内或周边墙内。

①东-西方向。

在东-西方向，用离建筑物外边缘最近的密肋(即沿轴线④和Ⓓ两根密肋)里的纵向钢筋来提供周边外围的束缚力。1 根 No. 5 的连续底部钢筋所能提供的束缚力为

$$\varphi T_n=\varphi A_s f_y=0.75\times 0.31\times 75=17.4\ \text{kips}=77.4\ \text{kN}$$

由于所提供的束缚力 77.4 kN 大于所需要的束缚力 48.0 kN，所以 1 根 No. 5 的钢筋就已经足够了。周边外围的束缚钢筋也应该用与东-西方向内部束缚钢筋同样的方式来进行连接和锚定。

②南-北方向。

在南-北方向，用沿轴线①和⑥墙里的水平钢筋来充当周边外围的束缚钢筋。标准的水平墙筋是 No. 4@406.4 mm 中-中。假设将其中 1 根 No. 4 的钢筋设置在东-西方向的内部束缚钢筋的末端(见图 6-16)，并检验其所能提供的束缚力：

$$\varphi T_n=\varphi A_s f_y=0.75\times 0.2\times 75=11.25\ \text{kips}=50.0\ \text{kN}$$

由于所提供的束缚力 49.8 kN 大于所需要的束缚力 48.0 kN，所以 1 根 No. 4 的钢筋就已经足够了。在周边外围束缚钢筋的终端位置必须用 A 级受拉搭接接头或满足 ACI 318－02 第 12.14.3 条要求的机械接头或焊接接头来进行连接。如果用 A 级受拉搭接接头，搭接长度为

$$l_d=\left(\frac{f_y\alpha\beta\lambda}{25\sqrt{f'_c}}\right)d_b=\left(\frac{75000\times 1.0\times 1.0\times 1.0}{25\sqrt{5000}}\right)\times 0.5=21.2\ \text{in}(\text{取}\ 22\ \text{in}=558.8\ \text{mm})$$

式中，α，β 的取值是和东-西方向一样的。

和东-西方向的要求一样，所有位于建筑物边缘或端墙内的周边外围束缚钢筋的末端都必须要用抗震弯钩来进行描定。

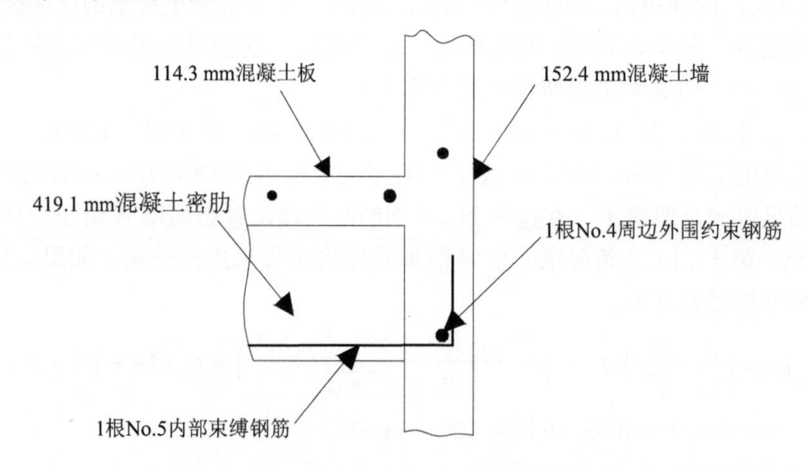

图 6-16　轴线①和⑥墙内的周边外围束缚钢筋

(3)对外墙的水平束缚钢筋。

既然已经将周边外围束缚钢筋设置在外墙内，只要用内部束缚钢筋来裹住周边外围束缚钢筋就足以提供这种所需要的水平束缚(见图 6-16)。由于这个条件已经被满足，所以无需再外加抗拉束缚钢筋了。

(4)对角柱的水平束缚钢筋。

本例题没有角柱。

(5)竖向束缚钢筋。

本例题中墙里的竖向束缚钢筋所应具有的最小抗拉束缚力必须等于任何一个楼层的墙其自身所支承的最大竖向设计荷载。用 IBC 2003 所规定的荷载组合条件来确定这个最大的竖向设计荷载。

设计荷载的组合：

楼盖：$1.2D+1.6L=1.2\times112+1.6\times40=198.4\ \text{psf}=9.5\ \text{kPa}$；

墙：$1.2D=1.2\times\frac{6}{12}\times150=90\ \text{psf}=4.3\ \text{kPa}$；

束缚力(对于标准内墙——最不利工况)：

$$T=(198.4\times28+90\times10)\times\frac{1}{1000}=6.5\ \text{kips/ft}=94.9\ \text{kN/m(墙)}$$

墙的竖向钢筋为 No. 4@457.2 mm 中-中，则能提供的束缚力为：

$$\varphi T_n=\varphi A_s f_y=0.75\times0.2\times\frac{12}{18}\times75=7.5\ \text{kips/ft}=109.5\ \text{kN/m(墙)}$$

由于所提供的束缚力 109.5 kN/m(墙)大于所需要的束缚力 94.9 kN/m(墙)，所以墙里的现有竖向钢筋是满足要求的。对受拉搭接接头和端部锚定的要求是和用墙的水平钢筋来充当南-北方向的周边外围束缚钢筋的那些要求一样的。

(6)所需束缚力的归纳。

根据把这个例题建筑物归属于低防御等级(LLOP)的假定，渐次倒塌的分析到这个程度就可告一段落了。如表 6-8 所归纳总结的那样，所有需要的束缚力都已自备，而无需再对原始设计(即按抗重力、抗震与抗风设计等)添加任何增补钢筋。最重要的关注是如何通过合理的连接和端部的锚定来确保抗拉束缚钢筋的整体连续性。必须要按照 ACI 318－02 规定的 1 类(type1)或 2 类(type2)受力接头来对抗拉束缚钢筋的接头进行搭接、焊接或机械连接。另外，还应该用 ACI 318－02 第 21 章所规定的抗震弯钩和 ACI 318－02 第 21.5.4 条明确规定的抗震锚固长度来固定这些束缚钢筋。

表 6-8　例题建筑物(SDC A)束缚力一览表

束缚类型	方向	所需束缚力	已提供的束缚力	$TF_{prov}>TF_{req}$
内部束缚	东一西	78.8 kN/m	87.6 kN/m	是
	南一北	78.8 kN/m	90.5 kN/m	是
周围外部束缚	东一西	48.0 kN	77.4 kN	是
	南一北	48.0 kN	50.0 kN	是
对外柱的水平束缚	两者兼有	由内部束缚钢筋提供	由内部束缚钢筋提供	是

续表

束缚类型	方向	所需束缚力	已提供的束缚力	$TF_{prov} > TF_{req}$
对角柱的水平束缚	两者兼有	无/不考虑	无/不考虑	无/不考虑
竖向束缚	两者兼有	94.9 kN/m	109.5 kN/m	是

注：① TF_{prov} 为已提供的束缚力；

② TF_{req} 为所需要的束缚力。

6.4.4.2　候补传力途径的算例

为了举例说明候补传力途径法的效用，对先前例题中的这个承重或剪力墙结构按中防御等级(MLOP)来进行重新评估。除了检验束缚力外，还必须要进行候补传力途径的分析。既然例题建筑物没有地下停车库和空旷首层公共场所，即可只考虑外部构件的失去。

(1)渐次倒塌的案例情况。

对这个例题建筑物来说，三种案例情况(平面图中的)需要评估(见图 6-17)。在每一个楼层都必须对下面论述的每一种案例情况进行评估。

①案例情况 1——侧墙。

对于侧墙来讲，需要去掉一段长度等于两倍墙高(即 6096 mm＝2×10＝20 ft)的墙体，且不小于伸缩缝或控制缝之间的距离。在这个例题建筑物里，仅有的承重侧墙就是那两道沿轴线①和⑥的边墙。DoD 导则明确规定，被去掉的部分墙体应该临近短边的中部。假定把这 6096 mm 被去掉的墙体定位在轴线Ⓒ和Ⓓ之间的中部。

和处理柱子不同的是，选择要去掉的部分墙体需要更多的工程判断力。在某些案例情况中，只需稍微调整被去掉墙体的位置就会对结构的性状产生明显的影响。

②案例情况 2——非承重外墙。

案例情况 2 代表外墙是非承重的，而与其交接的内墙却是承重的工况。在这种情况下，应该去掉一段长度等于墙高即 3048 mm(10 ft)的内承重墙的墙体。假设被去掉的沿轴线④墙体的长度是 3048 mm，从建筑物位于Ⓓ轴线的外边缘开始算起。

③案例情况 3——转角墙。

在建筑物的角部，要求在每一个方向去掉一段长度都等于墙高(即 3048 mm)的墙体，但不小于伸缩缝或控制缝之间的距离。这个建筑物的所有 4 个角部的情况都是一模一样的。将案例情况 3 的位置选择在⑥轴线和 D 轴线的交叉处，其中包括沿⑥轴线的 3048 mm 承重墙体和沿 D 轴线的 3048 mm 非承重墙体的失去。

(2)分析模型。

用在 ETABS Plus Version 8.4.7 计算机程序里建立的三维空间模型来对每一种渐次倒塌的案例情况进行包括 P-Δ 效应在内的线性静力分析。这里将单向密肋楼盖模拟成一系列的矩形梁[152.4 mm 宽×419.1 mm 高(6 in 宽×16.56 in 高)]，间距 889 mm(35 in)中-中，并在这些梁肋之间支撑着 114.3 mm(4.5 in)厚的混凝土板。用仅有平面内刚度的薄膜类型有限元来模拟。在走廊部位，用既有平面内薄膜刚度又有平面外薄板抗弯刚度的薄壳类型元件来模拟 152.4 mm(6 in)厚的混凝土板。这种水平结构形式的构思对所有的楼层和屋顶都是一模一样的。

和走廊楼板一样，所有 152.4 mm 厚的承重墙也都用壳体元件来模拟。对墙的最大有限元网格尺寸限定为 1219.2 mm(48 in)，而对每一道被去掉部分墙体的周围墙则用一种较细微的有限元网格[最大尺寸不超达609.6mm(24in)]来划分以更精确地掌握最高应力区域的性

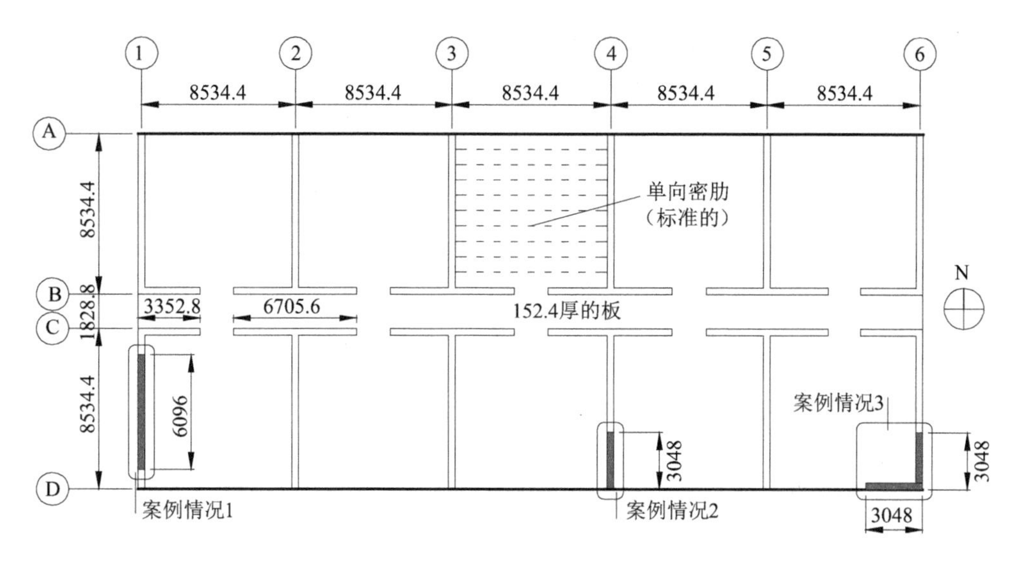

图 6-17　例题建筑物的连续倒塌案例情况

状。此处墙基的边界条件被假定为固接。

对钢筋混凝土构件采用性能修正系数能更好地体现它们在即将破坏前仍持有的刚度。作为更加精确分析的一种替代，根据 ACI 318－02 第 10.11.1 条和 FEMA 273 表 6-4 的建议来确定分析模型中所用的有效刚度值如下：

①板(用壳体元件模拟)：$I_{eff}=0.25\,I_g$；

②梁：$I_{eff}=0.5\,I_g$；

③墙：$I_{eff}=0.5\,I_g$；

DoD 导则含有确定钢筋混凝土构件的预期材料性能的准则。对混凝土抗压强度和钢筋的屈服强度都选用了 1.25 的强度提高系数。表 6-9 列示了所有抗震设计等级 A(SDC A)例题建筑物的设计材料性能。

表 6-9　例题建筑物的材料性能

材料	性能	原始设计	渐次倒塌分析
混凝土	f'_c	27.6 MPa	34.5 MPa
	ω_c	2400 kg/m^3	2400 kg/m^3
	E_c	26435.4 MPa	29558.9 MPa
钢筋	f_y	413.7 MPa	517.1 MPa
	E_s	199955.0 MPa	199955.0 MPa

混凝土的弹性模量 E_c 是根据 ACI 318－02 第 8.5.1 条的规定估算的。渐次倒塌分析所用的 E_c 值计算如下：

$$E_c=\omega_c 1.533\sqrt{f'_c}=2400\times 1.533\times\sqrt{34.5\times 10^3}=29558.9\ \text{MPa}$$

(3)荷载组合条件。

在进行线性静力分析的时候，要用两种设计荷载组合：一种是考虑动态效应而放大重力荷载；另一种是不放大重力荷载，仅这些与被去掉的墙体直接毗连的以及在其正上方的开间才考虑动力放大系数。例题建筑物的荷载组合条件(假定无雪荷载)如下：

荷载组合——LC1(被去掉墙体的毗连和上方开间)：

$$2.0[(0.9\text{或}1.2)D+0.5L]+0.2W$$

荷载组合——LC2(未包括在LC1里的其余结构)：

$$(0.9\text{或}1.2)D+0.5L+0.2W$$

图6-18(a)清晰地描绘了对每一种渐次倒塌案例情况所应放大重力荷载(LC1)的范围。

因为活荷载已经被减小到所要求的值(即乘以0.5的荷载系数)，所以活荷载的折减(根据附属面积)就不再采用。将从*Seismic and Wind Design of Concrete Buildings*书中搜集来的风荷载作为一种作用在每一层楼盖刚性水平隔板形心上的侧向力来输入。将原本均匀作用在每个建筑物表面的风荷载化解成分开集中作用的风荷载工况。

(4)现有构件的强度。

为了评估是否可行，需要将候补传力途径分析所确定的预测内力需求量与现有构件的强度做比较。按照ACI 318—02的规定来确定钢筋混凝土墙和密肋的标称强度。

①152.4 mm(6 in)混凝土墙。

a. 设计抗拉强度φT_n。

在确定墙的标称抗拉强度中，钢筋屈服强度f_y已经乘以1.25的强度提高系数。按照DoD的规定，系数φ对抗拉取0.9(ACI 318—02)。

水平钢筋——No. 4@406.4 mm中-中的标准水平钢筋给墙提供了10.1 kips/ft(147.4 kN/m)的设计抗拉强度：

$$\varphi T_n=\varphi A_s f_y=0.9\times0.2\times\frac{12}{16}\times75=10.1\text{ kips/ft}=147.4\text{ kN/m}$$

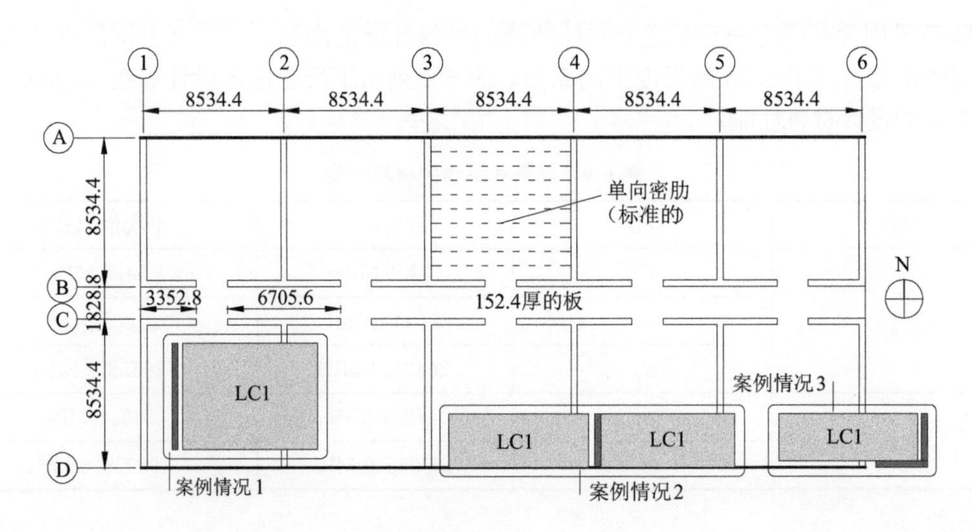

(a)平面图(单位：mm)

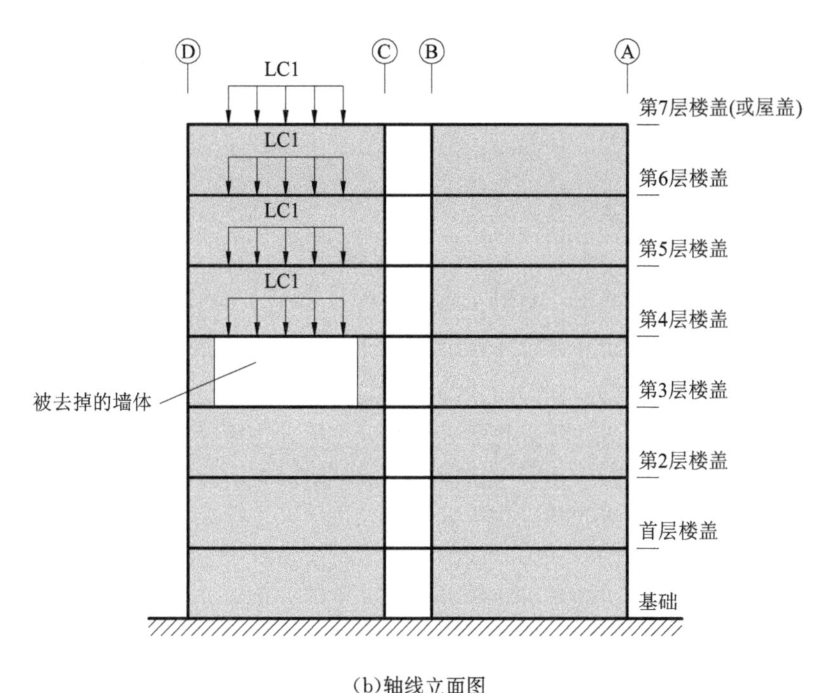

(b)轴线立面图

图 6-18　例题建筑物的 DoD 荷载组合要求条件

竖向钢筋——No. 4@457.2 mm 中-中的标准竖向钢筋给墙提供了131.3 kN/m(9.0 kips/ft)的设计抗拉强度：

$$\varphi T_n = \varphi A_s f_y = 0.9 \times 0.2 \times \frac{12}{18} \times 75 = 9.0\ \text{kips/ft} = 131.3\ \text{kN/m}$$

b. 设计抗剪强度 φV_n。

在确定标称抗剪强度中，钢筋屈服强度 f_y 和混凝土抗压强度 f'_c 都已经乘以了 1.25 的强度提高系数。按照 DoD 的规定，系数 φ 对抗剪强度取 0.75(ACI 318—02)。

对一个仅承受剪切和弯曲的构件来讲，可以用标称抗剪强度 V_n 来估计作为深拱肩墙梁的抗剪能力(ACI 318—02 第 11.3.1.1 条和第 11.5.6.2 条)。这一层楼高的墙拱肩的设计抗剪能力计算如下：

$$\varphi V_n = \varphi\left(2\sqrt{f'_c}\, b_w d + \frac{A_u f_y d}{s}\right)$$

式中，d(估计)$=0.95h=0.95\times 120=114$ in$=2895.6$ mm；

$$\varphi V_n = 0.75 \times \left(2 \times \sqrt{5000} \times 6 \times 114 + \frac{0.2 \times 75000 \times 114}{18}\right) \times \frac{1}{1000} = 143.8\ \text{kips} = 639.7\ \text{kN}。$$

c. 设计抗轴压强度 φP_{nw}。

在确定墙的抗轴压强度中，混凝土抗压强度 f'_c 已经乘以了 1.25 的强度提高系数。按照 DoD 的规定，系数 φ 对抗压强度取 0.7(ACI 318—02)。

用 ACI 318—02 第 14.5 条规定的经验设计方法来估算 152.4 mm(6 in)厚混凝土墙的设计抗轴压强度：

$$\varphi P_{nw} = 0.55 \varphi f'_c A_g \left[1 - \left(\frac{k\, l_c}{32h}\right)^2\right]$$

式中，$k=1.0$(墙在顶部和底部都有侧向支撑，能充分阻抗两端的转动)；$l_c=2628$ mm

(103.5 in)(层间高度减去单向密肋楼盖的高度)。

$$\varphi P_{nw}=0.55\times 0.7\times 5\times 6\times 12\times\left[1-\left(\frac{1.0\times 103.5}{32\times 6}\right)^2\right]=98.3\ \text{kips/ft}=1434.6\ \text{kN/m}$$

②密肋——内跨。

a. 负设计抗弯强度$-\varphi M_n$(支座处)。

在确定标称抗弯强度中，钢筋屈服强度 f_y 和混凝土抗压强度 f'_c 都已经乘以了 1.25 的强度提高系数。按照 DoD 的规定，系数 φ 对抗弯强度取 0.9(ACI 318—02)。

顶部钢筋是 No. 4@215.9 mm(8.5 in)中-中。因为翼缘板的宽度为 889.0 mm(35 in)，所以总的钢筋面积 $A_s=504.4\ \text{mm}^2(0.82\ \text{in}^2)$/每根肋$\left(\text{即 }0.20\ \frac{\text{in}^2}{\text{每根钢筋}}\times\frac{35\ \text{in/每根肋}}{8.5\ \text{in/每根钢筋}}\right)$。

保护层 25.4 mm(1 in)，则从顶部钢筋的质心到最外受压边缘纤维的截面有效高度 $d=16.5-(1+0.5/2)\text{in}=15.25\ \text{in}=387.4\ \text{mm}$。

$$a=\frac{A_s f_y}{0.85\,b_w f'_c}=\frac{0.82\times 75}{0.85\times 5\times 5}=2.89\ \text{in}=73.4\ \text{mm}$$

其中，保守地假定受压区的宽度 b_w 等于 127 mm(5 in)。

$$-\varphi M_n=\varphi A_s f_y\left(d-\frac{a}{2}\right)=0.9\times 0.82\times 75\times\left(15.25-\frac{2.89}{2}\right)$$

$$=764.0\ \text{in}\cdot\text{kips}=63.7\ \text{ft}\cdot\text{kips}=86.4\ \text{kN}\cdot\text{m}$$

b. 正设计抗弯强度$+\varphi M_n$(跨中)。

在确定标称抗弯强度中，钢筋屈服强度 f_y 和混凝土抗压强度 f'_c 都已经乘以了 1.25 的强度提高系数。按照 DoD 的规定，系数 φ 对抗弯强度取 0.9(ACI 318—02)。

底部钢筋是 1 根 No. 4+1 根 No. 5，钢筋的总面积等于 313.7 mm^2(0.51 in^2)。

保护层 25.4 mm(1 in)，从底部钢筋的质心到最外受压边缘纤维的截面有效高度 $d=16.5-(1+0.625/2)15.2\ \text{in}=386.1\ \text{mm}$。

$$a=\frac{A_s f_y}{0.85\,b_w f'_c}=\frac{0.51\times 75}{0.85\times 35\times 5}=0.26\ \text{in}=6.6\ \text{mm}$$

$$+\varphi M_n=\varphi A_s f_y\left(d-\frac{a}{2}\right)=0.9\times 0.51\times 75\times\left(15.2-\frac{0.26}{2}\right)$$

$$=519\ \text{in}\cdot\text{kips}=43.2\ \text{ft}\cdot\text{kips}=58.6\ \text{kN}\cdot\text{m}$$

c. 设计抗剪强度 φV_n。

在确定标称抗剪强度中，混凝土抗压强度 f'_c 已经乘以了 1.25 的强度提高系数。按照 DoD 的规定，系数 φ 对抗剪强度取 0.75(ACI 318—02)。由于梁肋的宽度沿其截面高度是变化的，所以在抗剪强度的计算中取其平均值：

$$b_w=\frac{b_{max}+b_{min}}{2}=\frac{7.53+5}{2}=6.26\ \text{in}=159.0\ \text{mm}$$

由于未配抗剪钢筋，所以只考虑混凝土所起的作用。按照 ACI 318—02 第 8.11.8 条对密肋楼盖结构的规定，这里标称抗剪强度可以提高 10%。

$$\varphi V_n=\varphi\times 1.1\times 2\sqrt{f'_c}\,b_w d=0.75\times 1.1\times 2\times\sqrt{5000}\times 6.26\times 15.2\times\frac{1}{1000}=11.1\ \text{kips}=49.4\ \text{kN}$$

③密肋——边跨。

a. 负设计抗弯强度$-\varphi M_n$(支座处)。

在确定标称抗弯强度中，钢筋屈服强度 f_y 和混凝土抗压强度 f'_c 都已经乘以了 1.25 的强度提高系数。按照 DoD 的规定，系数 φ 对抗弯强度取 0.9(ACI 318－02)。

顶部钢筋是 No. 5@304.8 mm 中-中。因为翼缘板的宽度为 889.0 mm，所以总的钢筋面积为

$$A_s = 0.90\ \text{in}^2 = 553.6\ \text{mm}^2 \left(\text{即 } 0.31\ \frac{\text{in}^2}{\text{每根钢筋}} \times \frac{35\ \text{in/ 每根肋}}{12\ \text{in/ 每根钢筋}}\right)。$$

保护层 25.4 mm(1 in)，则从顶部钢筋的质心到最外受压边缘纤维的截面有效高度 $d=15.2\ \text{in}=16.5-(1+0.625/2)=386.1\ \text{mm}$。

$$a = \frac{A_s f_y}{0.85\, b_w f'_c} = \frac{0.9 \times 75}{0.85 \times 5 \times 5} = 3.18\ \text{in} = 80.8\ \text{mm}$$

其中，保守地假定受压区的宽度 $b_w = 5\ \text{in} = 127\ \text{mm}$ 。

$$-\varphi M_n = \varphi A_s f_y \left(d - \frac{a}{2}\right) = 0.9 \times 0.90 \times 75 \times \left(15.2 - \frac{3.18}{2}\right)$$

$$= 826.8\ \text{in} \cdot \text{kips} = 68.9\ \text{ft} \cdot \text{kips} = 93.4\ \text{kN} \cdot \text{m}$$

b. 正设计抗弯强度 $+\varphi M_n$（跨中）。

在确定标称抗弯强度中，钢筋屈服强度 f_y 和混凝土抗压强度 f'_c 都已经乘了 1.25 的强度提高系数。按照 DoD 的规定，系数 φ 对抗弯强度取 0.9(ACI 318－02)。

底部钢筋是 1 根 No. 5＋1 根 No. 6，钢筋的总面积＝0.75 in^2＝461.4 mm^2。

保护层 25.4 mm，从底部钢筋的质心到最外受压边缘纤维的截面有效高度 $d=16.5-(1+0.75/2)=15.12\ \text{in}=384.0\ \text{mm}$。

$$a = \frac{A_s f_y}{0.85\, b_w f'_c} = \frac{0.75 \times 75}{0.85 \times 35 \times 5} = 0.38\ \text{in} = 9.7\ \text{mm}$$

$$+\varphi M_n = \varphi A_s f_y \left(d - \frac{a}{2}\right) = 0.9 \times 0.75 \times 75 \times \left(15.12 - \frac{0.38}{2}\right)$$

$$= 756\ \text{in} \cdot \text{kips} = 63.0\ \text{ft} \cdot \text{kips} = 85.4\ \text{kN} \cdot \text{m}$$

c. 设计抗剪强度 φV_n 。

边跨密肋的抗剪强度与内跨是相同的。

(5)建筑物端部的侧墙失去(案例情况 1)。

侧墙的深梁/拱作用是用来跨越案例情况 1 中被去掉墙体的主要受力机理。这种受力性状与第 4 章、第 5 章所应用的是绝然不同的，在这两章的例题建筑物中，水平结构构件(即梁和/或板)的自身抗弯作用是用来跨越被去掉柱子的主要受力机理。在每一个楼层都需假设失去 6069 mm(20 ft)墙体，一次一层。

①1 楼墙体的失去。

在首层的墙体失去之后，要对其余保留墙体的内力需求量进行评估。对那些可能潜在超限应力的部位要进行壳体元件的内力检验。

图 6-19 说明了 ETABS 程序在计算机屏幕上所显示的水平方向(即与 Y 轴平行)壳体元件内力的清晰图像。除了在洞口直接上方的较小部位外，其他部位所预测的水平方向的拉力都小于 147.4 kN/m(10.1 kips/ft)的容许值。洞口正上方的局部拉力稍大于容许值，其中最大的拉力接近 160.5 kN/m(11.0 kips/ft)。为了评估现有钢筋的可行性，则取 609.6 mm(2 ft)的标准元网格整个高度的平均最大水平拉力来进行评估。假定这个元件内的力是线性分布的，则所算得的平均拉力为 99.2 kN/m(6.8 kips/ft)，小于容许的力，因此满足要求(见图 6-19)。

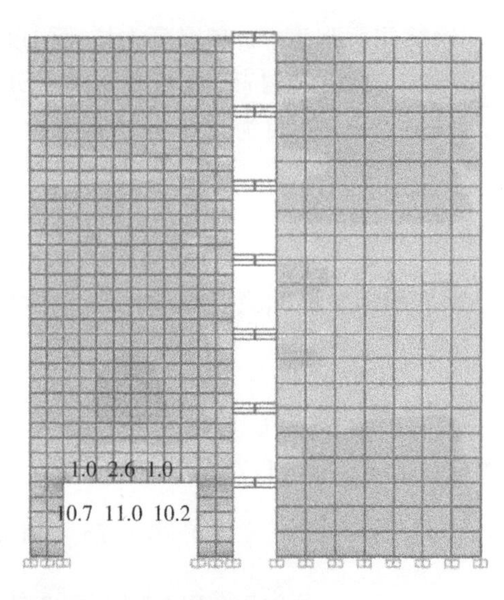

图 6-19 墙的水平拉力——案例情况 1(单位：kips/ft)(×14.593 9 kN/m)

图 6-20 说明了 ETABS 程序在计算机屏幕上所显示的竖向(即与 Z 轴平行)壳体元件内力的图像。在这个方向，最大的拉力大约 71.5 kN/m(4.9 kips/ft)，远远小于 131.3 kN/m(9.0 kips/ft)的容许力度。

1 楼墙体的失去代表了其余保留墙体承受轴向荷载的一种最不利案例情况。除了轴向荷载外，这些剪力墙还要抵抗由侧向力所产生的内力。根据 DoD 导则的荷载组合要求条件，这候补传力途径方法还包含有与重力荷载同时作用的 20%风荷载。

图 6-21 显示了位于建筑物外边缘的 1219.2 mm(4 ft)宽墙肢的横截面。第 1 根 No. 4 钢筋距离墙的 D 轴线外端只有 50.8 mm(2 in)，其余钢筋的间距均为 457.2 mm(18 in)中-中。由于不对称的钢筋布置，所以墙肢在两个正反方向的抗弯强度是不一样的。为此，只好用最保守的方法来处理。

图 6-22 提供了墙肢的受力关系和最大的内力需求量。图 6-22 中显示了两个点的坐标位置，一个表示最大轴力的情况，另一个代表了最大的弯矩。由于这两个点都坐落在关系曲线的里面，所以此墙是足以抵抗轴力和弯矩的组合作用的。

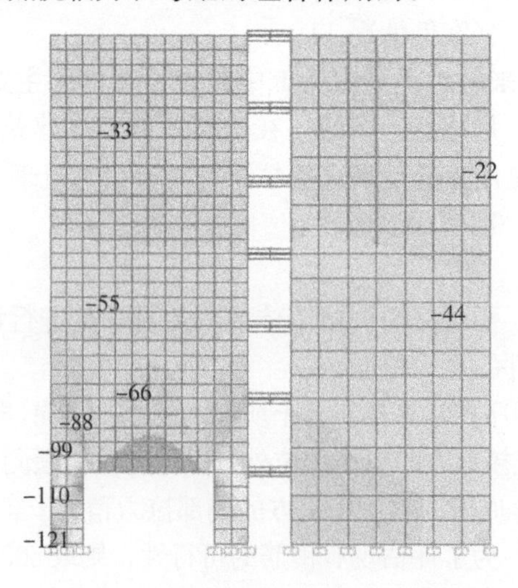

图 6-20 墙的竖向内力——案例情况 1(单位：kips/ft)(×14.5939 kN/m)

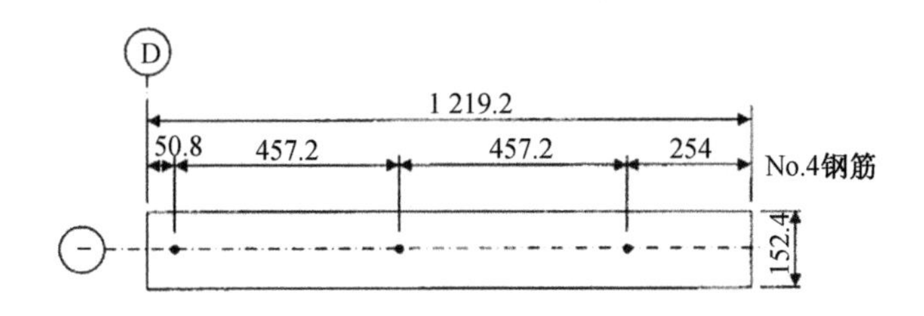

图 6-21　首层墙肢的横截面(案例情况 1)

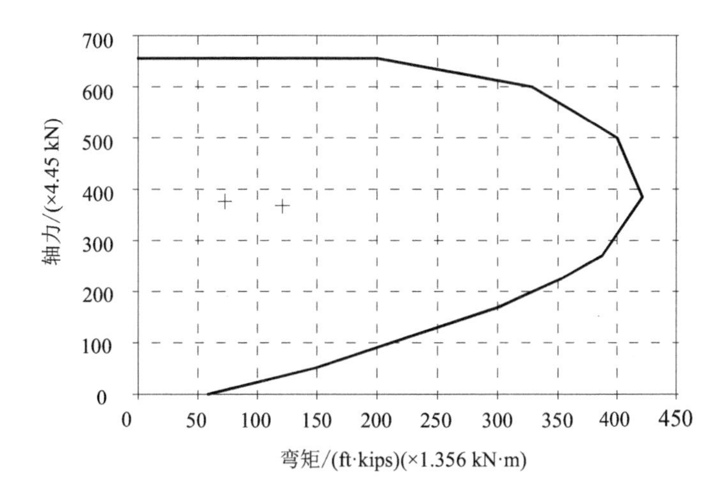

图 6-22　首层墙肢的设计强度关系图(案例情况 1)

接下来要检验墙的抗剪能力。如图 6-23 所显示的那样，洞口上部区域(首层楼盖与第 2 层楼盖之间)的剪力大于 223.3 kN/m(15.3 kips/ft)的容许剪力值。为了确定这个区域内总的剪力需求量，将这 6096 mm 长×3048 mm 高(20 ft 长×10 ft 高)的墙体构思成一种单独的拱肩墙构件。尽管将这个区域规定为拱肩并不是为了整体分析，但它能使 ETABS 本能地去计算作用在墙体构件上的总剪力。

作用在拱肩墙左边整个高度的最大剪力是 787.3 kN(177 kips)，而作用在右边整个高度的最大剪力是 1054.2 kN(237 kips)。根据较大的剪力值来计算所需的抗剪钢筋：

$$\varphi V_n \geqslant V_u$$

$$\varphi V_n = \varphi\left(2\sqrt{f_c'}\, b_w d + \frac{A_v f_y d}{s}\right)$$

在上面的公式中，将 φV_n 换成 V_u 来求解 $\frac{A_v}{s}$ 值：

$$\frac{A_v}{s} = \left(\frac{V_u}{\varphi} - 2\sqrt{f_c'}\, b_w d\right)\frac{1}{f_y d} = \left(\frac{237000}{0.75} - 2\times\sqrt{5000}\times 6\times 114\right)\times\frac{1}{75000\times 114}$$

$$= 0.0256\ \text{in}^2/\text{in} = 0.6502\ \text{mm}^2/\text{mm}$$

假定配的是 No. 5 的单面钢筋，则其最大的间距为

$$s = \frac{0.31}{0.0256} = 12.1\ \text{in} = 307.3\ \text{mm}$$

为了简单明了，在底部两个楼层的整个墙内都应该配置 No. 5@304.8 mm(12in)中-中

的竖向钢筋，然后再根据其他楼层墙体失去情况的分析结果来确定建筑物其余墙体的配筋。

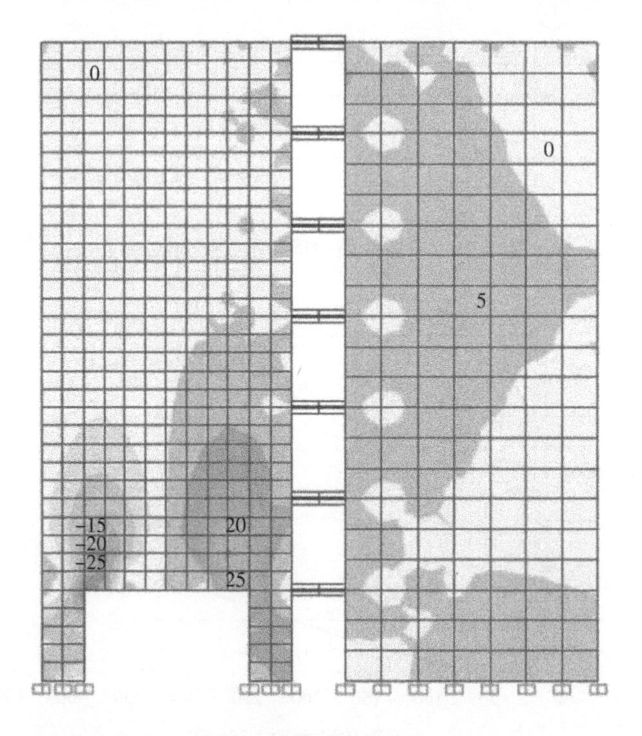

图 6-23　墙的剪力——案例情况 1(单位：kips/ft)(×14.5939 kN/m)

DoD 候补传力途径法的验收标准还要求进行变形限度的检验。因为洞口上方的其余墙体都相对比较刚，所以这里最大的挠度也是偏小的。6096 mm(20 ft)洞口的跨中，最大的下垂挠度才接近 1.27 mm(0.05 in)，完全在钢筋混凝土所规定的变形限度之内。

②2 楼到 6 楼的墙体失去。

2 楼到 6 楼的墙体失去(一次一层)所造成的预计结构性状和 1 楼墙体失去所构成的性状非常相似。平面内的水平方向和垂直方向的内力轮廓标绘图像显示说明所有区域的拉力需求量都小于容许量。经检查，被去掉墙体的楼层位置越高，墙肢里的轴力也就越小。由于 1 楼的抗轴压强度已经足够，而且墙厚和配筋在整个建筑物的高度范围内均一样(或比较保守)，所以可以断定 2 楼到 6 楼的抗轴压强度也是满足要求的。

随着被去掉墙体的楼层位置增高，最大剪切力也随之减小，导致底部两层所提供的抗剪钢筋数量随之渐次减少。表 6-10 归纳了被去掉墙体直接上方的 6069 mm 长×3048 mm 高(20 ft 长×10 ft 高)墙体内的最大剪切力与所需要的钢筋。

表 6-10　3 楼到 7 楼的墙体剪力一览表

被去掉墙体的楼层	被检验的楼层	最大 V_u/kN	$\frac{A_v}{s}$/(mm²/mm)	所拟定的配筋
2 楼	3 楼	938.6	0.5486	No. 5@304.8 mm
3 楼	4 楼	800.7	0.4267	No. 5@457.2 mm
4 楼	5 楼	671.7	0.3099	No. 5@457.2 mm
5 楼	6 楼	556.0	0.2083	用现有钢筋
6 楼	7 楼	507.1	0.1651	用现有钢筋

当2楼到6楼的墙体失去后，最大的预计挠度[约1.27 mm(0.05 in)]与1楼的情况一模一样。这个挠度完全在钢筋混凝土所规定的变形限度之内。

③7楼墙体的失去。

当7楼去掉6096 mm(20 ft)长的墙体所产生的结构性状与下面楼层失去墙体所导致的情况是不同的。7楼去掉的墙体是直接从密肋的底部下去掉的，使单项密肋失去了外边缘的支撑。为了防止屋顶的破坏，6根边跨单项密肋必须从②轴线的内墙向外悬臂8534.4 mm(28 ft)的距离。图6-24和图6-25分别显示了由此而引致的弯矩图和剪力图。

和两端都被支承的单向密肋不同的是，悬臂的单项密肋承受着通长的负弯矩。最大的负弯矩378.3 kN·m(279 ft·kips)出现在②轴线的部位，穿越②轴线支座上方的现有顶部钢筋由No. 5@304.8 mm中-中组成，仅提供了93.4 kN·m(68.9 ft·kips)的容许负设计抗弯强度。因为不可能沿着悬臂来重新分配弯矩，所以认定这些密肋已经失效。此外，由于弯矩需求量整整高出设计强度4倍，想仅靠增补钢筋来使现有单向密肋的截面能满足验收标准是不大可能的。

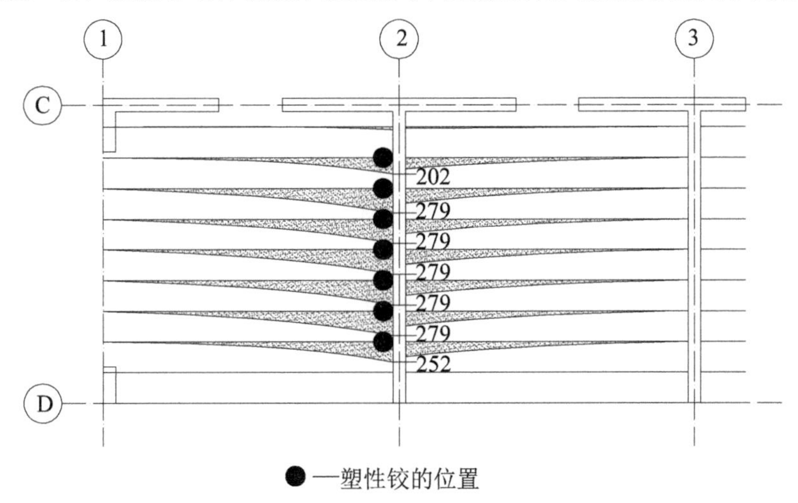

图6-24　单项密肋屋盖的最大弯矩包络图——案例情况1(单位：ft·kips)(×1.356 kN·m)

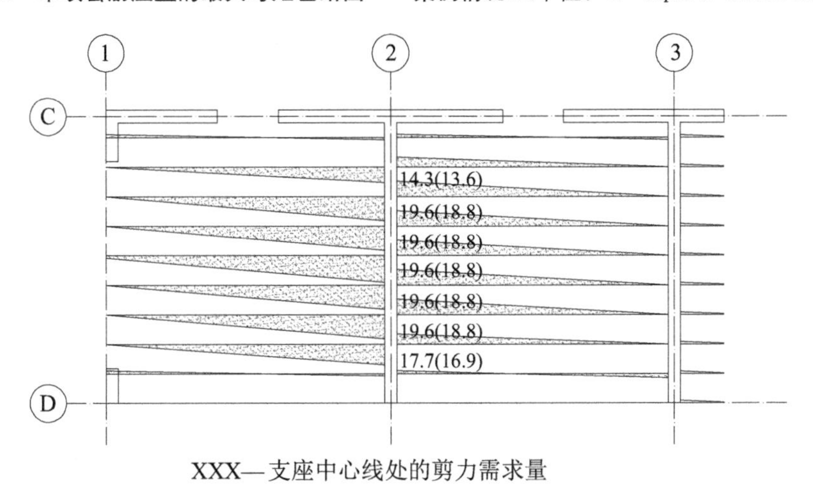

图6-25　单项密肋屋盖的最大剪力包络图——案例情况1(单位：×4.4482 kN)

除了形成一种挠曲的机构外，这些密肋还不足以抵抗剪力。如图6-24所显示说明的那样，支座中心线和距离墙表面 d 处的最大剪力需求量分别为 87.2 kN(19.6 kips)和 83.6 kN(18.8 kips)，都大于 49.4 kN 的容许剪力。

按照 DoD 的处理方法，将这些已经失效的构件从分析模型中去掉，并将它们的相关荷载(其中包括动力放大系数)分摊给下面的楼层。不过，在进行重新分析之前还要先确认预计的破坏面积 52.0 m^2(即 6.10 m 宽×8.53 m 的开间跨度)是小于容许值的。对外部构件的渐次倒塌案例情况来讲，被限制的破坏面积取下列之较小者：

a. 69.7 m^2(750 ft^2)←取值；

b. 15%的总楼层面积=0.15×140×62=1 302 ft^2=121.0 m^2。

由于预计的倒塌面积小于容许值，所以分析继续往下进行。

从分析模型中将已失效的屋盖受力构件去掉，并将它的静荷载(由屋盖的自重和附加荷载组成)增添到第 6 层楼盖的荷载中去，总共 10.6 kPa(220.8 psf)的静荷载[即 2×1.2×(82+10)]被均匀分布在倒塌屋顶正下方的 6.10 m×8.53 m 的面积内。这个荷载未包括第 6 层楼盖原本已有的 $1.2D+0.5L$ 。由于在候补传力途径的方法中是不考虑屋面活荷载的，所以没有把屋顶的活荷载增添到第 6 层的楼盖上。在重新分析后，要对第 6 层的单向密肋楼盖进行评估，以确定它们是否有足够的强度来支承倒塌的部分屋顶。

图 6-26 显示了第 6 层单向密肋楼盖的弯矩图。最大正弯矩需求量74.6 kN·m(55 ft·kips)小于 85.4 kN·m(63.0 ft·kips)的正设计抗弯强度。在轴线②的位置，最大负弯矩需求量 104.4 kN·m(77 ft·kips)超过了 93.4 kN·m(68.9 ft·kips)的负设计抗弯强度。由于这些单向密肋只有一端的抗弯强度被超出，所以有弯矩重分配的潜在可能。

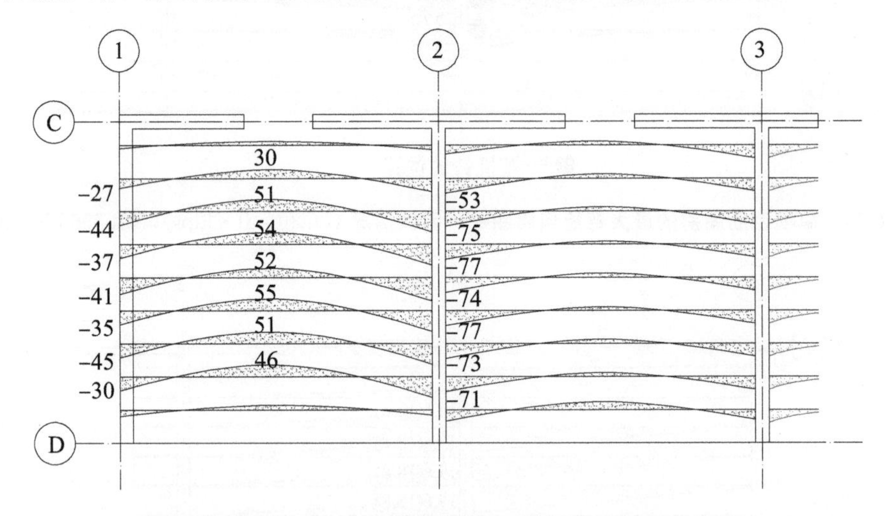

图 6-26　第 6 层单向密肋楼盖在外加屋顶荷载作用下的最大弯矩包络图——案例情况 1(单位：×1.356 kN/m)

在分析模型中的每一根负弯矩需求量大于 93.4 kN·m(68.9 ft·kips)的密肋端部嵌入一个塑性铰。用释放沿轴线②墙表面部位的抵抗力矩来模拟这些离散的塑性铰。在塑性铰的外侧加上一个量值等于密肋的负抗弯强度，而作用方向与外弯矩切合的定值弯矩。图 6-27 显示了最后的塑性铰布置。

在重新启动模型的分析后，再将分析所得的弯矩需求量去与相应的设计抗弯强度做比对。如图 6-28 所显示说明的那样，所有部位的弯矩需求量现在都已不大于设计抗弯强度，为此抗弯分析结束。最后要评估的就是单向密肋的抗剪能力。

图 6-29 显示了边跨在沿②轴线部位嵌入塑性铰后的密肋剪力需求量。倒塌区域内 7 根单向密肋中的 6 根都有大于 49.4 kN 的容许设计抗剪强度的剪力需求量。因此，第 6 层楼盖的受力构件已没有足够的强度来支承倒塌的屋顶残骸了，并将相继破坏。总的倒塌面积(按将第 6 层楼盖的破坏面积加上屋顶已倒塌的面积来确定)现在已经超过了容许的破坏面积，而且已不允许再重新分摊荷载了。因此，只能重新设计此结构。

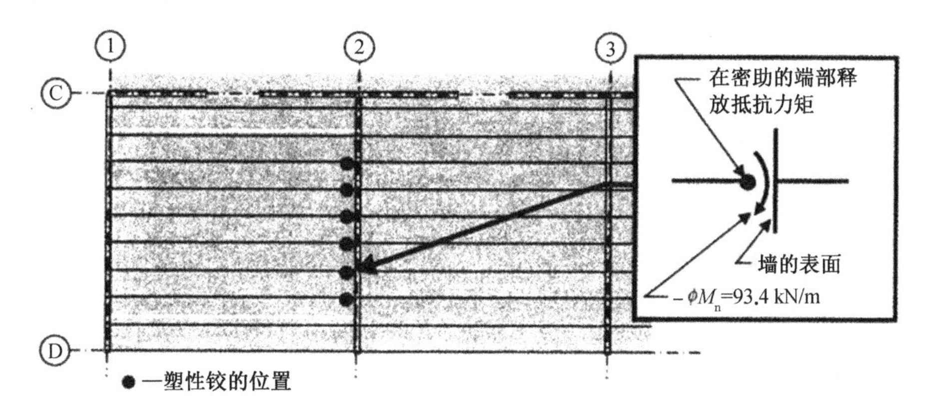

图 6-27　第 6 层单向密肋楼盖的塑性铰位置(案例情况 1)

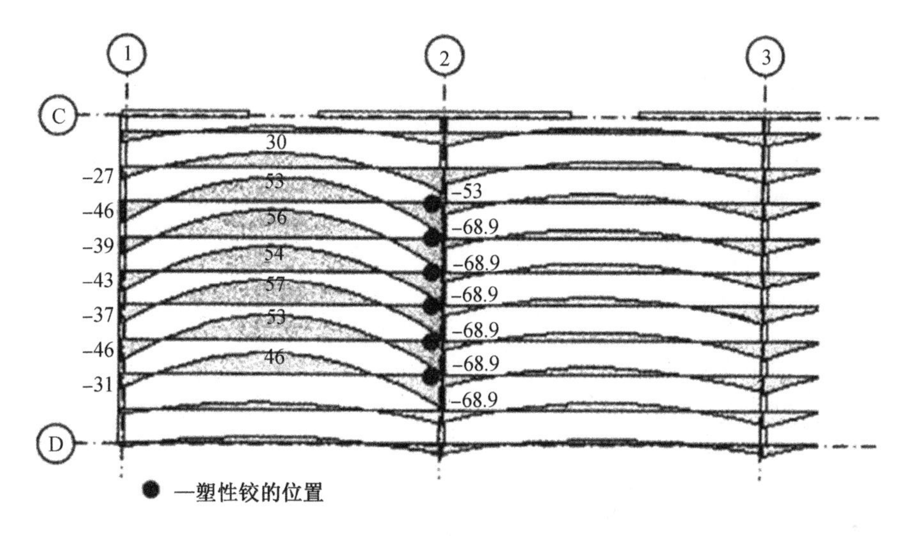

图 6-28　第 6 层单向密肋楼盖在外加屋顶荷载作用下重新分析的
最大弯矩包络图——案例情况 1(单位：ft・kips)(×1.356 kN・m)

④密肋抗剪强度的重新设计。

现有的设计抗剪强度：φV_n＝11.1 kips＝49.4 kN

最大剪力需求量：V_u＝15.2 kips (距离墙表面 d 处)＝67.6 kN

在维持现有单向密肋尺寸不变的前提下，有两种可供选择的处理方法来提高密肋的抗剪强度：

a. 在这密肋的两端加腋；

b. 增添抗剪钢筋。

为了能让整栋建筑物的单向密肋仍采用同一模板，则选择了后一种处理方法。在密肋里增设单肢箍筋的设计如下：

$$\varphi V_n \geqslant V_u$$

$$\varphi V_n = \varphi(V_c + V_s)$$

$$V_u = \varphi(V_c + V_s)\text{，则}V_s = \frac{V_u}{\varphi} - V_c$$

$$V_s = \frac{15.2}{0.75} - 11.1 = 9.2\ \text{kips} = 40.9\ \text{kN}$$

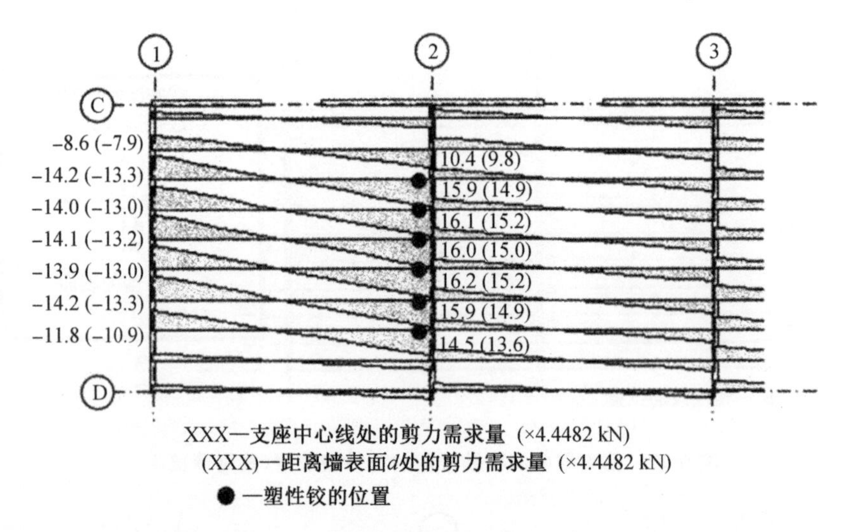

图 6-29　第 6 层单向密肋楼盖在外加屋顶荷载作用下的最大剪力包络图(案例情况 1)

最大的箍筋间距 $\frac{d}{2} = \frac{15.2}{2} = 7.6\ \text{in} = 193.0\ \text{mm}$。假设采用 No. 3 的箍筋，间距取 190.5 mm(7.5 in)，则由此箍筋所提供的抗剪强度计算如下：

$$V_s = \frac{A_v f_y d}{s} = \frac{0.11 \times 75 \times 15.2}{7.5} = 16.7\ \text{kips} = 74.3\ \text{kN} > 9.2\ \text{kips} = 40.9\ \text{kN}$$

因此，No. 3 间距 190.5 mm(7.5 in)的单肢箍筋能满足抗剪的需要。在剪力需求量等于设计抗剪强度的位置[约距离①和②轴线 1600.2 mm(5 ft 3 in)]可以不再设置箍筋。

(6)横断内承重墙的失去(案例情况 2)。

像案例 1 的情况那样，案例情况 2 中跨越被假设去掉墙体的基本受力机理是余留悬臂墙体所起的深梁/拱作用。下面将讨论每一层楼所出现的性状。

①1 楼墙体的失去。

在首层的墙体失去之后，要对其余保留墙体的内力需求量进行评估。对那些可能潜在超限应力的部位要进行壳体元件的内力检验。由于墙平面外的受力是微不足道的，所以只考虑平面内的受力情况。图 6-30～图 6-32 说明了 ETABS 程序在计算机屏幕上所显示的平面内每一种受力的壳体元件内力的清晰轮廓图像。图 6-30 和图 6-31 分别显示了水平方向(即平行于 Y 轴)和垂直方向(即平行于 Z 轴)的内力，而图 6-32 则显示了平面内的剪力。

在水平方向，最大的拉力约为 70.1 kN/m(4.8 kips/ft)，远远小于 147.4 kN/m(10.1 kips/ft)的容许承载能力(在图 6-30 中，拉力被标示为正值)。在垂直方向，除了被去掉墙体直接上方位于该建筑物外边缘的一个小区域以外，其他的这些预估拉力都小于 131.3 kN/m(9.0 kips/ft)的容许值。

为了评估现有竖向钢筋的可行性，则计算 609.6 mm(2 ft)网格单元的整个宽度的最大总竖向力。假定这个元件内的竖向力是线性分布的，则计算所得的平均拉力为 157.6 kN/m (10.8 kips/ft)(见图 6-31)。尽管这个拉力是大于 131.3 kN/m(9.0 kips/ft)的容许值，但墙端部的抗拉强度确实要比其他部位稍微大一些。根据墙端部 736.6 mm(29 in)长度内的 2 根 No.4 竖向钢筋来计算这设计抗拉强度：

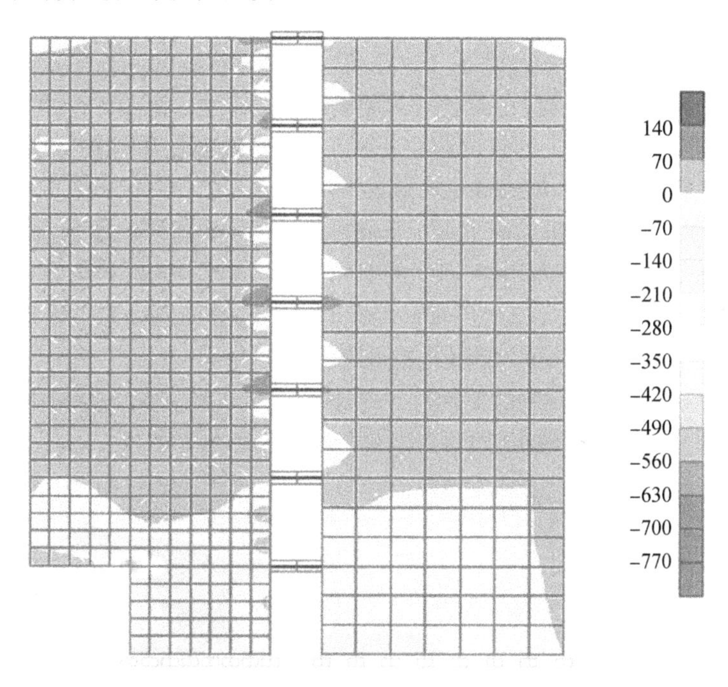

图 6-30　墙的水平拉力——案例情况 2(单位：×14.5939 kN/m)

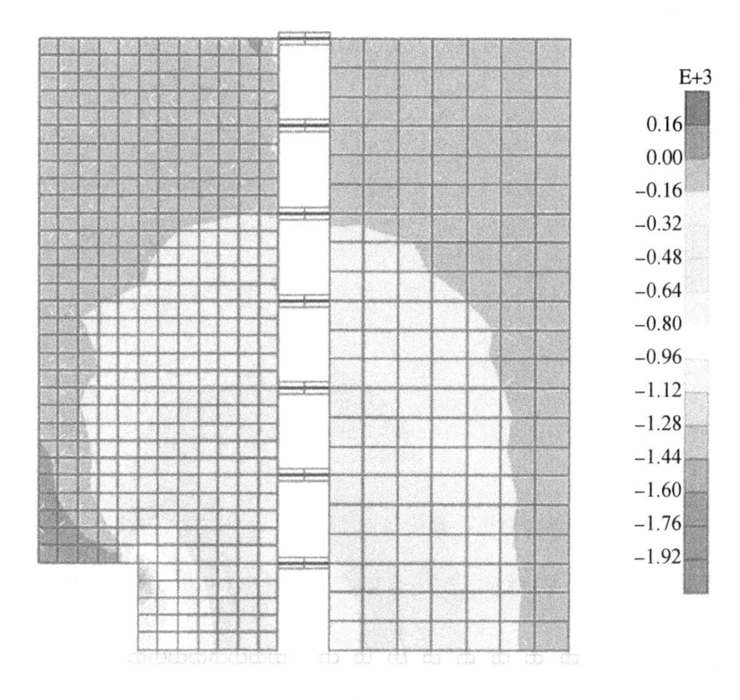

图 6-31　墙的竖向内力——案例情况 2(单位：×14.5939 kN/m)

$$\varphi T_n = \varphi A_s f_y = 0.9 \times 0.40 \times \frac{12}{29} \times 75 = 11.2 \text{ kips/ft} = 163.5 \text{ kN/m}$$

由于 11.2 kips/ft=163.5 kN/m>10.8 kips/ft=157.6 kN/m，所以现有墙的强度对竖向抗拉来讲是足够的。

1 楼墙体的失去代表了余留墙体承受轴向荷载的一种最不利案例情况。抗轴压强度(用 ACI 318—02 第 14 章所规定的经验设计方法计算所得)为 1434.6 kN/m(98.3 kips/ft)。总的来讲，图 6-31 中所标示的轴力需求量都小于这个值。不过，唯一的例外出现在被去掉墙体的右侧并紧挨着洞口顶部的这个位置。在这个区域内的最大轴力达到 1634.5 kN/m(112 kips/ft)，却只覆盖着一个非常小的范围。如果按洞边 609.6 mm(2 ft)宽的单元网格墙体来计算平均值，则这平均的轴力需求量为 1342.6 kN/m(92 kips/ft)，小于 1434.6 kN/m(98.3 kips/ft)的抗轴压强度(见图 6-31)。由于预测的轴力需求量小于所具有的强度，所以此墙是满足要求的。

接下来，评估墙的抗剪能力。图 6-32 的显示说明了首层楼盖与第 2 层楼盖之间的区域的受剪情况。此处墙的剪力大于 639.6 kN(143.8 kips)的容许值。为了确定这个区域内的总的剪力需求量，将首层楼盖与第 2 层楼盖之间的一段 3048 mm 宽×3048 mm 高(10 ft 宽×10 ft 高)的墙体构思成一种单独的拱肩墙构件。尽管将这个区域规定为拱肩并不是为了这整体分析，但它能使 ETABS 本能地去计算作用在墙体构件上的总剪力。

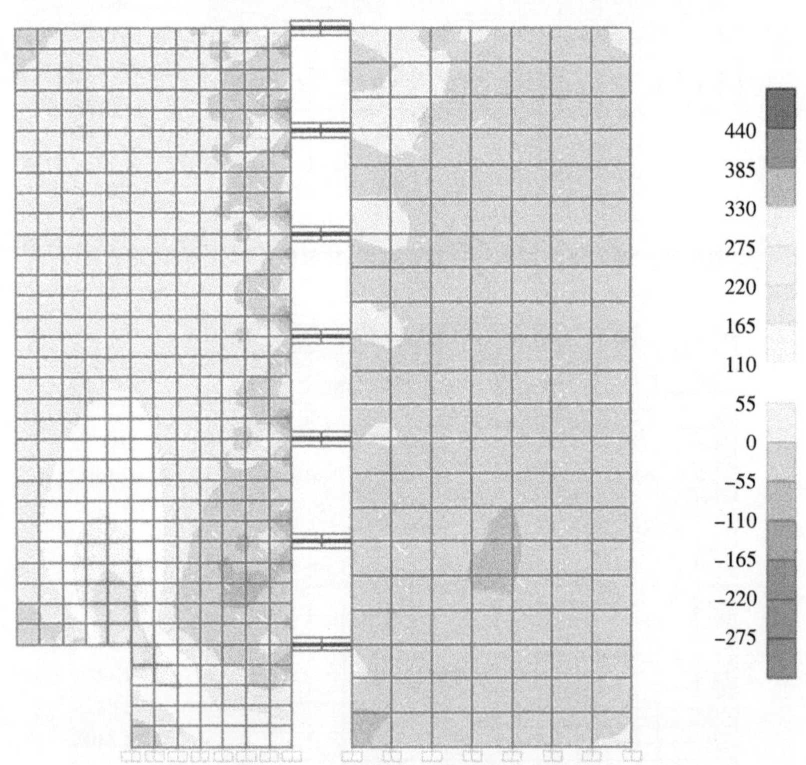

图 6-32　墙的剪力—案例情况 2(单位：×14.5939 kN/m)

作用在拱肩墙体上的最大剪力是 1352.3 kN(304 kips)，这所需要的抗剪钢筋计算如下：

$$\varphi V_n \geqslant V_u$$

$$\varphi V_n = \varphi \left(2\sqrt{f'_c}\, b_w d + \frac{A_v f_y d}{s} \right)$$

在上面的公式中，将 φV_n 换成 V_u 来求解 $\frac{A_v}{s}$ 的值。

$$\frac{A_v}{s}=\left(\frac{V_u}{\varphi}-2\sqrt{f_c'}\,b_w d\right)\frac{1}{f_y d}=\left(\frac{304000}{0.75}-2\times\sqrt{5000}\times 6\times 114\right)\times\frac{1}{75000\times 114}$$

$$=0.036\ \text{in}^2/\text{in}=0.914\ \text{mm}^2/\text{mm}$$

假定配的是 No. 6 的单面钢筋，则其最大的间距为

$$s=\frac{0.44}{0.036}=12.2\ \text{in}=309.9\ \text{mm}$$

为了简单明了，在底部两个楼层从建筑物外边缘开始 it 算的 4267.2 mm(14 ft)宽度(即墙总长的一半)内都应该配置 No. 6@304.8 mm 中-中的竖向钢筋，然后再根据其他楼层墙体失去情况的分析推断结果来确定底部两个楼层上方的各楼层墙体的配筋需要。

DoD 候补传力途径法的验收标准还要求进行变形限度的检验。余留下来的高截面悬臂墙体的大刚度(即截面惯性矩)只能产生很小的变形。在④轴线和 D 轴线交接处的被去掉墙体上方的余留墙体的最大预测下垂挠度才接近 1.78 mm(0.07 in)，这个挠度完全在所有规定的钢筋混凝土的变形限度之内。

②2 楼到 6 楼的墙体失去。

2 楼到 6 楼的墙体失去(一次一层)所造成的预计结构性状和 1 楼墙体失去所构成的性状非常相似。平面内的水平方向和垂直方向的内力轮廓标绘图像显示说明所有部位的拉力需求量都小于相关的容许值。经检查，随着被去掉墙体的楼层位置越高，墙肢里的轴力也就越小。由于 1 楼的抗轴压强度都已经足够，而且墙厚和配筋在整个建筑物的高度范围内也都是相同的(或比较保守的)，所以可以断定 2～6 楼的抗轴压强度也是足够的。

随着被去掉墙体的楼层位置增高，最大剪切力逐渐减小。这就可以将在底部两层所提供的抗剪钢筋数量随之渐次减小。表 6-11 归纳了被去掉墙体直接上方的 3048 mm×3048 mm 墙体内的最大剪切力和所需要的钢筋。

表 6-11　3 楼到 7 楼的墙体剪力一览表

被去掉墙体的楼层	被检验的楼层	最大 V_u/kN	$\frac{A_v}{s}$/(mm²/mm)	所拟定的配筋
2 楼	3 楼	1201.0	0.7823	No. 6@304.8 mm
3 楼	4 楼	1063.1	0.6604	No. 5@304.8 mm
4 楼	5 楼	934.1	0.5436	No. 5@304.8 mm
5 楼	6 楼	831.8	0.4521	No. 5@406.4 mm
6 楼	7 楼	827.4	0.4496	No. 5@406.4 mm

在 2 楼到 6 楼的墙体失去后所预测的最大挠度与 1 楼墙体失去的情况差不多相同。最大的挠度是在 6 楼墙体失去时出现在④轴线和 D 轴线的交接部位。在这个案例情况中，跨越洞口的悬臂墙体截面高度是最小的(即 3048 mm)。不过，它与它的悬臂跨度相比，这 3048 mm高的墙体还算是相对比较刚的，所以最大的挠度也仍然是小的。最大的计算挠度 2.03 mm 完全在所有规定的钢筋混凝土的变形限度之内。

③7 楼墙体的失去。

7 楼去掉 3048 mm 墙体后所产生的结构性状与前面所讨论的完全不一样。因为墙体是直接从密肋的底部下去掉的，使单向密肋失去了一个内部支撑。为了防止屋顶的破坏，最靠

近建筑物外边缘的 4 根单向密肋必须要能跨越两个开间[即 17 068.8 mm(56 ft)]。图 6-33 和图 6-34 分别显示了由此而引致的弯矩图与剪力图。

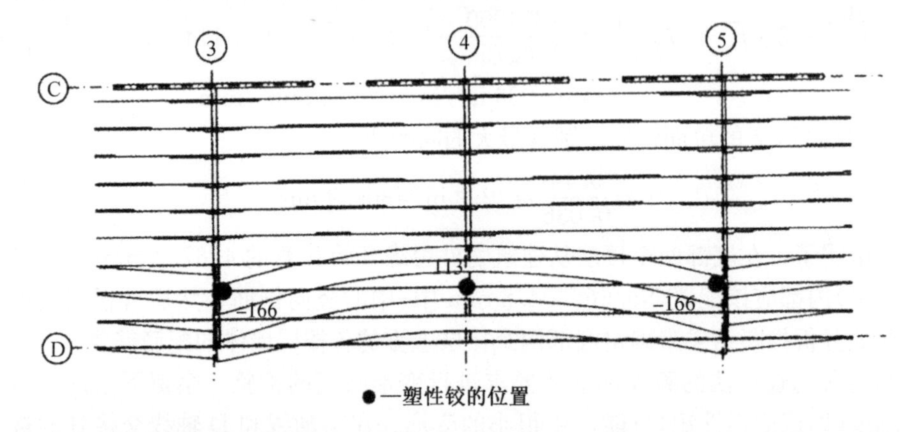

图 6-33　单向密肋屋盖的最大弯矩包络图——案例情况 2(单位：ft・kips)(×1.356 kN・m)

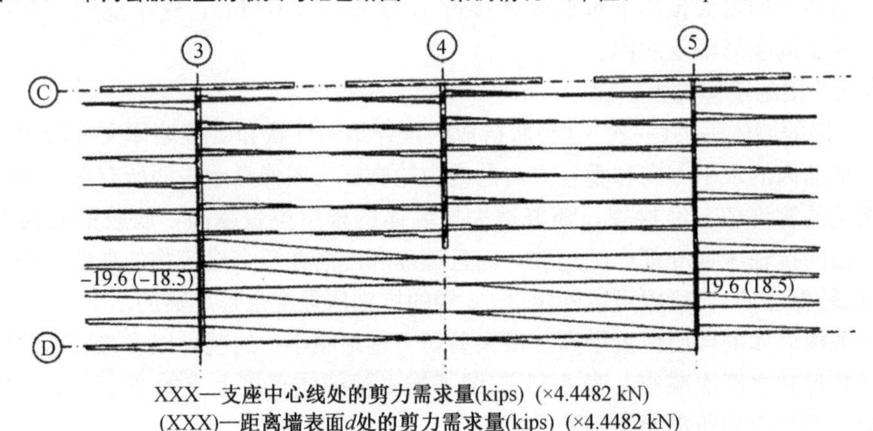

图 6-34　单向密肋屋盖的最大剪力包络图——案例情况 2

单向密肋的最大正弯矩 153.2 kN・m(113 ft・kips)出现在④轴线的部位(即被去掉墙体的部位)。在这个部位，弯矩内力逆转了方向，由负变为正。假定所有的现有底部钢筋都是连续贯通这个支座的，那么它的正设计抗弯强度为 58.6 kN・m(43.2 ft・kips)，不到预测弯矩需求量的 40%。因为仍有弯矩重分配的潜在可能，所以此时还不能认定这些单向密肋已经失效。

最大的 225.1 kN・m(166 ft・kips)负弯矩出现在③轴线和⑤轴线的支座部位。如正弯矩的情况那样，最大的负弯矩需求量整整比 86.4 kN・m(63.7 ft・kips)的负设计抗弯强度大了 1.5 倍。这些屋顶的密肋在同一跨度的三个部位(即两端和跨中)都超出了它们自身的抗弯强度，已形成了三铰环的机构。

除了形成一种挠曲的机构外，这些密肋还不足以抵抗剪力。如图 6-35 所显示说明的，支座中心线和距离墙表面 d 处的最大剪力需求量分别为 87.2 kN(19.6 kips)和 82.3 kN(18.5 kips)，都大于49.4 kN(11.1 kips)容许值。

按照 DoD 的处理方法，将已失效的构件从分析模型中去掉，并将它们的相关荷载(其中包括动力放大系数)分摊给下面的楼层。不过，在进行重新分析之前还需先确认预计的破坏面积 52.0 m²[即 3048 mm(宽)×17068.8 mm(两个开间跨度)]是小于容许值的。对外部构件的渐次倒塌案例情况来讲，被限制的破坏面积取下列之较小者：

a. 69.7 m^2←取值；

b. 15%的总楼层面积＝0.15×140×62＝1302 ft^2＝121.0 m^2。

由于预计的倒塌面积小于容许值，所以继续分析。

从分析模型中将已失效的屋盖受力构件去掉，并将它的静荷载(由屋盖的自重和附加荷载组成)增添到第6层楼盖的荷载中去，总共10.6 kPa(220.8 psf)的静荷载[即2×1.2×(82＋10)]被均匀分布在倒塌屋顶正下方的3048 mm×17608.8 mm的面积内。这个荷载是未包括第6层楼盖原本已有的$1.2D+0.5L$。由于在候补传力途径的方法中是不考虑屋面活荷载的，所以没有把屋顶的活荷载增添到第6层的楼盖上。在重新启动分析后，要对第6层的单向密肋楼盖进行评估，以确定它们是否有足够的强度来支承塌下来的部分屋顶。

图6-35和图6-36显示了第6层单向密肋楼盖在重新分析后的弯矩图和剪力图。这是最大的正、负弯矩需求量都大于设计抗弯强度。最大的剪力需求量也大于抗剪强度。因此，第6层楼盖的结构没有足够的强度来支承塌下来的屋顶残骸，并相继破坏。总的倒塌面积(按将已破坏的第6层楼盖面积加上已塌下来的屋顶面积来确定)现已经超过了容许的破坏面积，并且已不允许再重新分摊荷载了。因此，只能重新来设计这个结构了。

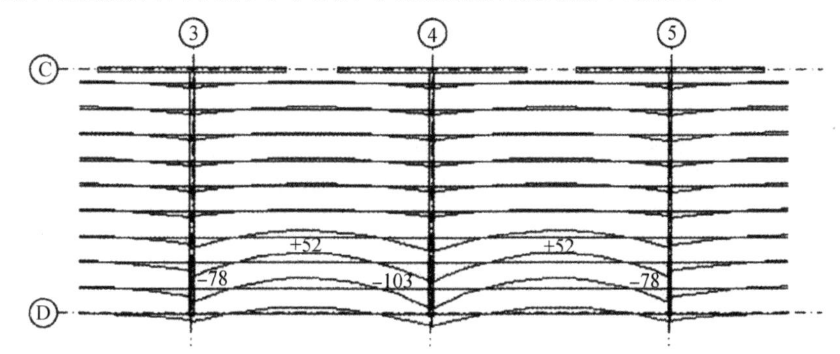

图6-35　第6层单向密肋楼盖在外加屋顶荷载作用下重新分析的最大弯矩包络图——案例情况2(单位：ft・kips)(×1.356 kN・m)

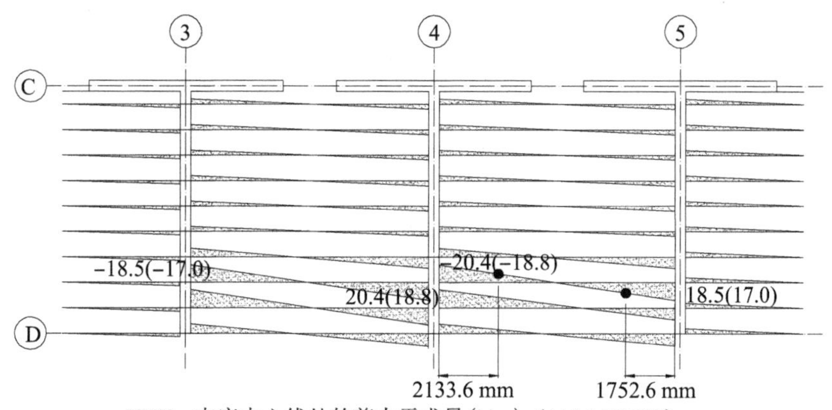

XXX—支座中心线处的剪力需求量(kips)（×4.4482 kN）

(XXX）—距离墙表面d处的剪力需求量(kips)（×4.4482 kN）

●—设计抗剪强度（49.4 kN）=剪力需求量的所在部位

图6-36　第6层单向密肋楼盖在外加屋顶荷载作用下重新分析的最大剪力包络图——案例情况2

为了保持现有单向密肋的尺寸不变，所以重新设计只是把注意力集中在现有钢筋的修改上。既可以对屋盖进行补强，以防止屋顶的倒塌发生，也可以在允许屋盖破坏的前提下对第6层楼盖进行加固，以提供足够的强度来接住从屋顶塌下来的残骸。由于第6层楼盖的弯矩需求量要比屋盖的小得多(而剪力需求量却几乎是一模一样的)，所以重新设计第6层楼盖是更有效的。重新设计列举说明如下：

a. 密肋抗正弯矩强度的重新设计。

现有的抗正弯矩强度：$+\varphi M_n = 43.2$ ft • kips$=58.6$ kN • m

最大的弯矩需求量：$M_u = 52$ ft • kips$=70.5$ kN • m (见图6-35)

将底部钢筋从原有的1根No. 4+1根No. 5加大到2根No. 5，$A_{sprov} = 0.62\ \text{in}^2 = 381.4\ \text{mm}^2$。

$$a = \frac{A_S f_y}{0.85 b_w f'_c} = \frac{0.62 \times 75}{0.85 \times 35 \times 5} = 0.31\ \text{in} = 7.87\ \text{mm}$$

$$+\varphi M_n = \varphi A_s f_y \left(d - \frac{a}{2}\right) = 0.9 \times 0.62 \times 75 \times \left(15.2 - \frac{0.31}{2}\right) = 630\ \text{in} \cdot \text{kips}$$

$$= 52.5\ \text{ft} \cdot \text{kips} = 71.2\ \text{kN/m} > 52\ \text{ft} \cdot \text{kips} = 70.5\ \text{kN/m}$$

这2根No. 5的底部钢筋已经满足要求了，但这两根钢筋必须都连续贯通支座，或按照ACI 318—02的规定用完整的受拉接头来进行连接。

b. 密肋抗负弯矩强度的重新设计。

现有的抗负弯矩强度：$-\varphi M_n = 63.7$ ft • kips$=86.4$ kN • m

最大的弯矩需求量(见图6-35)：$M_u = 103$ ft • kips$=139.7$ kN • m 。

将顶部钢筋从原先的No. 4@215.9 mm中-中加大到No. 6@254 mm中-中。

$$a = \frac{A_s f_y}{0.85 b_w f'} = \frac{0.44 \times \frac{35}{10} \times 75}{0.85 \times 5 \times 5} = 5.44\ \text{in} = 138.18\ \text{mm}$$

$$-\varphi M_n = \varphi A_s f_y \left(d - \frac{a}{2}\right) = 0.9 \times 0.44 \times \frac{35}{10} \times 75 \times \left(15.12 - \frac{5.44}{2}\right) = 1\,289\ \text{in} \cdot \text{kips}$$

$$= 107\ \text{ft} \cdot \text{kips} = 145.1\ \text{kN} \cdot \text{m} > 103\ \text{ft} \cdot \text{kips} = 139.7\ \text{kN} \cdot \text{m}$$

因此，No. 6@254 mm中-中的顶部钢筋满足要求。

c. 密肋抗剪强度的重新设计。

现有的设计抗剪强度：$\varphi V_n = 11.1$ kips$=49.4$ kN；

最大的剪力需求量：$V_u = 18.8$ kips$=83.6$ kN 。

在维持现有单向密肋尺寸不变的前提下，有两种可供选择的处理方法来提高密肋的抗剪强度：(a)在密肋的两端加腋；(b)增添抗剪钢筋。为了能让整栋建筑物的单向密肋仍保持采用同一模板，选择了后一种处理方法。下面来设计在密肋里所需要增添的单肢箍筋：

$$\varphi V_n \geqslant V_u$$

$$\varphi V_n = \varphi (V_c + V_s)$$

$$V_u = \varphi (V_c + V_s)，\text{则} V_s = \frac{V_u}{\varphi} - V_c$$

$$V_s = \frac{18.8}{0.75} - 11.1 = 14.0\ \text{kips} = 62.3\ \text{kN}$$

最大的箍筋间距 $\frac{d}{2} = \frac{15.12}{2} = 7.56\ \text{in} = 192.0\ \text{mm}$ 。假设采用No. 3的箍筋，间距取

190.5 mm，则由此箍筋所提供的抗剪强度计算如下：

$$V_s=\frac{A_v f_y d}{s}=\frac{0.11\times 75\times 15.12}{7.5}=16.6\ \text{kips}=73.8\ \text{kN}>14.0\ \text{kips}=62.3\ \text{kN}$$

因此，No.3 间距 190.5 mm 的单肢箍筋是充分满足抗剪要求的。在剪力需求量等于设计抗剪强度的位置可以开始不再设置箍筋。如图 6-36 所显示说明的那样，这些位置分别距离④轴线约 2133.6 mm，距离③与⑤轴线约 1752.6 mm。

(7)位于角部的墙体失去(案例情况 3)。

案例 3 除了仅在墙的一侧有楼盖结构外，其他的情况都是和案例情况 2 相同。在⑥轴线墙上的所有需求量值都小于案例 2 的情况。不过，为了简单，对外侧墙的设计也全部都采用案例情况 2 的计算分析结果。

如同案例 1 的情况，在 7 楼的墙体失去之后，单向密肋屋盖需要从⑤轴线墙往外悬挑。这种情况是和案例 1 的情况相同，因此可以直接应用案例情况 1 的分析结果。

(8)拟定结构补强的归纳。

本节中所有需要用来提高建筑结构抵抗渐次倒塌能力的拟定修改只不过是专注于提供附加钢筋。选择这种处理方法是因为这样不会影响结构构件的尺寸或造型。必须强调的是，在这个例题中所介绍的补强做法仅仅代表为满足 DoD 防止渐次倒塌要求条件的一种方法，也可以选用其他处理方法。下面对现有建筑物(按重力和侧向荷载设计的)所需补强的范围做总结归纳。

①外侧墙(沿轴线①和⑥)：仅发现外侧墙里的竖向钢筋欠缺，拟将竖向钢筋从 No.4@457.2 mm 中-中加大到下述程度：1～3 楼，No.5@304.8 mm 中-中；4～5 楼，No.5@457.2 mm 中-中；6～7 楼，不变。

②内墙(沿轴线②～⑤)：仅发现从建筑物外边缘(即轴线 A 和 D)开始往里的这段 4267.2 mm内墙里的竖向钢筋配得不够，拟定将这段墙体里的竖向钢筋从 No.4@457.2 mm 中-中加大到下述程度：1～3 楼，No.6@304.8 mm 中-中；4～5 楼，No.5@304.8 mm 中-中；6～7 楼，No.5@406.4 mm 中-中。

③第 6 层的单向密肋楼盖：由于第 6 层的混凝土单向密肋楼盖在遭遇上面屋盖结构倒塌的外加荷载时的强度不足，单向密肋的抗剪和抗弯强度必须按下述办法来提高。

a. 内跨。

将底部钢筋从 1 根 No.4＋1 根 No.5 加大到 2 根 No.5 的钢筋。

将顶部钢筋从 No.4@215.9 mm 中-中加大到 No.6@254 mm 中-中。

在所有内跨密肋的两端 2133.6 mm 区段里加设 No.3 的单肢箍筋，间距 190.5 mm 中-中。

b. 边跨。

在所有边跨密肋的两端 1600.2 mm 区段里加设 No.3 的单肢箍筋，间距 190.5 mm 中-中。

第 7 章　RC 和 PC 墙板结构防连续倒塌分析

7.1 引　言

墙板结构(又称板式结构)起源于 20 世纪 50 年代的法国，这种结构适用于高层住宅、酒店、学生宿舍，且由于多数构件在工厂生产，施工速度极快。在过去的三十年中，许多东欧国家采用这种结构建造了大量公寓。尽管在建筑细节上有许多新变化，板柱结构建筑的基本建造原则始终没有改变：板柱结构是由垂直墙板和预制混凝土地板以及屋顶板组成的结构类型，其中墙板为承重结构[80](如图 7-1 所示)。在总体布置中，垂直于结构纵向轴线的墙被称为横墙，平行于纵向轴线的墙被称为纵墙。典型的楼板跨度在 5 m 到 13 m 之间，单位宽度约为 1.2 m。

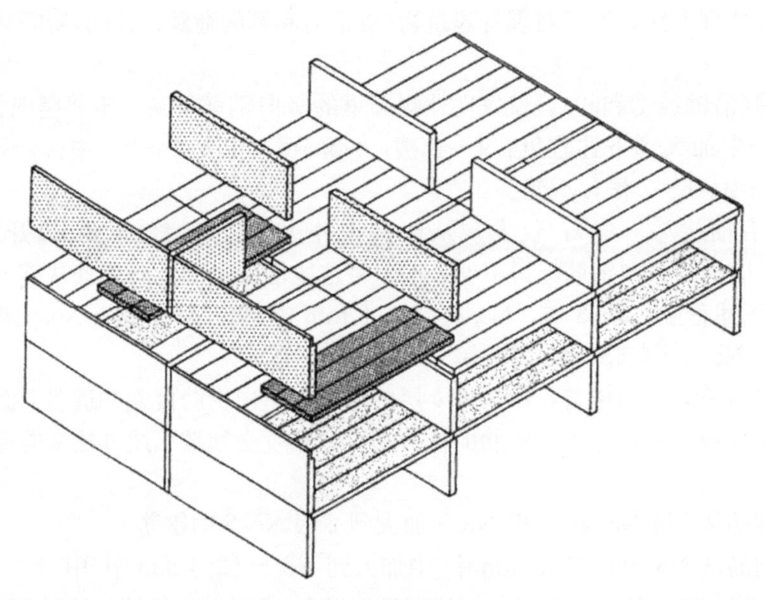

图 7-1　典型墙板结构

在墙板结构中，施加的载荷通过单向预制板简支在垂直墙板上，当支撑墙损坏时，损坏的墙壁上方的节点是结构防倒塌的关键构件(如图 7-2 所示)，其可以将载荷重新分配到结构中未损坏部分。在移除支撑墙后，两侧的轴向约束将产生压拱效应，这种效应可以加强结构抗力。随后压拱效应很快就会消失，一旦中间节点挠度发展，结构进入弯曲状态。在弯曲作用下，节点由于强度低很快就会破坏。当挠度继续增加时，结构将在两端存在轴向约束的情况下产生悬链线作用，主要由板内钢筋承受轴向力[81]。

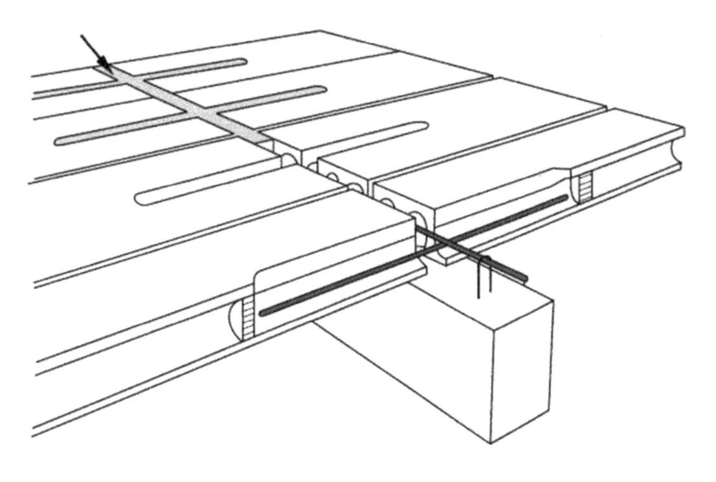

图 7-2　墙板节点示意图

7.2　倒塌评定标准

与现浇混凝土相比，使用预制混凝土墙板的板柱结构防连续倒塌性能的研究十分有限。在早期设计中，结构设计仅考虑重力荷载和风荷载，很少考虑包括由爆炸或车辆碰撞引起的异常载荷[82]。尽管这些荷载不经常发生，但对建筑物和居住者的安全构成严重威胁，因为这种异常荷载可能会造成额外的损害。连续倒塌就是这样一种概念，它被定义为仅对结构的一小部分造成损伤后引发的结构失效的连锁反应[80]。

在 1968 年伦敦 Ronan Point 公寓连续倒塌事故发生之后，设计规范中出现了连续倒塌这个概念。在这个事故中，虽然公寓楼并没有完全倒塌，但是其最终破坏与初始破坏不成比例(如图 7-3 所示)。Ellingwood B 等人提出了倒塌度的概念，将其定义为总坍塌面积或体积与初始破坏的面积或体积之比[83]。在 Ronan Point 公寓楼事故中，该比率约为 20。

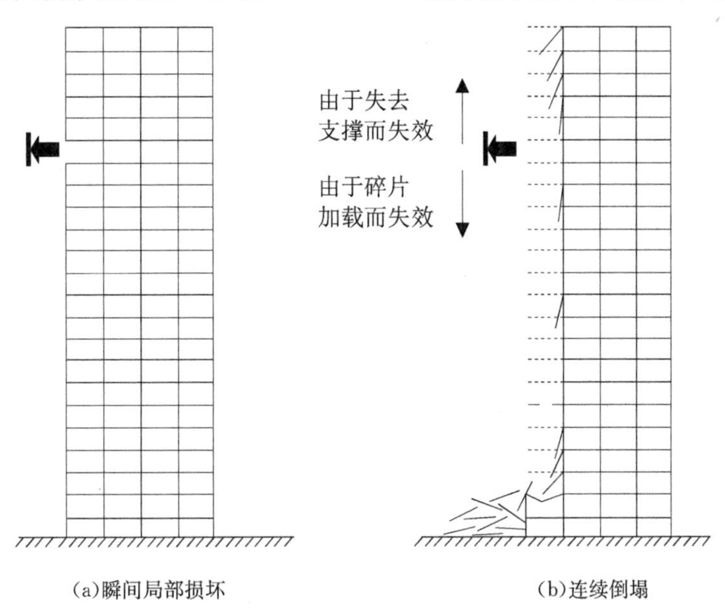

图 7-3　Ronan Point 公寓楼倒塌示意图[81]

而经历了一系列异常荷载造成的连续倒塌事故后，许多国家发布了防连续倒塌设计规范。英国规范 Approved Document A 中认为结构的水平构件应在其支撑构件破坏后仍能够横跨两个开间而不完全失去承载力，发生坍塌的区域不应超过楼层面积的 15%或 100 m²，且倒塌不应超过该构件的相邻跨[84]，如图 7-4 所示。这同样是欧洲规范中采用的判定标准[37]。

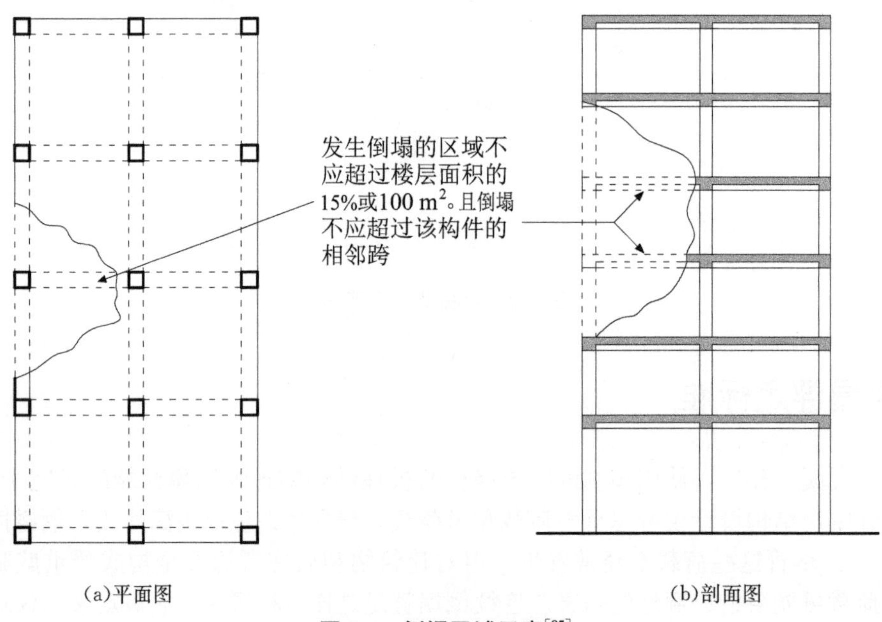

图 7-4　倒塌区域示意[85]

美国国防部(DoD)认为移除结构外围竖向支撑构件时，直接位于移除构件上方楼板发生坍塌的区域不应超过楼层面积的 15%或者 70 m²(750 ft²)，且倒塌不应超过该构件的结构从属范围；移除结构内部竖向支撑构件时，直接位于移除构件上方楼板发生坍塌的区域不应超过楼层面积的 30%或者 140 m²(1500 ft²)，且倒塌不应超过该构件的相邻跨[85]。

此外，还有一种判别准则主要针对剩余结构水平构件的塑性转角。中国规范认为抗震设计的混凝土梁转角不应超过 0.04；美国总务管理局(GSA)最新的规范中也提出塑性转角需满足相应指标[86]。

采用拆除构件法分析后，需要对结构的防连续倒塌能力进行评价。对于 RC 和 PC 板式结构，各国规范主要采用破坏面积、破坏面积比和破坏范围作为评价标准，将三者中的较小值作为破坏范围限值(见表 7-1)。通过将构件失效引起的破坏限制在初始失效位置的一定范围内而不发展，从而避免出现多米诺骨牌式的连续性倒塌。各国规范规定的具体破坏面积、破坏面积比限值根据各国典型建筑的面积、柱距等数据确定；破坏范围一般限制在初始失效构件直接相邻的开间内(水平方向和竖直方向)。

表 7-1　各国设计规范中结构连续倒塌能力评定标准[87]

规范	破坏面积	破坏面积比	破坏范围
英国规范 Approved Document A、欧洲规范 EN 1991-1-7 Eurocode 1	楼板倒塌面积不超过 100 m²	不能超过： 该楼层面积的 15%	同时不能超越相邻楼层的范围

续表

规范	破坏面积	破坏面积比	破坏范围
GSA 2003	不能超过： 外柱：被拆除构件之上 167 m^2 楼板面积； 内柱：被拆除构件之上 334 m^2 楼板面积	无	限制在被拆除构件相邻的开间内
UFC 4-023-03（2005 版）	不能超过： 外柱：被拆除构件之上 70 m^2 楼板面积； 内柱：被拆除构件之上 140 m^2 楼板面积	不能超过： 外柱：该楼层总面积的 15%； 内柱：该楼层总面积的 30%	限制在被拆除构件相邻的开间内且拆除构件以下楼层不发生倒塌
UFC 4-023-03（2013 版）和 GSA 2013	直接与拆除构件相邻的梁及楼板均不允许发生倒塌破坏		

7.3 荷载组合

各国对板柱结构在连续倒塌工况下的荷载组合规定如下：

(1)美国 ASCE 规范。

当拆除关键构件后，剩余结构应能承受如下组合的荷载：

$$L^{\mathrm{ASCE}}=(0.9 \text{ 或 } 1.2)D+(0.5L \text{ 或 } 0.25S_{\mathrm{n}})+0.2W \tag{7-1}$$

式中，D，L，S_{n}，W 分别为恒荷载、活荷载、雪荷载以及风荷载。

(2)美国 GSA 规范。

静力分析采用的荷载组合：

$$L^{\mathrm{GSA}}=2.0(D+0.25L) \tag{7-2}$$

动力分析采用的荷载组合：

$$L^{\mathrm{GSA}}=D+0.25L \tag{7-3}$$

式中，D，L 分别为恒荷载、活荷载。

(3)美国 UFC 规范。

非线性静力分析：

$$L^{\mathrm{DoD}}=2[1.2D+(0.5L \text{ 或 } 0.2S)] \tag{7-4}$$

非线性动力分析：

$$L^{\mathrm{DoD}}=1.2D+(0.5L \text{ 或 } 0.2S) \tag{7-5}$$

式中，D，L 分别为恒荷载、活荷载。

7.4 试验与模拟

7.4.1 钢筋-混凝土黏结滑移试验及数值分析

(1)试验分析。

为探究带肋钢筋在预制混凝土楼板灌浆槽中的黏结性能，开展了钢筋拉拔试验，探究了不同混凝土类别、钢筋埋入长度、钢筋直径以及加载速率等因素对试验结果的影响。试验装置如图 7-5 所示。

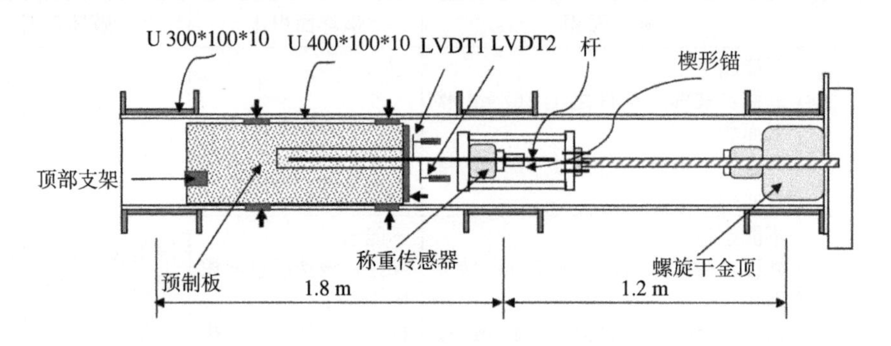

图 7-5　拉拔试验装置示意图

试件主要呈现的破坏形式为钢筋断裂以及混凝土黏结界面的破坏，仅在钢筋埋入长度较小且混凝土强度较低时发生拔出破坏。当埋入长度小于 20 倍钢筋直径且混凝土抗压强度小于 20 MPa 时拔出破坏的破坏模式尤为显著，在拔出过程中钢筋附近的混凝土出现了很大程度的损坏。当混凝土抗压强度相同而埋入长度为 30 倍钢筋直径时，钢筋由于达到屈服强度而断裂；当埋入长度为 25 倍钢筋直径时，钢筋达屈服强度，出现钢筋强化阶段的拔出破坏，且产生较大的塑性变形。在拔出破坏模式中，试件呈现出锥形破坏的模式，即当荷载作用点附近钢筋被拔出时端部混凝土仍附着于钢筋之上。当改变钢筋直径时各试件的破坏模式相近(见图 7-6)。试验结果表明，在拔出破坏模式中，其抗拔承载力主要取决于钢筋埋入混凝土的长度，且二者呈线性关系。

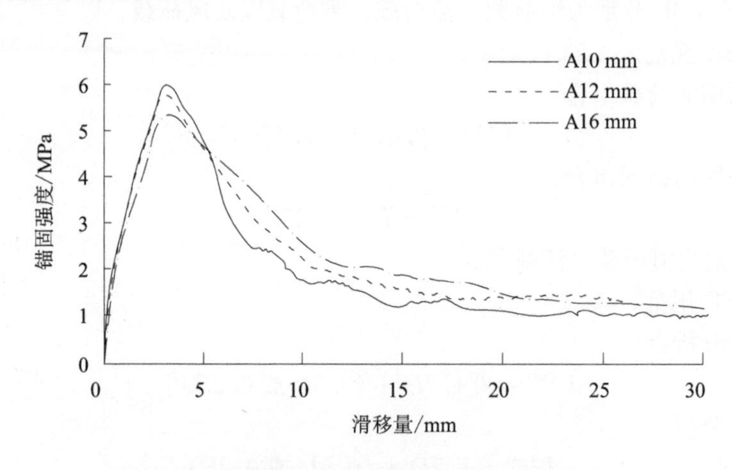

图 7-6　不同钢筋直径下的黏结强度-滑移曲线

(2)数值模拟。

在完成上述实验的基础上，使用 ABAQUS 有限元分析软件对钢筋拔出试验进行了模拟。数值模型的拉拔力-位移曲线如图 7-7 所示。

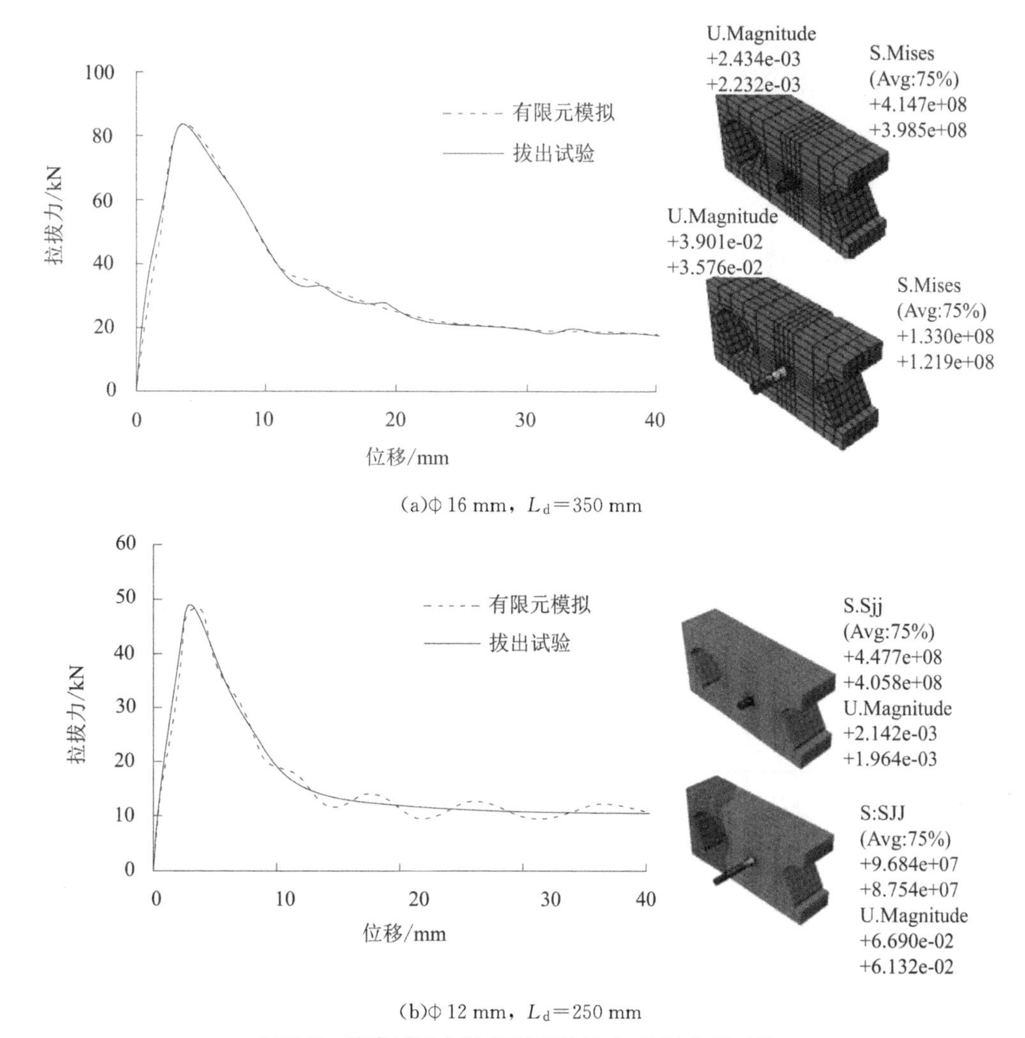

图 7-7　拔出试验与数值模型拉拔力-位移曲线对比

数值模拟结果与试验结果拟合较好。数值模拟结果表明，当钢筋的埋入长度略小于锚固长度时，钢筋将发生断裂而非拔出破坏。当拉拔力为最大黏结力的 0.2 倍时，即 $P=0.2P_{max}$时，钢筋和混凝土黏结良好；当 P 增大至最大黏结力的 0.7 倍时，钢筋和混凝土加载点附近的钢筋与混凝土出现部分剥离，试件开始出现黏结破坏；在加载曲线下降段中钢筋与混凝土完全剥离，此时拔出力下降至最大黏结力的 40%。

7.4.2　板式结构整体试验

(1)试验分析。

试验中考虑到钢筋尺寸、嵌入长度、抗压强度和连接数这几个变量，总共设计了五个全尺寸试件，其中试件 FT1 和 FT2(A 组)通过提高钢筋锚固长度来促使构件最后发生钢筋断裂破坏；FT3，FT4 和 FT5 试件用于研究钢筋滑移破坏(B 组)。试件包括一相邻两跨的楼板单元(如图 7-8 所示)，由两块尺寸为 2 000 mm×1 200 mm×150 mm 的板组成，其中板上有两个或三个键槽来放置钢筋(见图 7-9)。

考虑到要控制两种不同破坏模式的发生，在 A 组使用了强度为 30 MPa 的水泥浆，B 组使用了强度为 20 MPa 的水泥浆。钢筋埋置长度以及直径见表 7-2。为了研究混凝土部分对结构抗力的贡献，特地设计了 FT4 试件，其连接处没有采用混凝土进行填充，其余试件则都进行了空隙填充。五个试件中只有 FT2 采用了三根连接筋，其余试件都为两根。

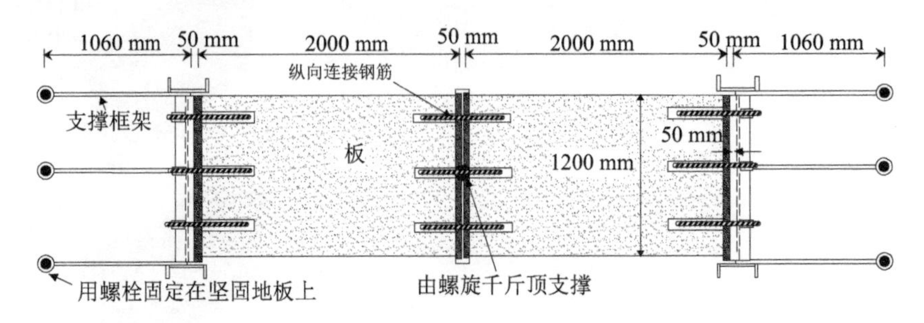

图 7-8　试验布置平面示意图

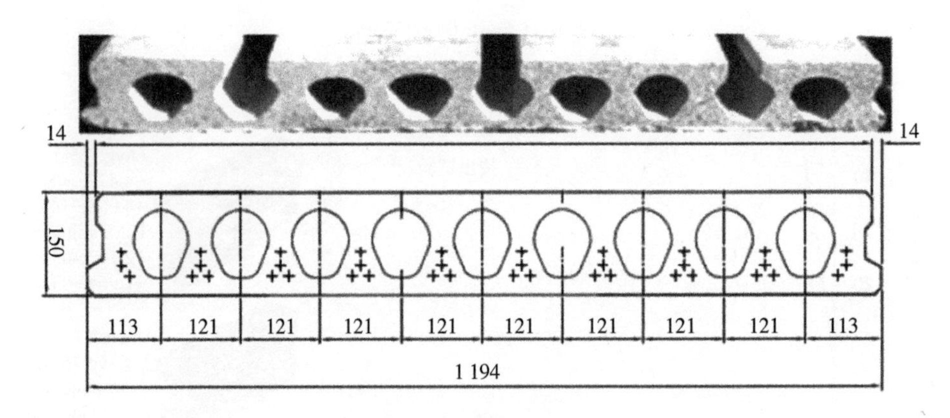

图 7-9　预制板尺寸

表 7-2　试件列表

编号	试件号	连接钢筋							连接钢筋号	组号	
		d_b /mm	I_d	L_d/d_b	配筋率 /%	断裂应变 /%	屈服应力 /MPa	抗拉强度 /MPa		混凝土抗压强度 f_{cm}/MPa	弯折强度 f_{ctm}/MPa
A	FT1	Φ10	350	35	0.087	14.13	515	616	2	30	4.07
	FT2	Φ10	350	35	0.087	14.36	515	614	3	32	4.53
B	FT3	Φ12	200	16.7	0.126	15.98	545	667	2	23	3.14
	FT4	Φ12	250	20.8	0.126	16.40	545	671	2	18	—*
	FT5	Φ12	250	20.8	0.126	16.98	545	671	2	17	2.55

* 接缝无灌浆料试件。

试验布置如图 7-10 所示。预制板搁在钢梁上，并通过纵向钢筋连接在支撑框架上从而实现两端水平约束。整个加载过程包括两个阶段：第一阶段，为了模拟整个结构的倒塌过程，先把中间节点下部用螺旋千斤顶进行支撑，然后慢慢下降千斤顶从而模拟支撑慢慢损坏的情况；第二阶段，采用上部加载螺旋千斤顶以恒定速率下降，加载过程使用位移控制法施加载荷直至钢筋断裂或拉出。

图 7-11 显示了所有五个试件的载荷与中间节点挠度曲线。测试结果揭示了两组的差异。

图 7-10　整体试验现场

FT1 和 FT2 的破坏模式大致相同。中间钢筋约在挠度达到 200～230 mm 时(即跨度长度的 11%)发生钢筋断裂。FT2/FT1 强度比为 1.62，这表明结构的强度大致与放置在接头中的钢筋连接面积成比例。B 组三个试件下降后第二次增加的明显趋势，表明在具有钢筋滑移破坏的试件中建立了悬链线机制。对于试件 FT3 至 FT5，即使在约 500 mm 的挠度即跨度长度的 20%时也未观察到钢筋断裂失效。

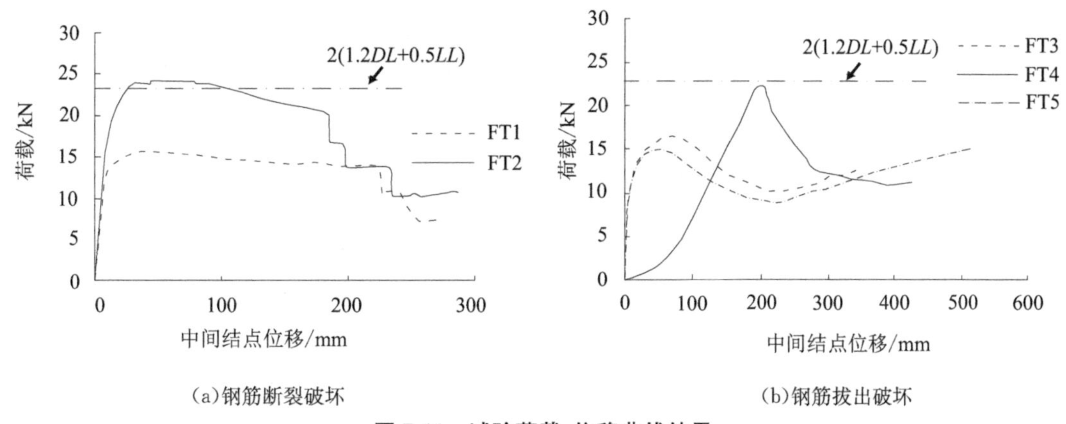

(a)钢筋断裂破坏　　(b)钢筋拔出破坏

图 7-11　试验荷载-位移曲线结果

图 7-12 显示了 FT2 和 FT5 中间和边缘连接节点附近的两种典型破坏模式。在所有试件中，中间节点在预制板和后浇带之间的接触面只产生一条主要裂缝，并且随着挠度的增加，该裂缝非常迅速地扩大。这表明钢筋在非常早的阶段，在挠度发展到板长的 1%～2%时就达到了屈服点。此外，对于 FT2 和 FT5，分别在挠度为 5.16 mm 和 3.25 mm 时在边缘支撑处观察到下部的水泥产生张力裂缝。在中间节点处的初始裂缝之后，楼板依然作为两个刚性体，通过接头处的钢筋连接。在 FT2 中，水泥浆被压碎至深度为 4～5 mm，然后中部钢筋断裂，裂缝非常宽并且穿透整个板深。楼板作为刚性元件旋转，没有发生太大的弯曲变形。

共进行了五次全尺寸试验，以研究试件的两种不同失效行为。A 组试件(FT1 和 FT2)试验是考虑钢筋断裂，研究结构在不同楼板钢筋连接数量对结构的影响。B 组试样(FT3,

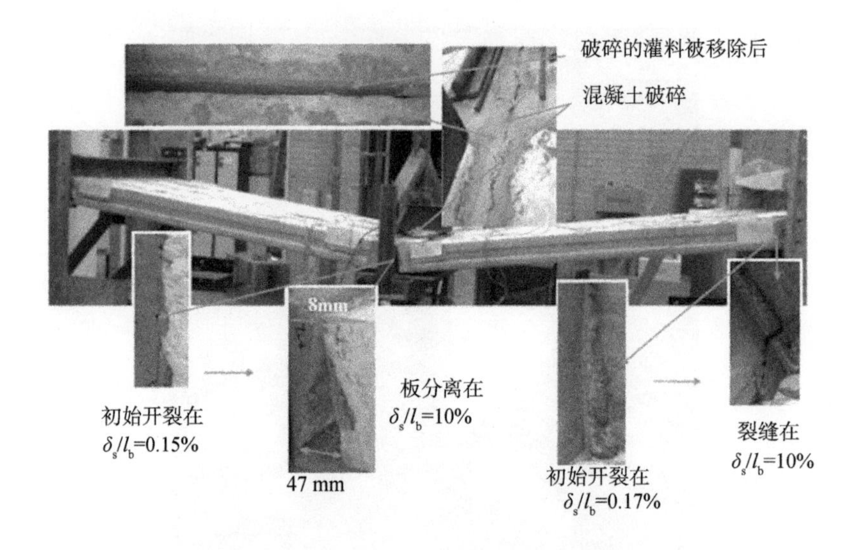

(a)FT2 破坏模式

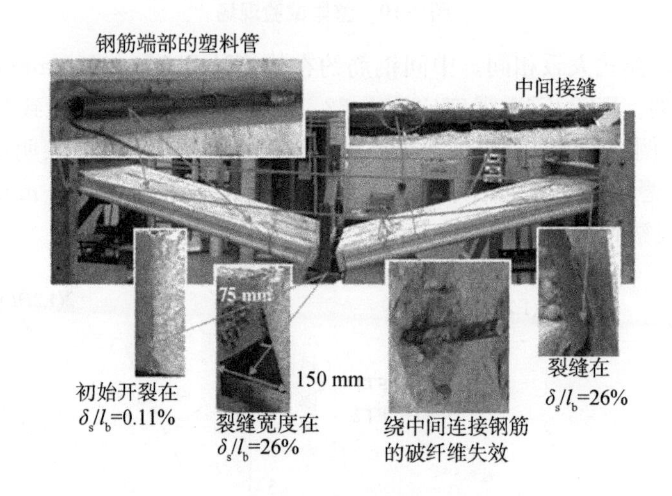

(b)FT5 破坏模式

图 7-12 试件破坏模式比较

FT4 和 FT5)则是为了研究钢筋被拉出的破坏模式。

在 A 组试件中，当结构倒塌时，中间节点处纵向钢筋断裂，而边缘处的纵向连接钢筋仅发生塑性变形。这表明中间节点是体系中最关键的点。由于当挠度相对较小时发生断裂，因此在这组试样中悬链线效应没有得到很好发挥。

在 B 组所有试件的拉拔力挠度曲线有重新上升阶段，表明出现了悬链线作用。一旦发生悬链线作用，结构的防连续倒塌荷载将继续增长。

对这两组试验之间行为的比较表明，诱导悬链线作用的关键是在结构倒塌之前能够发生足够大的挠度。在这项研究中，由于钢筋和周围灌浆之间的弱粘合，钢筋的断裂被抑制，因此实现了悬链线效应的发挥。

(2)数值模拟。

利用数值建模软件 ABAQUS 对试件进行模拟，并与实验结果进行比较。模型中以弹簧模拟支撑框架约束作用，并比较了不同刚度大小的影响。图 7-13～图 7-15 给出了不同试件的数值和试验结果比较，并表明使用 $k=200$ kN/mm 弹簧刚度的有限元结果与试验结果吻合良好。

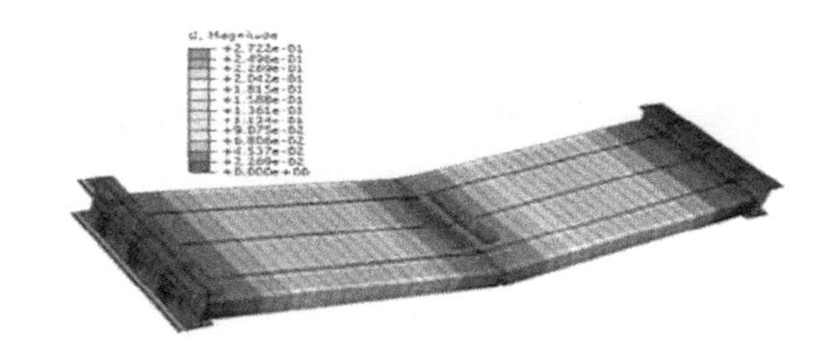

有限元模拟

试验

(a)FT1，FT2 破坏模态

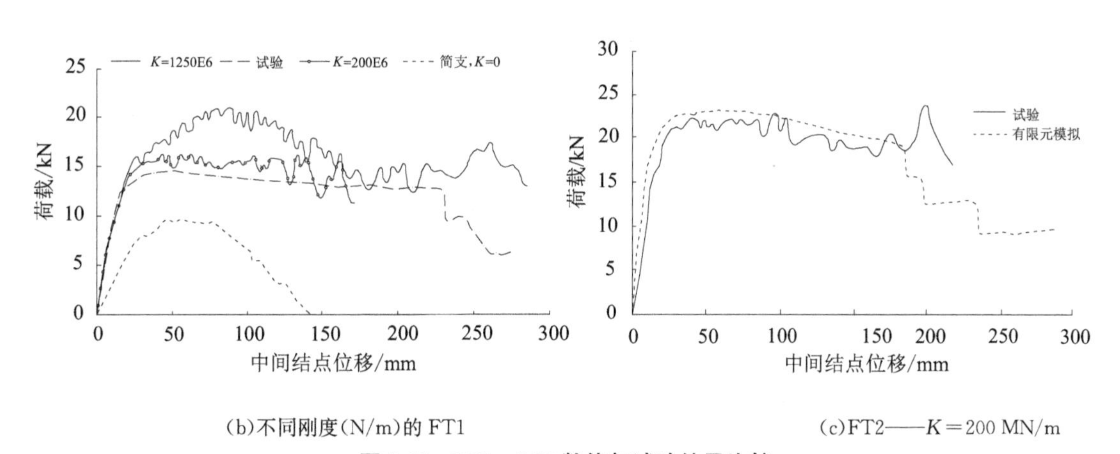

(b)不同刚度(N/m)的 FT1

(c)FT2——$K=200$ MN/m

图 7-13　FT1，FT2 数值与试验结果比较

结果表明，有限元分析的上升和下降阶段与试验吻合良好，证实了该模型能够成功地模拟钢筋断裂和拔出失效机理。比较钢筋断裂失效和钢筋滑移破坏模式的结果，发现假设拉杆的横截面相同，钢筋滑移破坏模式提供更大的延展性，超过断裂破坏试件三倍，而强度小于钢筋断裂的试件 30%。延性可以作为防止连续倒塌的重要参数，因此钢筋滑移破坏模式可以为预制混凝土结构提供更强的鲁棒性。由于间隙处没有混凝土的试样能够在荷载达到峰值之前使得结构产生相对较大的挠度，因此系统的强度远远高于其他试样。使用有限元分析获得了相同的结果。由于 FT4 试样的接头处仅有拉力，因此从开始到失效都建立了悬链线作用机制，因此与其他四个试件存在显著差异。该试样的弱点是下降阶段曲线比其他试样相对陡峭。这是由于钢筋滑移主导了系统的整体行为而没有产生薄膜效应。

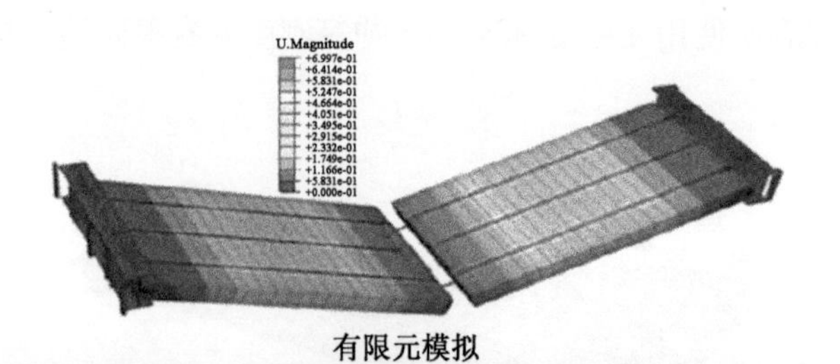

有限元模拟

试验

(a)FT3 破坏模态

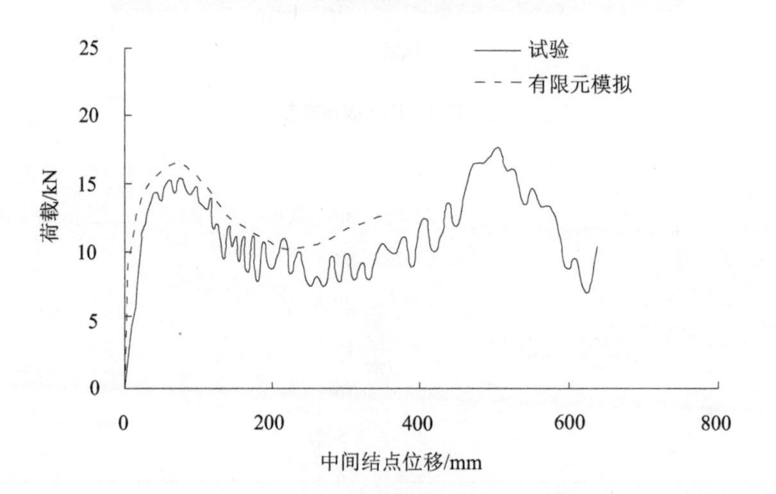

(b)荷载-位移曲线

图 7-14　FT3 数值与试验结果比较

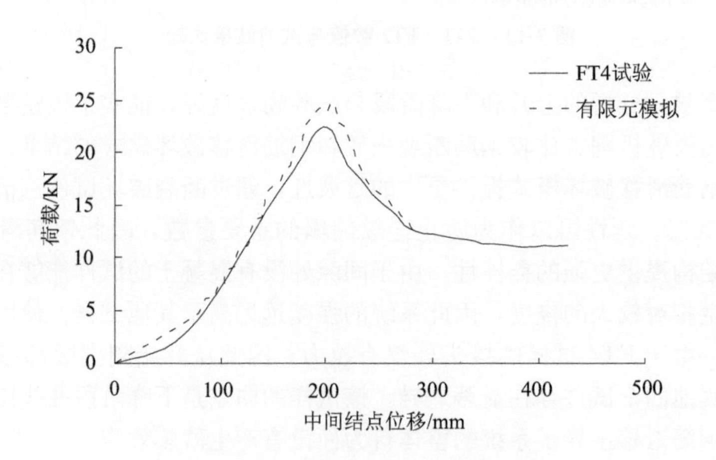

图 7-15　FT4 数值与试验结果比较

7.5 算　例

通常认为，当结构进入悬链线阶段，施加的载荷由构件的拉力维持(见图 7-16)。虽然迄今为止，对悬链线作用的起点没有明确的定义，但它可以定义为压缩区钢筋中的轴向力从压缩变为张力的点。也有一些研究人员将重新上升阶段定义为悬链线阶段的起点[88]。在本节中，当中间接头处的两个板在压缩区中分离时的点被定义为悬链线作用发展的点。

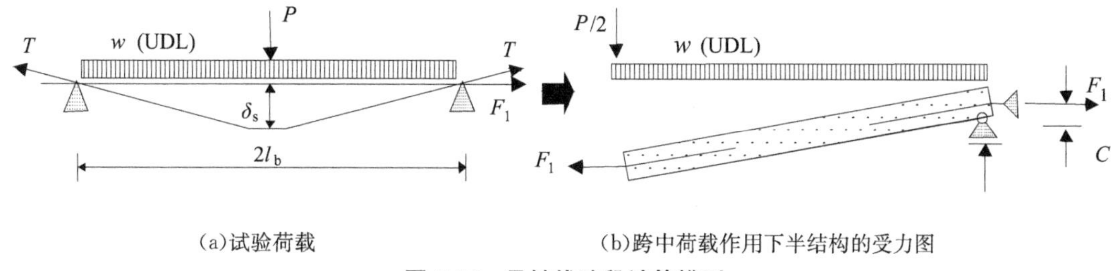

(a)试验荷载　　(b)跨中荷载作用下半结构的受力图

图 7-16　悬链线阶段计算模型

当发生钢筋断裂破坏时，中间钢筋不能对悬链线起作用，因为它们在悬链线作用发展之前已经断裂；而具有钢筋滑移破坏的试样能够发展出悬链线作用机制。在板式结构中，最关键的部分位于中间接头处，并且断裂将从这些点开始。这可以被认为是 RC 和预制结构之间的主要区别。考虑到悬链线作用，可以给出力与挠度之间的关系：

$$F_1=\frac{(wb\,l_b+P)\,l_b}{2n\delta_s} \tag{7-6}$$

式中，w 为平均分布荷载(包括恒荷载以及可变荷载)；b 为板宽；l_b 为楼板跨度；F_1 为纵向连接筋中的力；δ_s 为中部支撑处的挠度；P 为螺旋千斤顶施加的线载荷；n 为节点处的连接筋数量；l_b 为边缘连接筋和板下表面的距离。

以 FT5(见第 7.4.2 节)为例，可以通过使用式(7-6)求出施加的力 P 和挠度之间的关系。计算时假设拉拔力与嵌入长度成比例关系，修正系数 2.0。计算比较结果如图 7-17 所示，可见计算结果与实验数据相当吻合，在上升阶段可以得到相近的悬链线效应。

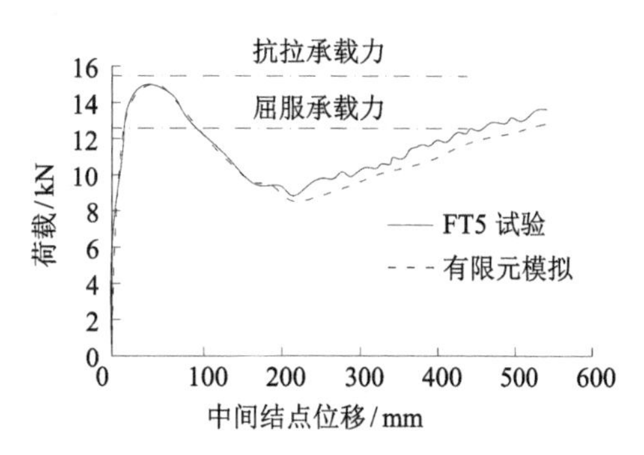

图 7-17　解析结果与试验比较

参考文献

[1]王献忠，杨健，沙斌，等. 预制装配式混凝土结构体系与关键技术的研究[J]. 建筑施工，2017，39(2)：273-276.

[2]中华人民共和国住房和城乡建设部. JGJ 1—2014 装配式混凝土结构技术规程[S]. 北京：中国建筑工业出版社，2014.

[3]BALDRIDGE S M，HUMAY F K. Preventing progressive collapse in concrete buildings [J]. Concrete international，2003，25(11)：73-79.

[4]LONGINOW A，MNISZEWSKI K R. Protecting buildings against vehicle bomb attacks[J]. Practice Periodical on Structural Design and Construction，1996，1(1)：51-54.

[5]CORLEY W G，MLAKARSR P F，SOZEN M A，et al. The Oklahoma city bombing：summary and recommendations for multihazard mitigation [J]. Journal of Performance of Constructed Facilities，1998，12(3)：110-112.

[6]SOZEN M A，THORNTON C H，MLAKAR P F，et al. The Oklahoma city bombing：structure and mechanisms for the murrah building[J]. Journal of Performance of Constructed Facilities，1998，12(3)：120-136.

[7]ABRUZZO J，MATTA A，PANARIELLO G. Study of mitigation strategies for progressive collapse of a reinforced concrete commerical building [J]. Journal of Performance of Constructed Facilities，2006，20(4)：384-390.

[8]梁益，陆新征，李易，等. 三层 RC 框架的防连续倒塌设计[J]. 解放军理工大学学报：自然科学版，2007，8(6)：659-664.

[9]叶列平，陆新征，李易，等. 混凝土框架结构的防连续性倒塌设计方法[J]. 建筑结构，2010，40(2)：1-7.

[10]Yi W J，He Q F，Xiao Y，etal. Experimental study on progressive collapse-resistant behavior of reinforced concrete frame structures[J]. ACI Structural Journal，2008，105(4)：433-439.

[11]费兰西斯哈梅，史蒂文巴德雷基，戈什. 防止多高层混凝土建筑渐次倒塌的设计和分析[M]. 高立人，译. 北京：中国建筑工业出版社，2010.

[12]李易，叶列平，陆新征. 基于能量方法的 RC 框架结构倒塌抗力需求分析Ⅰ：梁机制[J]. 建筑结构学报，2011，32(11)：1-8.

[13]李易，陆新征，叶列平. 基于能量方法的 RC 框架结构倒塌抗力需求分析Ⅱ：悬链线机制[J]. 建筑结构学报，2011，32(11)：9-16.

[14]李凤武，肖岩，赵禹斌，等. 钢筋混凝土框架边柱突然失效模拟试验与分析研究[J]. 土木工程学院，2014，47(4)：9-18.

[15]ARSHIAN A H，MORGENTHAL G. Three-dimensional progressive collapse analysis of reinforced concrete frame structures subjected to sequential column removal [J]. Engineering Structures，2017，132：87-97.

[16]熊进刚，吴赵强，邹园，等. 钢筋混凝土空间框架结构防连续倒塌机制研究[J]. 建筑结构，2013，43(9)：105-108.

[17]黄华，刘伯权，张彬彬，等. 钢筋混凝土抗震框架连续倒塌行为分析[J]. 建筑科学与工程学报，2014，31(4)：35-44.

[18]陆新征，李易，叶列平. 混凝土结构防连续倒塌理论与设计方法研究[M]. 北京：中国建筑工业出版社，2011.

[19]贡金鑫，魏巍巍，胡家顺. 中美欧混凝土结构设计[M]. 北京：中国建筑工业出版社，2007.

[20]王晶，高磊，蒋玉明，等. 关于国外防连续性倒塌设计规范的研究[J]. 爆破，2009，26(1)：37-41.

[21]吕大刚，宋鹏彦，崔双双，等. 结构鲁棒性及其评价指标[J]. 建筑结构学报，2011，32(11)：44-54.

[22]FASCETTI A，KUNNATH S K，NISTICòA N. Robustness evaluation of RC frame buildings to progressive collapse [J]. Engineering Structures，2015，86：242-249.

[23]MURRAY Y D，ABUODEH A，BLIGH R. Evaluation of Ls-dyna concrete material model 159[R]. Mclean，Virginia，USA：Federal Highway Administration，2007.

[24]LEGERON F，PAULTRE P. Uniaxial confinement model for normal and high-strength concrete columns[J]. Journal of Structural Engineering，ASCE，2005，129(2)：241-252.

[25]江见鲸，陆新征，叶列平. 混凝土结构有限元分析[M]. 北京：清华大学出版社，2005.

[26]LEGERON F，PAULTRE P，MAZAR J. Damage mechanics modeling of nonlinear seismic behavior of concrete structures [J]. Journal of Structural Engineering，ASCE，2005. 131(6)，946-954.

[27]ZATAR W，MUTSUYOSHI H. Residual displacements of concrete bridge piers subjected to near field earthquakes [J]. ACI Structural Journal，2002. 99(6)，740-749.

[28]李静. 矩形截面 FS 约束混凝土柱抗震性能的试验研究与理论分析[D]. 北京：清华大学，2003.

[29]中华人民共和国住房和城乡建设部. GB 50010—2010 混凝土结构设计规范[S]. 北京：中国建筑工业出版社，2010.

[30] 中华人民共和国住房和城乡建设部. GB 50009—2012 建筑结构荷载规范[S]. 北京：中国建筑工业出版社，2012.

[31]中华人民共和国住房和城乡建设部. GB 50011—2010 建筑抗震设计规范[S]. 北京：中国建筑工业出版社，2010.

[32]BELARBI A，HSU T. Constitutive laws of concrete in tension and reinforcing bars stiffened by concrete [J]. ACI Structural Journal，1994，91(4)：465-474.

[33] PAN W H，TAO M X，NIE J G. Fibre beam-column element model considering reinforcement anchorage slip in the footing[J]. Bulletin of Earthquake Engineering，2017，15：991-1018.

[34]PARK R，PRIESTLEY M J N，GILL W D. Ductility of square-confined concrete columns[J]. Journal of Structural Divition，1982；108：929-950.

[35]KENT D C，PARK R. Flexural members with confined concrete[J]. Journal of Structural Divition，1971，97(7)：1969-1990.

[36]BRITISH STANDARDS. BS 8110-1：1997 Structural use of concrete[S]. London：British Standards Institution，2005.

[37]EN 1991-1-7. Eurocode 1：actions on structures-part1-7：general actions-accidental actions[S]. European Committee for Standardization，2005.

[38]ACI 318—11. Building code requirements for structural concrete and commentary[S]. Farmington Hills：American Concrete Institute，2011.

[39]ASCE 7—10. Minimum design loads for buildings and other structures[S]. American Society of Civil Engineers, 2010.
[40]DoD 2010. Design of structures to resist progressive collapse[S]. Washington DC: Department of Defense, 2010.
[41]GSA 2013. Alternate path analysis and design guidelines for progressive collapse resistance[S]. Washington DC: United States General Services Administration, 2013.
[42]ELLINGWOOD B R. Mitigating risk from abnormal loads and progressive collapse[J]. Journal of Performance of Constructed Facilities, 2006, 20(4): 315-323.
[43]FRANGOPOL D M, CURLEY J P. Effects of damage and redundancy on structural reliability[J]. Journal of Structural Engineering, ASCE, 1987, 113 (7) : 1533-1549.
[44]BAKER J W, SCHUBERT M, FABER M H. On the assessment of robustness[J]. Structural Safety, 2008, 30(3): 253-267.
[45]MIHAELA I O. Risk-Based assessment of structural robustness[J]. Bulletin of the Polytechnic Institute of Jassy Constructions Architechture, 2010, LVI(LX): 21-34.
[46]COREY F T, QUIEL S E, NAITO C J. Uniform Pushdown Approach for Quantifying Building-Frame Robustness and the Consequence of Disproportionate Collapse[J]. Journal of Performance of Constructed Facilities. 2016, 30(6): 1-12.
[47]黄靓，李龙. 一种结构鲁棒性量化方法[J]. 工程力学，2012，29(8)：213-219.
[48]高扬. 结构鲁棒性定量计算中的构件重要性系数[D]. 上海：上海交通大学，2009：31-51.
[49]BIONDINI F, DAN M F, RESTELLI S. On structural robustness, redundancy and static indeterminacy [J]. American Society of Civil Engineers, 2008(314): 1-10.
[50]张雷明，刘西拉. 框架结构能量流网络及其初步应用[J]. 土木工程学报，2007，40(3)：45-49.
[51]Starossek U, Haberland M. Approaches to measures of structural robustness[J]. Structure & Infrastructure Engineering, 2011, 7(7-8): 625-631.
[52]PANDEY P C, BARAI S V. Structural Sensitivity as a Measure of Redundancy[J]. Journal of Structural Engineering, 1997, 123(3): 360-364.
[53]叶列平，林旭川，曲哲等. 基于广义结构刚度的构件重要性评价方法[J]. 建筑科学与工程学报，2010，27(1)：1-6.
[54]BLOCKLEY D, AGARWAL J, ENGLAND J, etal. Structural vulnerability, reliability and risk [J]. Progress in Structural Engineering and Materials, 2002, 4(2): 203-212.
[55]AGARWAL J, BLOCKLEY D, WOODMAN N J. Vulnerability of 3-dimensional trusse [J]. Structural Safety, 2001, 23(3): 203-220.
[56]AGARWAL J, BLOCKLEY D, WOODMAN N J. Vulnerability of systems [J]. Civil Engineering and Environmental Systems, 2001, 18(2): 141-465.
[57]GSA 2003. Progressive collapse analysis and design guidelines for new federal office buildings and major modernization projects [S]. Washington DC: United States General Services Administration, 2003.
[58]MENDIS P. Plastic Hinge Lengths of Normal And High-strength Concrete In Flexure[J]. Advances in Structural Engineering, 2001, 4(4): 189-195.
[59]YU J, TAN K H. Structural Behavior of Reinforced Concrete Frames Subjected to Progressive Collapse[J]. School of Civil & Environmental Engineering, 2017, 114(1): 32-46.
[60]QIAN K, LI B, MA J X. Load-carrying mechanism to resist progressive collapse of RC buildings[J].

Journal of Structural Engineering，2014，141(2)：101-107.

[61]初明进，周育泷，陆新征，等. 钢筋混凝土单向梁板子结构防连续倒塌试验研究[J]. 土木工程学院，2016，49(2)：31-40.

[62]易伟建，何庆锋，肖岩. 钢筋混凝土框架结构防倒塌性能的试验研究[J]. 建筑结构学报，2007，28(5)：104-109.

[63]中华人民共和国住房和城乡建设部. GB/T 51231—2016 装配式混凝土建筑技术标准[S]. 中国建筑工业出版社，2017.

[64]GENERAL SERVICES ADMINISTRATION. Progressive collapse analysis and design guidelines for new federal office buildings and major modernization projectss[S]. Washington D C：General Service Administration，2003.

[65]中华人民共和国住房和城乡建设部. GB/T 50081—2019 混凝土物理力学性能试验方法标准[S]. 中国建筑工业出版社，2019.

[66]中华人民共和国国家质量监督检验检疫总局. GB/T 228. 1—2010 金属材料 拉伸试验方法 第 1 部分：室温试验方法[S]. 中国标准出版社，2010.

[67]中华人民共和国国家质量监督检验检疫总局. GB 1499. 1—2017 钢筋混凝土用钢 第 1 部分：热轧光圆钢筋[S]. 中国标准出版社，2017.

[68]中华人民共和国国家质量监督检验检疫总局. GB 1499. 2—2018 钢筋混凝土用钢 第 2 部分：热轧带肋钢筋[S]. 中国标准出版社，2018.

[69]李易，陆新征，叶列平，等. 基于 Pushdown 分析的 RC 框架防连续倒塌承载力研究[J]. 沈阳建筑大学学报，2011，27(1)：10-18.

[70]李易，陆新征，叶列平，等. 钢筋混凝土框架防连续倒塌机制研究[J]. 建筑科学，2011，27(5)：15-21+25.

[71]万墨林. 大板结构抗连续倒塌问题(下)[J]. 建筑科学，1990(3)：17-24.

[72]FINTEL M，SEHULTZ D M. A philosophy for structural integrity of large panel buildings[J]. PCI Journal，1976，21(3)：46-69.

[73]苏宁粉，信卓，白国良，等. 基于振动台试验的高层剪力墙结构增量动力分析研究[J]. 建筑结构学报，2018(7)：76-83.

[74]PEKAU O A，CUI Y. Progressive collapse simulation of precast panel shear walls during earthquakes [J]. Computers & Structures，2006，84(5-6)：400-412.

[75]王磊. 短肢剪力墙结构防倒塌设计研究[D]. 内蒙古：内蒙古科技大学，2015.

[76]FEMA P695. Quantification of building seismic performance factors[S]. Washington D C，USA：Federal Emergency Management Agency，2009.

[77]DoD 2016. Design of structures to resist progressive collapse [S]. Washington D C，USA：Department of Defense，2016.

[78]ASCE 41-13. Seismic Evaluation and Retrofit of Existing Buildings[S]. Structural Engineering Institute，2013.

[79]GHOSH S K，FANELLA D A. Seismic and wind design of concrete buildings[M]. London：Kaplan Publishing，2003.

[80]SASANI M，KROPELNICKI J. Progressive collapse analysis of an RC structure[J]. The Structural Design of Tall and Special Buildings. 2007，17(4)：757-771.

[81]NED M. Structural Integrity and Progressive Collapse in Large-Panel Concrete Structural system[J]. PCI Journal，2008，53(4)：54-61.

[82]PEARSON C, DELATTE N. Ronan point apartment tower collapse and its effect on building codes[J]. Journal of Performance of Constructed Facilities . 2005, 19(2): 172-177.

[83]ELLINGWOOD B, LEYEBDECKER E. Approaches for design against progressive collapse[J]. Journal of the Structural Division, 1978, 104(3): 413-423.

[84]HMSO. The building regulations 2000: approved document a-atructure[S]. Norwich: The Stationary Office, 2004.

[85]Department of Defense. UFC 4-023-03. Design of buildings to resist progressive collapse[S], 2016.

[86]General Services Administration. GSA 2016. Alternate path analysis & design guidelines for progressive collapse resistance[S], 2016.

[87]周健，崔家春. 结构防连续倒塌设计规范和方法比较[J]. 建筑结构，2015，45(23)：98-105.

[88]Li Y, Lu X, Guan H, etal. An improved tie force method for progressive collapse resistance design of reinforced concrete frame structures[J]. Engineering Structure, Elsevier Ltd 33: 2931-2942.